全国高职高专机电类专业规划教材

电气工程 CAD

主　编　陈小飞　刘多学
副主编　赵玲娜　张　强　陈春海
参　编　王　恺　高　堃
主　审　郭　玲

黄 河 水 利 出 版 社
·郑州·

内 容 提 要

本书是全国高职高专机电类专业规划教材，是根据教育部对高职高专教育的教学基本要求及全国水利水电高职教研会制定的电气工程 CAD 课程标准编写完成的。本书在编写过程中依据电气制图国家标准，结合电气设计实际以及高职高专院校对机电类专业学生的技能要求，将电气制图国家标准与实际应用紧密联系，使学生通过对本课程的学习能够正确理解电气制图国家标准，并且能够熟练运用 AutoCAD 的各种版本绘制电气工程图。

本书可作为高职高专机电类专业规划教材，也可作为 AutoCAD 的培训教材，更是广大 AutoCAD 爱好者的参考用书。

图书在版编目(CIP)数据

电气工程 CAD/陈小飞，刘多学主编 .—郑州：黄河水利出版社，2013.6 (2021.1 重印)

全国高职高专机电类专业规划教材

ISBN 978-7-5509-0487-3

Ⅰ.①电… Ⅱ.①陈… ②刘… Ⅲ.①电工技术-计算机辅助设计-AutoCAD 软件-高等职业教育-教材 Ⅳ.①TM02-39

中国版本图书馆 CIP 数据核字(2013)第 099348 号

组稿编辑：简群 电话：0371-66026749 E-mail：w_jq001@163.com

出 版 社：黄河水利出版社

地址：河南省郑州市顺河路黄委会综合楼 14 层 邮政编码：450003

发行单位：黄河水利出版社

发行部电话：0371-66026940、66020550、66028024、66022620(传真)

E-mail：hhslcbs@126.com

承印单位：河南承创印务有限公司

开本：787 mm×1 092 mm 1/16

印张：12.25

字数：283 千字 印数：9 101—11 100

版次：2013 年 6 月第 1 版 印次：2021 年 1 月第 3 次印刷

定价：26.00 元

前　言

本书是根据《教育部关于全面提高高等职业教育教学质量的若干意见》(教高[2006]16号)、《教育部关于推进高等职业教育改革创新引领职业教育科学发展的若干意见》(教职成[2011]12号)等文件精神,由全国水利水电高职教研会拟定的教材编写规划,在中国水利教育协会指导下,由全国水利水电高职教研会组织编写的机电类专业规划教材。该套规划教材是在近年来我国高职高专院校专业建设和课程建设不断深化改革和探索的基础上组织编写的,内容上力求体现高职教育理念,注重对学生应用能力和实践能力的培养;形式上力求做到基于工作任务和工作过程编写,便于"教、学、练、做"一体化。该套规划教材是一套理论联系实际、教学面向生产的高职高专教育精品规划教材。

随着社会的发展,制图更多地出现在电力行业的设计与施工领域。编者参照国际上比较通用的IEC标准并结合我国的实际,编写了这本《电气工程CAD》教材。在编写本书的过程中,突出了高职高专教育为生产施工一线培养技术人才的特点,以加强实践能力为原则,精心组织有关内容,使其更加具有针对性、实用性和可学性。本书将电气制图国家标准与实际应用紧密结合,使学生通过对本课程的学习能正确理解电气制图国家标准,并且能够熟练运用AutoCAD的各种版本绘制电气工程图。

AutoCAD 2010是Autodesk公司新近推出的CAD较新的版本,与前期的版本相比,它有更多的优越性,无论是软件的功能还是实用方法都有改进。为了跟上时代的步伐,提高CAD绘图技术,在本书编写过程中采用了AutoCAD 2010版本,并且在第七章详细讲述了图纸集的功能,以便于制图人员对图纸的管理。

在编写本书时,编者力求突出AutoCAD软件的实用性和简洁性,列举了很多图形,供学生上课时绘图。同时,部分章的后面还安排了很多与电气有关的图形作为练习题,方便教师上课时使用和学生课后自己练习。

本书共分为8章。前面四章讲述AutoCAD的操作,第五、六章讲述电气制图规范和电气工程图绘图过程,第七章介绍图纸集与图纸打印,第八章为计算机辅助设计试题集。

本书编写人员及编写分工如下:第一章由三峡电力职业学院张强编写,第二章由三峡电力职业学院王恺编写,第三、四章由三峡电力职业学院陈小飞编写,第五章由湖南水利水电职业技术学院刘多学编写,第六章由安徽水利水电职业技术学院赵玲娜编写,第七章由三峡电力职业学院陈春海编写,第八章由中国核工业第二二建设有限公司海外事业部高堃编写。全书由陈小飞、刘多学担任主编,并由陈小飞负责统稿。黄河水利职业技术学院郭玲担任本书主审。

在编写本书的过程中,编者参考了很多资料与文献。对于一些知识点,同行们有精辟的论述,编者再三斟酌也不能超越,故拿来引用,以充实本书的内容。有关参考文献列在书后,在此对参考文献的作者表示感谢。有些资料与文献来自网络,无从找到作者,在此对这些资料与文献的作者也一并表示感谢。

在编写本书的时候，编者极尽努力，力求达到尽善尽美。但在编写过程中可能会有疏忽，加上编者水平有限，因此本书难免存在不足之处，希望同行们提出宝贵意见，以便以后更好地改进。

编　者

2013 年 3 月

目　录

第一章　中文 AutoCAD 2010 的基础知识

【教学目标】

1. 详细介绍 AutoCAD 2010 的安装与启动等基本操作知识。

2. 介绍 AutoCAD 2010 的文件操作、绘图参数的设置。

【学习要点】

1. 熟悉 AutoCAD 2010 的工作界面、标题栏、菜单栏等。

2. 掌握 AutoCAD 2010 的基本操作。

第一节　安装与启动 AutoCAD 2010

安装与启动步骤如下：

(1)将 AutoCAD 安装盘插入计算机的 CD－ROM 驱动器，点击“我的电脑”图标，然后点击 Setup. exe，出现如图 1-1 所示的安装界面。

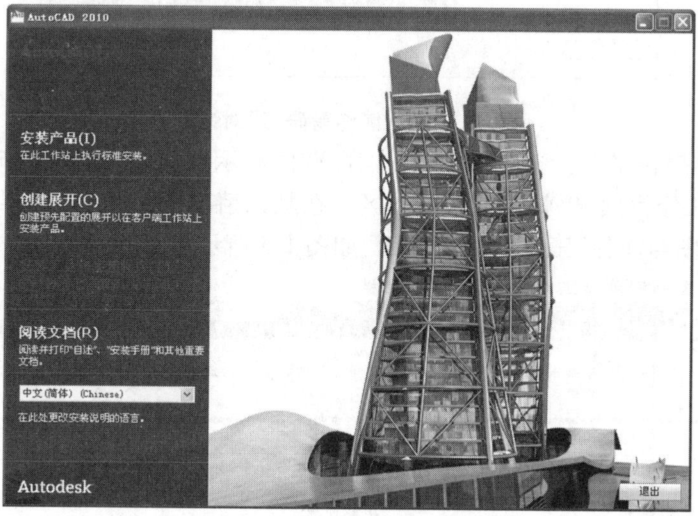

图 1-1　安装界面

(2)在安装界面上点击“安装产品”，然后按照提示进行下一步。

(3)在“产品和用户信息”页面上，输入序列号、产品密钥和用户信息。输入完毕后，单击“下一步”，直至安装结束。

(4)安装完毕后启动 AutoCAD 2010，此时会要求激活产品，选择“激活产品”按钮后点击“下一步”。

(5)在“AutoCAD 产品激活”向导中，选择“激活产品”，然后单击“下一步”，将启动“现在注册”过程。

(6)单击“注册和激活”，获得一个激活码。

(7)在 AutoCAD 2010 激活界面选择“输入激活码”单选按钮并在方框中输入(或用 Ctrl + V 键粘贴)激活码，点击“下一步”，激活成功，点击“完成”。

第二节 认识 AutoCAD 2010 的工作界面

1 AutoCAD 2010 的工作界面

第一次启动 AutoCAD 2010 后，系统将弹出“新功能专题研习”对话框，如图 1-2 所示。

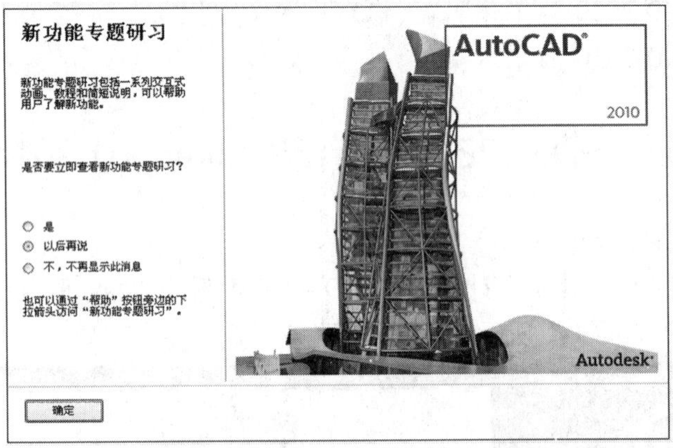

图 1-2 “新功能专题研习”对话框

从该对话框提供的三个选项中选择“不，不再显示此消息”，单击“确定”按钮进入 AutoCAD 2010 工作界面，也就是进入绘图区。在默认情况下，系统会直接进入初始界面，也就是“二维草图与注释”工作空间的界面，如图 1-3 所示。

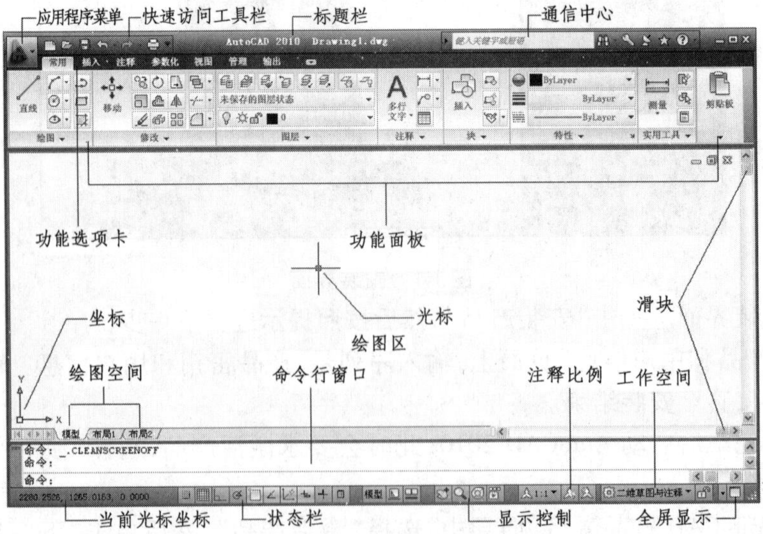

图 1-3 AutoCAD 2010 初始界面

系统为用户提供了“二维草图与注释”、“AutoCAD 经典”以及“三维建模”三个工作空间。

图 1-3 显示的是“二维草图与注释”工作空间的默认界面。对于新用户来说，可以直接从这个界面来学习；对于老用户来说，因为已经习惯以往版本的界面，可以单击状态栏中的“切换工作空间”按钮二维草图与注释，在弹出的快捷菜单中选择“AutoCAD 经典”命令，切换到如图 1-4 所示的“AutoCAD 经典”工作空间。

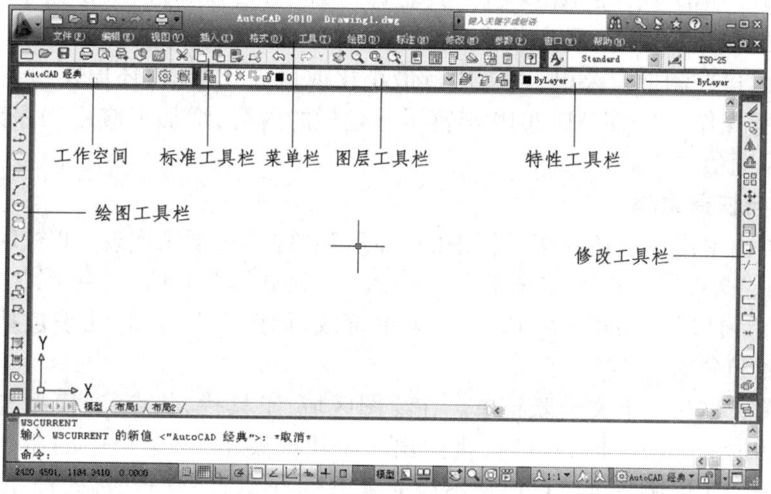

图 1-4　AutoCAD 2010 经典界面

与“AutoCAD 经典”工作空间相比，“二维草图与注释”工作空间的界面增加了功能区，缺少了菜单栏。

在“AutoCAD 经典”工作空间也可以实现“二维草图与注释”工作空间的界面，即调出功能选项卡和功能面板，新旧界面配合使用，如图 1-5 所示。

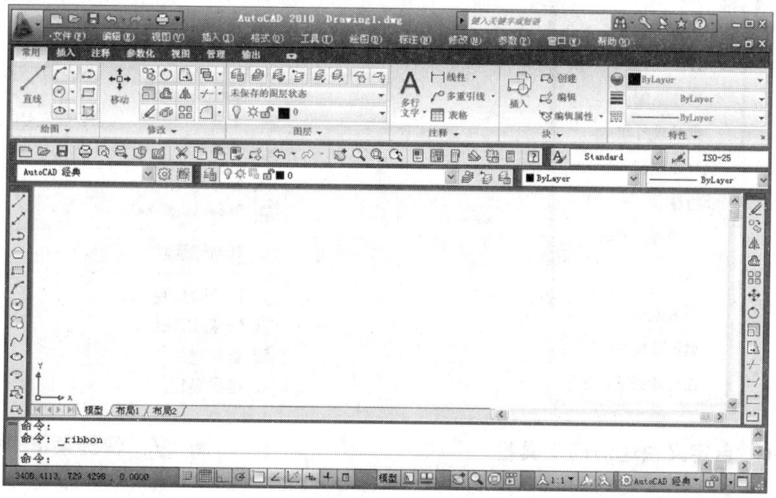

图 1-5　AutoCAD 2010 混合界面

2 工作界面的元素

这里，我们主要了解"AutoCAD 经典"和"二维草图与注释"工作空间的常见界面元素：标题栏、菜单栏与快捷菜单、工具栏、功能区、绘图窗口、命令行与文本窗口、状态行等。

2.1 标题栏

标题栏位于应用程序窗口的最上面，用于显示当前正在运行的程序名及文件名等信息。如果是 AutoCAD 默认的图形文件，其名称为 DrawingN. dwg（N 是数字）。单击标题栏右端的按钮，可以最小化、最大化或关闭应用程序窗口。在标题栏上单击，将会弹出一个 AutoCAD 窗口控制下拉菜单，可以执行最小化或最大化窗口、还原窗口、移动窗口、关闭 AutoCAD 等操作。AutoCAD 2010 丰富了标题栏的内容，增加了应用程序菜单、快速访问工具栏以及通信中心。

2.2 菜单栏与快捷菜单

菜单栏可由单击快速访问工具栏中的"显示菜单栏"选项来实现，如图 1-6 所示。

菜单栏由"文件"、"编辑"、"视图"、"插入"、"格式"、"工具"、"绘图"、"标注"、"修改"、"参数"、"窗口"、"帮助"共 12 个主菜单组成，如图 1-4 所示，几乎包括了 AutoCAD 中全部的功能和命令。

快捷菜单又称为上下文关联菜单。在绘图区域、工具栏、状态行、模型与布局选项卡以及一些对话框上单击鼠标右键时，将弹出一个快捷菜单，该菜单中的命令与 AutoCAD 当前状态相关。使用快捷菜单可以在不启动菜单栏的情况下快速、高效地完成某些操作，如图 1-7 所示。

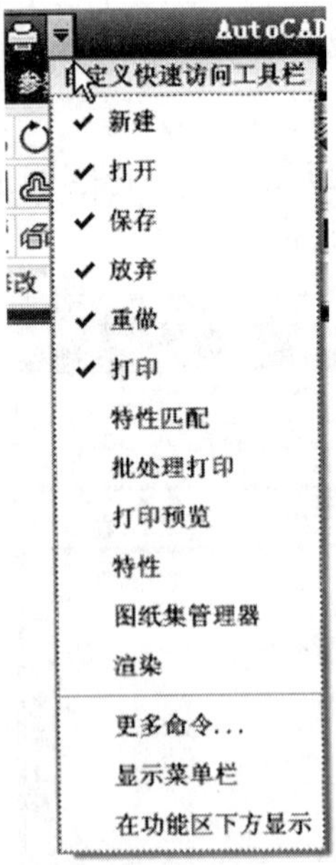

图 1-6 自定义快速访问工具栏

图 1-7 快捷菜单

2.3 工具栏

工具栏（也称为工具条）是应用程序调用命令的另一种方式，它包含许多由图标表示的命令按钮。在 AutoCAD 中,系统共提供了 20 多个已命名的工具栏。在默认情况下,“AutoCAD 经典”工作空间中的“标准”、“特性”、“绘图”和“修改”等工具栏处于打开状态。

如果要显示当前隐藏的工具栏,可在任意工具栏上单击鼠标右键,此时将弹出一个快捷菜单,点击相应内容可以显示或关闭相应的工具栏。

选择菜单栏中的“工具”→“工具栏”→“AutoCAD”命令,也会调出 AutoCAD 工具栏的子菜单。在子菜单中,用户可以选择相应的工具栏显示在界面上。

AutoCAD 2010 快速访问工具栏存储了经常使用的命令,在默认状态下,有“新建”、“打开”、“保存”、“放弃”、“重做”、“打印”按钮。同样,在快速访问工具栏上单击右键,用户可以自定义快速访问工具栏。

2.4　功能区

“二维草图与注释”工作空间的界面增加了功能区。功能区包括功能选项卡和功能面板。

在默认状态下,“AutoCAD 经典”工作空间不包含功能区。用户可选择菜单栏中的“工具”→“选项板”→“功能区”命令,加载功能区。

AutoCAD 2010 的功能区将常用的工具栏分为“常用”、“插入”、“注释”、“参数化”、“视图”、“管理”及“输出”七类选项卡。每一选项卡下又集成多个面板,面板上放置同类型工具。

功能选项卡和功能面板如图 1-8 所示。

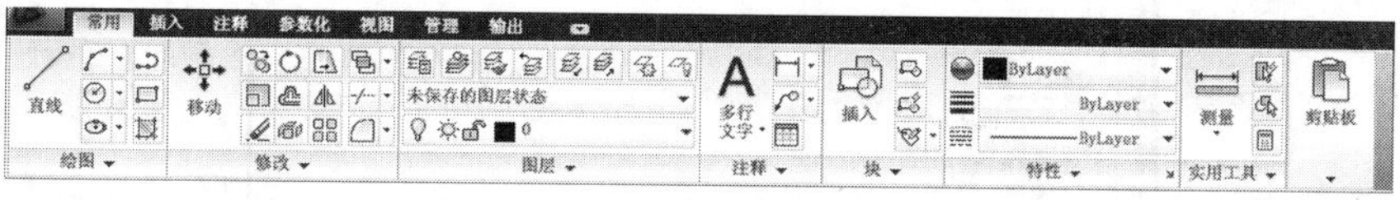

图 1-8　功能选项卡和功能面板

2.5　绘图窗口

在 AutoCAD 中,绘图窗口是用户绘图的工作区域,所有的绘图结果都反映在这个窗口中。可以根据需要关闭绘图窗口周围和里面的各个工具栏,以增大绘图空间。如果图纸比较大,需要查看未显示部分时,可以单击窗口右边与下边滚动条上的箭头,或拖动滚动条上的滑块来移动图纸。

在绘图窗口中除显示当前的绘图结果外,还显示当前使用的坐标系类型以及坐标原点和 X 轴、Y 轴的方向等。在默认情况下,坐标系为世界坐标系(WCS)。绘图窗口的下方有“模型”和“布局”标签,单击该标签可以在模型空间或图纸空间之间来回切换。

在 AutoCAD 2010 中,可以在绘图窗口中显示工作的目标。当系统提示选择一个点时,光标变为十字形;当在屏幕上拾取一个对象时,光标变成一个拾取框;当把光标放在工具栏上时,光标变为一个箭头。

2.6　命令行与文本窗口

命令行窗口位于绘图窗口的底部,用于接收用户输入的命令,并显示 AutoCAD 提示信息。命令行窗口是用户和计算机进行对话的窗口,初学者应特别注意。

在 AutoCAD 2010 中，可以选择“工具”→“命令行”命令或按 Crtl + 9 键来打开命令行窗口。AutoCAD 通常显示的信息为“命令：”，表示 AutoCAD 正在等待用户输入命令。默认命令行保留三行。在 AutoCAD 2010 中，命令行窗口可以拖放为浮动窗口，如图 1-9 所示。

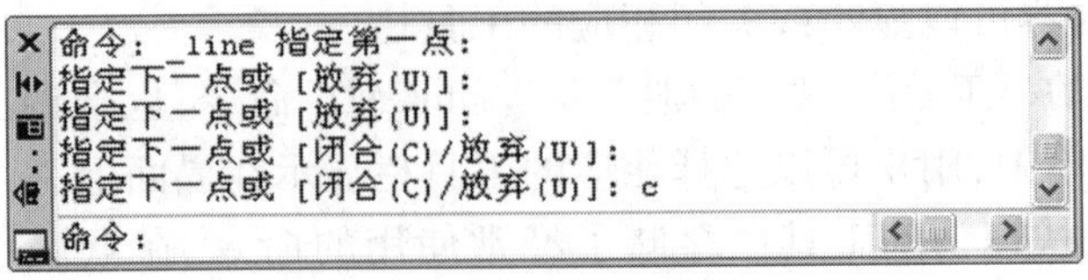

图 1-9　命令行窗口

AutoCAD 文本窗口是记录 AutoCAD 命令的窗口，是放大的命令行窗口，它记录了已执行的命令，也可以用来输入新命令。在 AutoCAD 2010 中，可以选择“视图”→“显示”→“文本窗口”命令、执行 Textscr 命令或按 F2 键来打开文本窗口，它记录了对文档进行的所有操作，如图 1-10 所示。

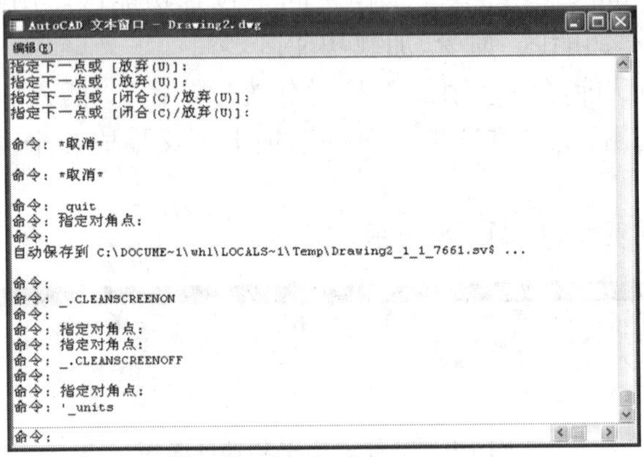

图 1-10　文本窗口

2.7　状态行

状态行也叫状态栏，在屏幕的最下方，用来显示 AutoCAD 当前的状态，如当前光标的坐标、命令和按钮的说明等。在绘图窗口中移动光标时，状态行的“坐标”区将动态地显示当前坐标值。坐标显示取决于所选择的模式和程序中运行的命令，共有“相对”、“绝对”和“无”三种模式。

状态行中还包括捕捉、栅格、正交、极轴、对象捕捉、对象追踪、动态 UCS、线宽显示、模型（或图纸）等功能，如图 1-11 所示。

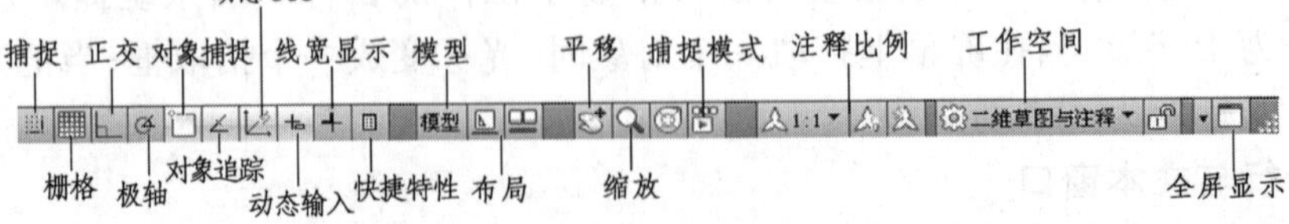

图 1-11　状态行

第三节　掌握 AutoCAD 2010 的基本操作

1　基本操作

1.1　鼠标操作

在绘图窗口中,光标通常显示为十字形。当光标移至菜单选项、工具栏或对话框内时,它会变成一个箭头。无论光标是十字形还是箭头,当单击或者按动鼠标键时,都会执行相应的命令或动作。

在 AutoCAD 2010 中,把光标移动到任意图标上,会显示提示信息,这些提示信息包含对命令或控制的概括说明、命令名、快捷键、命令标记以及补充工具提示,对新用户学习有很大的帮助。

(1)鼠标左键:用于输入点、拾取实体和选择按钮、菜单、命令,双击文件名可直接打开文件。

(2)鼠标右键:相当于回车键(Enter 键),用于结束当前使用的命令,此时系统将根据当前绘图状态弹出不同的快捷菜单。另外 ,单击鼠标右键可以重复上次操作命令。

单击鼠标右键弹出快捷菜单的位置有绘图窗口、命令行窗口、对话框、文本窗口、工具栏、状态行等。

(3)弹出按钮:对于三键鼠标,弹出按钮通常是鼠标的中间键。当使用 Shift 键和鼠标右键的组合时,系统将弹出一个快捷菜单,用于设置捕捉点的方法。

另外,按下鼠标滑轮不松,光标变成手状,可以实施平移动作;双击鼠标滑轮可以实现图形满屏显示。

1.2　常用功能键操作

常用功能键如下:

空格键:重复执行上一次命令,在输入文字时不同于回车键。

回车键:重复执行上一次命令,相当于鼠标右键。

Esc 键:中断命令执行。

F1:调用 AutoCAD 帮助对话框。

F2:绘图窗口与文本窗口之间的切换开关。

F3:对象捕捉开关。

F4:校准数字化仪开关。

F5:不同方向正等轴测图作图平面间的转换开关。

F6:坐标显示模式开关。

F7:栅格模式开关。

F8:正交模式开关。

F9:间隔捕捉模式开关。

F10:极轴追踪开关。

F11:对象追踪开关。

F12：动态输入开关。

2　使用命令行

在命令行中输入完整的命令名，然后按 Enter 键或空格键，即可执行相应的命令。如输入 Line，然后按 Enter 键或空格键，执行直线命令。命令名不区分大小写，如输入 Line、LINE 或 line，效果是一样的。某些命令还有缩写名称。例如，除通过输入 Line 来启动直线命令外，还可以输入 L。如果启用了“动态输入”并设置为显示动态提示，用户则可以在光标附近的工具栏提示框中输入多个命令。

在命令行中，还可以使用 Backspace 或 Delete 键删除命令行中的文字；也可以选中历史命令，并执行“粘贴到命令行”命令，将其粘贴到命令行中。

3　使用透明命令

所谓透明命令，就是在执行某一命令时，该命令不终止又去执行另一命令，当另一命令执行完后又回到原命令状态，继续执行原命令。

不是所有命令都可以透明执行，只有那些不选择对象、不创造新对象、不导致重生成以及结束绘图任务的命令才可以透明执行。

常使用的透明命令多为修改图形设置的命令、绘图辅助工具命令，例如 Snap、Grid、Zoom 等。要以透明方式使用命令，应在输入命令之前输入单引号（′）。在命令行中，透明命令的提示前有一个双折号（≫）。完成透明命令后，将继续执行原命令。

第四节　绘图参数的设置

1　设置图形单位

在 AutoCAD 中，用户可以采用 1∶1的比例因子绘图，因此所有的直线、圆和其他对象都可以以真实大小来绘制。例如，如果一个房屋长 30 m，那么它也可以按 30 m 的真实大小来绘制，在需要打印出图时，再将图形按图纸大小进行缩放。

在主菜单中选择“格式”→“单位”命令（Units），打开“图形单位”对话框。在打开的“图形单位”对话框中，设置绘图时使用的长度、角度的类型和精度，以及插入时的缩放单位等参数。图形单位的设置如图 1-12 所示。

2　设置图形界限

2.1　启动命令的方法

（1）在命令行中用键盘输入：Limits；

（2）在菜单栏中点击：格式→图形界限。

2.2　执行命令的过程

命令：_limits↙

重新设置模型空间界限：

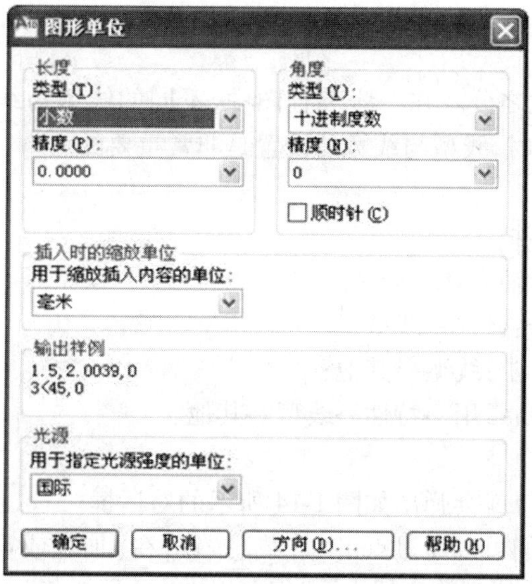

图 1-12　图形单位的设置

指定左下角点或[开(ON)/关(OFF)]<0.0000,0.0000>:↙

指定右上角点:

此时,在命令行中输入参数 420,297 回车。

输入命令 Zoom 回车,输入参数 A 回车,将全屏显示 A3 图形界限。

2.3　通过绘制一个 A3 大小的矩形来设置图形界限

绘图过程如下:

(1)输入矩形命令或点击绘图工具栏的矩形工具;

(2)输入第一个角点坐标(0,0)回车;

(3)输入另外一个角点坐标(420,297)回车;

(4)输入命令 Zoom 回车,再输入参数 A 回车;

(5)点击栅格,绘图结果如图 1-13 所示,相当于设置了一次图形界限。

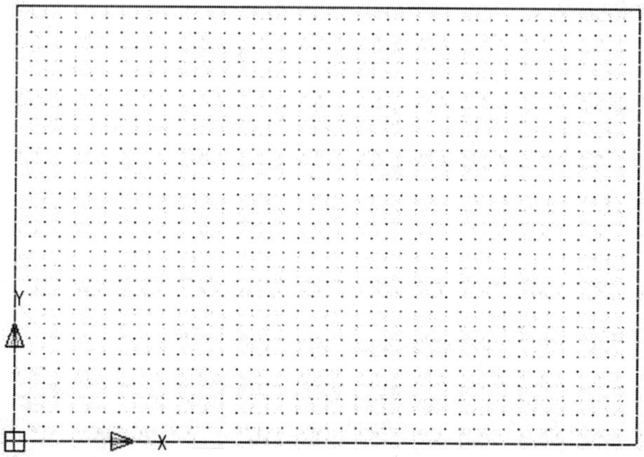

图 1-13　绘图结果

3　图线的选择

图线有线型与线宽之分。在一张工程图中,不同的线型与线宽代表了不同的含义。因此,用 AutoCAD 绘图时,线型与线宽的设置是非常重要的。

3.1　线型管理器

(1)启动命令的方法。

在命令行中用键盘输入:Linetype;

在下拉菜单中点击:格式→线型;

在特性工具条中点击:线型→其他;

在功能面板上选择:常用→特性→线型→其他。

(2)参数说明。

执行该命令后,系统就会弹出如图 1-14 所示的对话框。

在该对话框中,我们可以通过点击“加载”按钮,在“加载或重载线型”对话框中来加载线型(见图 1-15)。在线型管理器中,我们可以在“显示细节”与“隐藏细节”之间转换。在“显示细节”状态下,我们可以给线型设置“全局比例因子”。

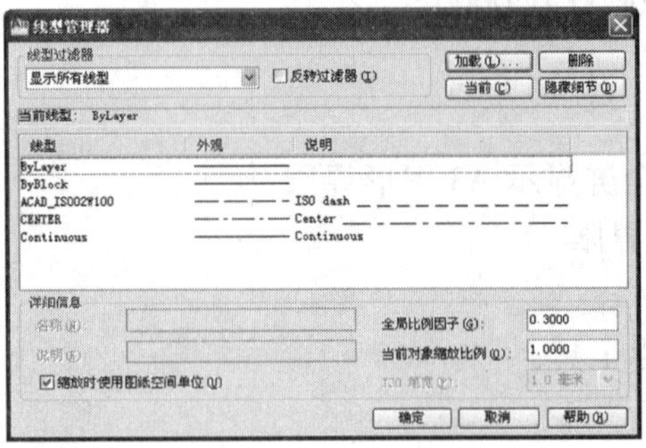

图 1-14　线型管理器

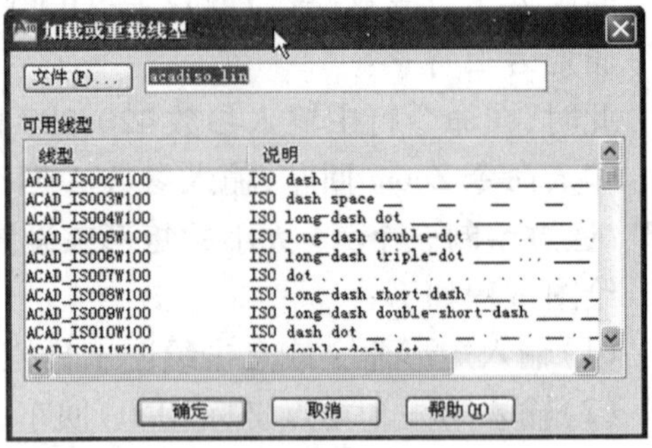

图 1-15　加载线型

如果可用线型框中没有需要的线型,可以点击“文件”按钮加载新的线型。新的线型定义可以按下述方式创建:

命令:_linetype↙

当前线型:"ByLayer"

输入选项 [?/创建(C)/加载(L)/设置(S)]:c↙

输入要创建的线型名:

3.2　线型的调用

根据所绘对象的线型,通过点击特性工具条上的下拉菜单,或在功能面板上通过常用→特性→线型来调用已设置好的线型,如图 1-16 所示。

3.3　线宽的选用

线宽的选用与线型的调用相似,也是通过点击特性工具条上的下拉菜单,或在功能面板上通过常用→特性→线宽来选用。

在默认情况下,选用的线宽为 0.00 ~ 0.25 mm,显示时都是一样粗细,这是因为我们

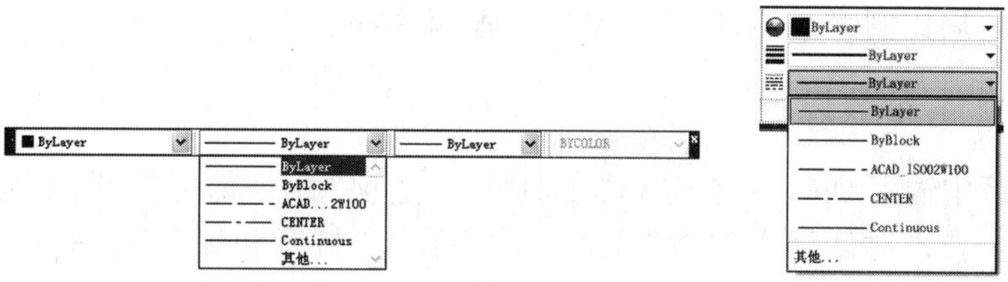

(a) 特性工具条　　(b) 特性功能面板

图 1-16　特性工具条和特性功能面板

在初始“线宽设置”时设置了“默认”“显示线宽”的“调整显示比例”，如图 1-17 所示。可以通过设置“默认”“显示线宽”的“调整显示比例”，使绘图区的线宽显示更加合理。

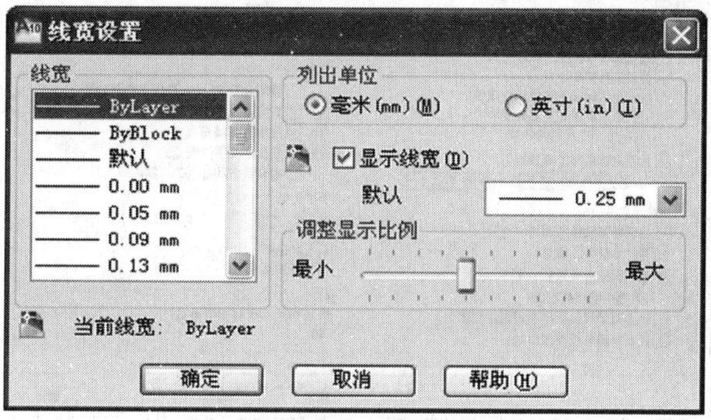

图 1-17　线宽设置

调整后的线宽并不代表打印时的真实线宽。真实线宽是通过特性→线宽选择的宽度。

注意：图线的特性包括颜色、线型和线宽。我们这里所介绍的线型和线宽只是一种简单的应用方式，在具体绘制专业图时要通过设置包含颜色等在内的图层来统一地定义图线特性。在以后的章节中会作详细的介绍。

通常情况下，我们对图线设置如下（仅供参考）：

图层名	颜色	线型	线宽(mm)	用途
粗实线	白色	实线(Continuous)	0.5	墙线、建筑轮廓线
中粗线	蓝色	实线(Continuous)	0.25	门、洞口线等
细实线	品红色	实线(Continuous)	0.15	阳台、台阶等
虚线	黄色	虚线(ACAD_ISO02W100)	0.25	不可见线
中心线	红色	点划线(Center)	0.15	轴线、对称线
尺寸线	绿色	实线(Continuous)	0.15	尺寸、轴线编号等
剖面线	青色	实线(Continuous)	0.15	填充剖面图案

在 A3 以下图纸幅面，线型的“全局比例因子”采用 0.3 比较合适；在 A2 以上图纸幅

面,线型的“全局比例因子”采用0.6比较合适,不妨一试。

4 选项卡基本参数设置

在命令行中输入Options或选择“工具”→“选项”命令都可打开“选项”对话框,如图1-18所示。在该对话框中包含“文件”、“显示”、“打开和保存”、“打印和发布”、“系统”、“用户系统配置”、“草图”、“三维建模”、“选择集”和“配置”10个选项卡。

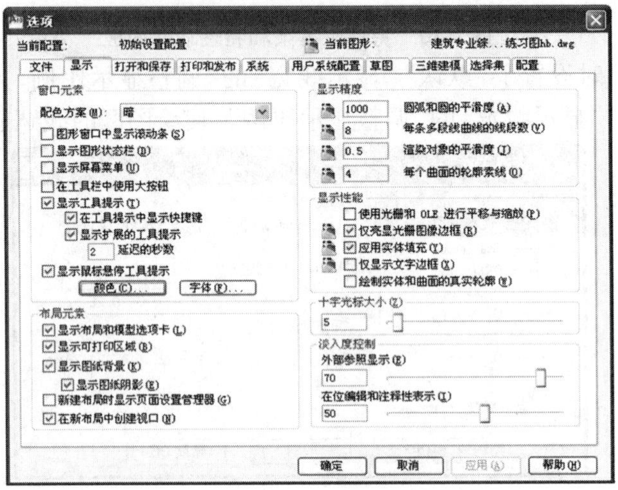

图1-18 “选项”对话框

5 图形文件管理

5.1 创建新图形文件

选择“文件”→“新建”命令(New),或在标准工具栏中单击“新建”按钮,可以创建新图形文件,此时将打开“选择样板”对话框。

在“选择样板”对话框中,可以在“名称”列表框中选中某一样板文件,这时在其右边的“预览”框中将会显示出该样板文件的预览图像。单击“打开”按钮,可以以选中的样板文件为样板创建新图形,此时会显示图形文件的布局(选择样板文件acad.dwt或acadiso.dwt除外)。

5.2 打开图形文件

选择“文件”→“打开”命令(Open),或在标准工具栏中单击“打开”按钮,可以打开已有的图形文件,此时将打开“选择文件”对话框。选择需要打开的图形文件,在右边的“预览”框中将显示出该图形文件的预览图像。在默认情况下,打开的图形文件的格式为.dwg。

在AutoCAD中,可以用“打开”、“以只读方式打开”、“局部打开”和“以只读方式局部打开”4种方式打开图形文件。当用“打开”、“局部打开”方式打开图形文件时,可以对打开的图形文件进行编辑,如果用“以只读方式打开”、“以只读方式局部打开”方式打开图形文件,则无法对打开的图形文件进行编辑。

如果选择用“局部打开”、“以只读方式局部打开”方式打开图形文件,这时将打开“局部打开”对话框。可以在“要加载几何图形的视图”选项组中选择要打开的视图，在“要加载几何图形的图层”选项组中选择要打开的图层，然后单击“打开”按钮，即可在视图中打开选中图层上的对象。

5.3 保存图形文件

在 AutoCAD 中，可以使用多种方式将所绘图形以文件形式存入磁盘。例如，可以选择“文件”→“保存”命令（Qsave），或在标准工具栏中单击“保存”按钮，以当前使用的文件名保存图形；也可以选择“文件”→“另存为”命令（Saveas），将当前图形以新的名称保存。

每次保存新创建的图形时，系统将打开“另存为”对话框。在默认情况下，文件以 AutoCAD 2010图形（ *. dwg）格式保存，也可以在“文件类型”下拉列表框中选择其他格式，如 AutoCAD 2004/LT2004 图形（ *. dwg）、AutoCAD 图形标准（ *. dws）等格式。

5.4 关闭图形文件

选择“文件”→“关闭”命令（Close），或在绘图窗口中单击“关闭”按钮，可以关闭当前图形文件。如果当前图形没有存盘，系统将弹出“AutoCAD 警告”对话框，询问是否保存文件。此时，单击“是（Y）” 按钮或直接按 Enter 键，可以保存当前图形文件并将其关闭；单击“否（N）” 按钮，可以关闭当前图形文件但不存盘；单击“取消”按钮，取消关闭当前图形文件操作，既不保存，也不关闭。如果当前所编辑的图形文件没有命名，那么单击“是（Y）” 按钮后，AutoCAD 会打开“另存为” 对话框，要求用户确定图形文件存放的位置和名称。

6 AutoCAD 的发展阶段

AutoCAD 是由美国 Autodesk 公司于 20 世纪 80 年代初为在微机上应用 CAD 技术而开发的绘图程序软件包，现已经成为国际上广为流行的绘图工具。

AutoCAD 具有良好的用户界面，通过交互菜单或命令行方式便可以进行各种操作。其多文档设计环境，让非计算机专业人员也能很快地学会使用。设计人员可以在不断实践的过程中更好地掌握各种应用和开发技巧，从而提高工作效率。

AutoCAD 具有广泛的适应性，可以在各种操作系统支持的微型计算机和工作站上运行，并支持分辨率为 320×200～2048×1024 等的图形显示设备 40 多种，以及数字化仪和鼠标器等设备 30 多种，绘图仪和打印机数十种，这就为 AutoCAD 的普及创造了条件。

AutoCAD 的发展可分为初级阶段、发展阶段、高级发展阶段、完善阶段和进一步完善阶段五个阶段。

初级阶段：

AutoCAD 1.0——1982 年 11 月

AutoCAD 1.2——1983 年 4 月

AutoCAD 1.3——1983 年 8 月

AutoCAD 1.4——1983 年 10 月

AutoCAD 2.0——1984 年 10 月

发展阶段:
AutoCAD 2.17——1985 年 5 月
AutoCAD 2.18——1985 年 5 月
AutoCAD 2.5——1986 年 6 月
AutoCAD 9.0——1987 年 9 月
AutoCAD 9.03——1988 年 6 月
高级发展阶段:
AutoCAD 10.0——1988 年 8 月
开始出现图形界面的对话框,CAD 的功能已经比较齐全。
AutoCAD 11.0——1990 年
AutoCAD 12.0——1992 年

此为 DOS 版的最高顶峰,具有成熟完备的功能,提供完善的 AutoLisp 语言进行二次开发,许多机械、建筑和电路设计专业 CAD 就是在这一版本上开发的。这一版本具有许多即使现在的版本也不具备的特性,例如实体爆炸后得到的是 3Dface,而不是像现在版本这样变成面实体——还是实体,不像 3Dface 那样可以对顶点进行单独拉伸。

完善阶段:
AutoCAD R13——1996 年 6 月
AutoCAD R14——1998 年 1 月
AutoCAD 2000——1999 年 1 月
进一步完善阶段:
AutoCAD 2002(R15.6)——2001 年 6 月
AutoCAD 2004(R16.0)——2003 年 3 月
AutoCAD 2005(R16.1)——2004 年 3 月
AutoCAD 2006(R16.2)——2005 年 3 月
AutoCAD 2007(R17.0)——2006 年 3 月
AutoCAD 2008(R17.1)——2007 年 3 月
AutoCAD 2009(R17.2)——2008 年 3 月

2008 年 3 月 Autodesk 公司正式推出 AutoCAD 2009 版本,帮助建筑师、工程师和设计师更充分地实现他们的想法。

AutoCAD 2009 版本可帮助用户实现更具竞争力的设计创意,其在用户界面上也有了重大改进。AutoCAD 2009 出现了一个类似于 Office 的宏录制器的功能,可以把用户的操作过程和步骤录制下来;AutoCAD 2009 软件整合了制图和可视化,加快了任务的执行,能够满足个人用户的需求和偏好,能够更快地执行常见的 CAD 任务,更容易找到那些不常见的命令;AutoCAD 2009 通过让用户在不需要软件编程的情况下自动操作制图,从而进一步简化了制图任务,极大地提高了效率。

AutoCAD 2010(R18.0)——2009 年 3 月

7 AutoCAD 2010 的特点

AutoCAD 2010 比之前的版本有如下改进：

（1）初始化安装。

使用初始化安装来轻松定制 AutoCAD 环境以满足用户的需要，这个界面出现在用户第一次启动 AutoCAD 时。通过初始化安装，用户可选择自己的行业，以及工作空间和图形模板参数。在初始化安装中的选择将影响各种 AutoCAD 功能的默认设置，包括图形模板、Autodesk 搜寻过滤器、Autodesk 开发者网络合作伙伴、统一的门户网站在线体验以及工作空间。

用户也可以从“选项”对话框的“用户系统配置”选项卡中访问初始化安装。

（2）工作空间。

当用户指定初始化安装选项后，AutoCAD 将基于用户选定的项目自动创建一新的工作空间并将其置为当前工作空间。当前工作空间的名称显示在状态栏的工作空间切换开关图标处，用户可通过选择它来访问工作空间菜单。

（3）应用程序菜单。

应用程序菜单位于 AutoCAD 界面的左上角。通过改善的应用程序菜单，用户能更方便地访问公用工具。可创建、打开、保存、打印和发布 AutoCAD 文件，可将当前图形作为电子邮件附件发送，可制作电子传送集。此外，可执行图形维护，例如查核和清理，并关闭图形。在应用程序菜单的上面有一搜索工具，可以查询快速访问工具、应用程序菜单以及当前加载的功能区以定位命令、功能面板名称和其他功能区控件。应用程序菜单上面的按钮提供轻松访问最近或打开的文档的功能，在最近文档列表中有一新的选项，除可按大小、类型和规则进行列表排序外，还可按照日期排序。

（4）功能区。

用户可将功能面板拖动到功能区外将其作为可停靠式面板显示。可停靠式面板甚至在选定了其他的选项卡后还会一直显示，除非用户选择了“将面板返回功能区”的选项后它才会消失。

在 AutoCAD 2010 中，增强的功能区功能可让用户自定义上下文关联的功能选项卡状态，它可基于图形窗口中选定的对象类型或激活的命令来控制显示的功能选项卡和面板。用户可显示一个已经指定了功能区上下文关联状态的功能选项卡，这个功能选项卡可以添加它自身的选项卡，也可以把它的面板合并到当前工作空间中的每一功能选项卡中。要添加功能选项卡，可在“自定义”对话框中将其从面板的选项卡节点拖动到上下文关联选项卡状态。例如，如果你想让“常用”选项卡在选定了圆弧对象后成为激活状态，则将“常用 -2D”功能选项卡拖动到上下文关联选项卡状态下面的圆弧选定节点中。选择它并修改它的显示类型，以指出它显示自身的选项卡或合并到每个功能选项卡中。

（5）快速访问工具栏。

快速访问工具栏功能已经增强，它带有更多的功能并与其他的 Windows 应用程序保持一致。放弃和重做工具包括了历史支持，右键菜单包括了新的选项，使用户可轻易地从工具栏中移除工具、在工具间添加分隔条，以及将快速访问工具栏显示在功能区的上面或下面。

除右键菜单外，快速访问工具栏还包含了一个新的弹出菜单。该菜单显示一常用工具列表，用户可选定工具并将其置于快速访问工具栏内。弹出菜单提供了轻松访问额外工具的方法，它使用了 CUI 编辑器中的命令列表面板。其他选项可以实现显示菜单栏或在功能区下面显示快速访问工具栏。

(6)参数化绘图。

在 AutoCAD 2010 中，新的强大的参数化绘图功能，可以让用户通过基于设计意图的图形对象约束来大大提高设计效率。几何和尺寸约束帮助确保在对象修改后还保持特定的关联及尺寸。创建及管理几何和尺寸约束的工具在功能区“参数化”选项卡，它在“二维草图与注释”工作空间中均自动显示出来。

(7)动态图块。

动态图块功能做了增强，它支持几何和尺寸约束，也支持定义动态图块的变量表，以及图块编辑环境下的一些常用操作。

(8)注释工具。

查找和替换功能做了增强，效率有所提高。用户可使用新的“缩放”按钮来编辑高亮显示的文字对象，也可以在结果列表中双击指定的项目。增加的按钮使用户可快速创建结果列表中的所有对象选择集或仅高亮显示的对象选择集。

(9)多行文字。

多行文字功能做了改善，包含了带手动高度的动态默认列模式。另外，多行文字对象的角夹点与表对象的角夹点相一致。

(10)标注。

增强的标注样式和属性提供了更多控制标注文字的显示和位置的功能。

(11)图案填充。

当找不到图案填充边界的区域时，AutoCAD 将试图向用户展示可能哪里出了问题。红色圆将显示在几何体中任何缺口附近。

其他的增强功能提供了更强大的边界检测，以及编辑非关联图案对象的操作。用户可选择非关联图案填充，然后使用自动捕获的夹点来动态更改它的形状。

(12)颜色、测量。

在 AutoCAD 2010 中，用户能更方便地设置图层颜色和从 AutoCAD 颜色索引中换取颜色。可从图层下拉列表中选中图层颜色色块直接访问“选择颜色”对话框。“选择颜色”对话框中的功能也有改良，如果用户将鼠标停在色块上，将显示箭头光标和一个黑色的边框，以更加易于识别选定的颜色和种类。

新的 Measuregeom 命令可用于测量选定对象或一序列点的距离、半径、角度、面积和体积。用户可从功能区“常用”选项卡的实用程序面板中访问这些工具。

总之，运用 AutoCAD 2010 软件，用户可轻易解决最具挑战性的问题。使用自由曲面设计工具，用户可以设计任何能够想象到的形状。许多重要的功能已经自动化，使用户的工作更有效，并且转移到三维设计更为顺畅。对 PDF 性能的多项升级和惊人的三维打印增强功能，使用户与同事共享和共同工作项目从未如此简单。这些功能以及用户以前所要求的无数其他新功能，使得 AutoCAD 2010 让任何想法以及将其转化为现实的过程比以往更快。

8 AutoCAD 绘图设计的过程

用 AutoCAD 软件进行设计时，要充分理解软件所提供的丰富的操作命令，并能够融会贯通地使用，这样就会使图形画得又快又好。对于初学者来说，养成良好的绘图习惯是十分必要的。

一般情况下，用 AutoCAD 绘图的步骤如下：

（1）绘图设置（设置图幅、图层、线型、捕捉状态）；

（2）绘制图形（用绘图命令或工具）；

（3）编辑图形（用编辑命令或工具）；

（4）保存图形；

（5）出图；

（6）退出绘图状态。

练 习 题

1. 通过桌面或者开始菜单启动 AutoCAD 软件的方法？

2. 退出 AutoCAD 软件三种方法？

3. 通过鼠标移动绘图工具栏，修改工具栏，标准工具栏，图层工具栏，对象特性工具栏等。

4. 通过鼠标右键打开修改工具栏、标准工具栏，关闭绘图栏、标注工具栏等。

5. 最小化绘图区域，最大化绘图区域，上下拉伸命令栏窗口。

6. 画一条直线，使用回车键、空格键、ESC 键、鼠标右键确认。

7. 画一条直线，敲第一次回车，敲二次回车，敲三次回车各自作用？

8. 画五条任意直线，通过鼠标单击选中，窗口栏选，Ctrl + A 全选，选中这五条直线。然后通过键盘的 delete 键删除，或者工具栏删除按钮进行删除。

9. 通过鼠标滚珠缩放窗口，使用工具栏抓手按钮移动屏幕。

10. 通过菜单栏—格式 - - 图形界限，或者命令栏输入 limits 命令，设置 A3 大小左下角 A(0,0)，右上角 B(420,297)的图形范围，栅格捕捉距离为 10。

11. 绘制一个 A3 大小的长方形，左下角(0,0)，右上角(420,297)。然后输入 Z 命令回车，A 选项回车，全屏显示，以后就在这个长方形里画图。

12. 请通过菜单栏，工具栏按钮，命令这三种方法绘制直线、圆、多边形、矩形、圆弧等。

13. 创建文字“CAD 上课练习题”，文字为宋体，高度为 20，颜色为白色。

14. 请通过菜单栏，工具栏按钮，命令这三种方法绘制直线起点 A(50,50)，端点 B(300,300)。

15. 请查看状态栏各项内容，设置栅格捕捉距离为 10，极轴 45 度，端点和中点捕捉等。画一个 45 度的叉叉，交点在中点。

16. 绘制一个矩形,第一个角点坐标为 A(200,200),第二个角点坐标为 B(400,400),线宽为 30。

17. 绘制一个矩形,第一个角点坐标为 A(100,100),第二个角点坐标为 B(300,300),矩形有圆角 R = 30,线宽为 20。

18. 绘制一个带倒角的矩形,长为 600、宽为 300、倒角为 40。

19. 绘制正六边形,第一条线两个端点为(240,200)和(620,350)。

20. 绘制一个正八边形,中心点坐标(100,100),外切圆半径 300。

21. 绘制一个经过(200,250)(280,240)(340,460)三点的圆。

22. 绘制一个圆心在(220,280),半径为 200 的圆。

23. 绘制圆弧,起点(300,200),圆心(700,550),角度 170 度。

24. 绘制一条多段线,第一段直线的起点坐标为(200,200),端点坐标为(800,900),第二段圆弧圆心坐标为(480,500),包含角度为 270 度。

25. 绘制椭圆,第一条轴两端点为(120,190)、(220,280),另一条轴的一个端点为(300,380)。

26. 绘制一个内径为 150,外径为 500,中心点为(300,300)圆环。

27. 创建文字"五星红旗",文字为宋体,高度为 20,颜色为白色。并复制该文字 3 遍,双击文字,依次改为"我的祖国","三峡电力职业学院","新能源工程学院"。

第二章　二维图形的绘制

【教学目标】

1. 详细介绍绘图命令中的直线、圆弧、矩形等命令。
2. 讲解对象的选择与显示方法。
3. 介绍绘图工具条中的创建块、插入块、图案填充等命令。

【学习要点】

1. 掌握绘图工具条中各种命令的使用。
2. 熟练运用极轴、对象捕捉、对象追踪等工具提高绘图水平。

第一节　直线、圆弧、矩形等命令

1　直线

1.1　调用方法

（1）在命令行中用键盘输入：Line；

（2）在下拉菜单中点击：绘图→直线；

（3）在绘图工具条上单击“直线”按钮。

1.2　操作指导

命令：_line 指定第一点：↙

指定下一点或［放弃(U)］：　　（在屏幕上单击左键选择另一点）

指定下一点或［闭合(C)/放弃(U)］：　　（单击右键选择退出，或输入 U 后回车结束命令）

1.3　参数说明

“指定第一点”：在屏幕上或用键盘输入直线的第一点。

“指定下一点”：确定直线的下一点。

“放弃(U)”：输入 U 后回车，结束操作。

“闭合(C)”：输入 C 后回车，系统会自动将所画的线框闭合。

把状态栏上的“ ”（动态输入，或按 F12 键）按钮打开后，绘制直线时，可以动态绘制任意方向和长度的线段，如图 2-1 所示。在图 2-1 中，执行直线命令，在屏幕上确定第一点后，可以先把光标移动到已知夹角，如 40°（直线与水平线的夹角）的位置上，然后输入线段的长度，回车，接着绘制下一线段。

1.4　操作示例

绘制如图 2-2 所示的图形。

命令：_line 指定第一点：　　（指定 A 点）

指定下一点或[放弃(U)]: 100↙　　　　　　　　(确定B点)

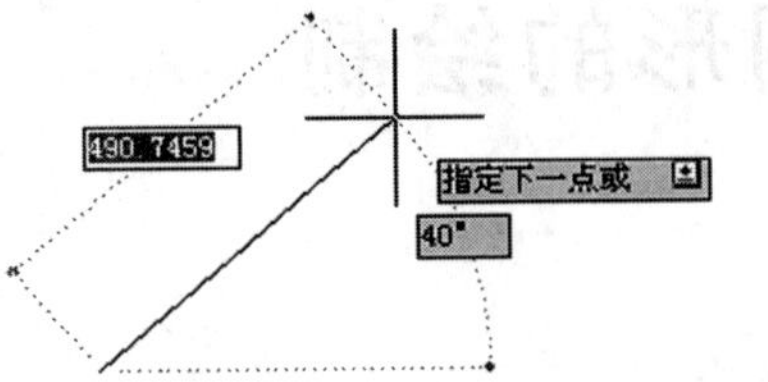

图 2-1　动态输入

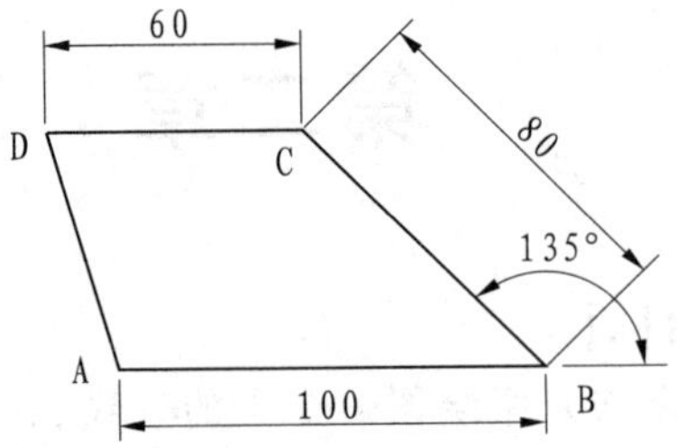

图 2-2　已知图形

指定下一点或[放弃(U)]: 135↙　　　　　　　　(用动态输入绘制BC)
指定下一点或[闭合(C)/放弃(U)]: 60↙　　　　(确定D点)
指定下一点或[闭合(C)/放弃(U)]: c↙　　　　(图形自动闭合)

注意:在用动态输入绘制BC时,先输入长度80,然后用Tab键进入角度设置,输入135,回车,如图2-3所示。

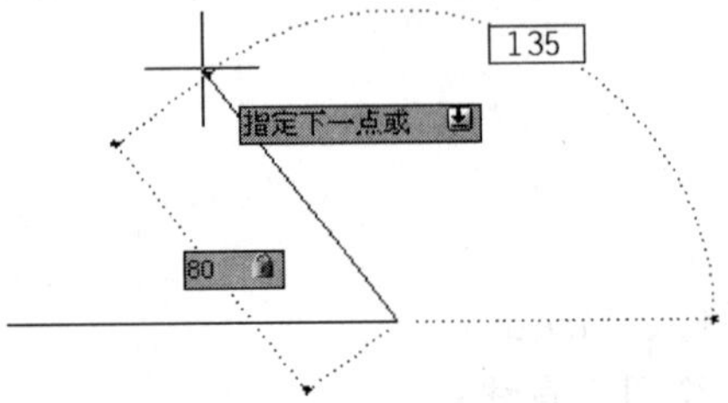

图 2-3　用动态输入绘制BC

2　构造线

2.1　功能

创建无限长的线,类似于数学中的直线。

2.2　调用方法

(1)在命令行中用键盘输入:Xline;
(2)在下拉菜单中点击:绘图→构造线;
(3)在绘图工具条上单击"构造线"按钮。

2.3　操作指导

命令:_xline↙
指定点或[水平(H)/垂直(V)/角度(A)/二等分(B)/偏移(O)]:
指定通过点:

2.4　参数说明

"水平":创建一条通过选定点的水平参照线。
"垂直":创建一条通过选定点的垂直参照线。
"角度":以指定的角度创建一条参照线。
"二等分":创建一条参照线,它经过选定的角顶点,并且将选定的两条线之间的夹角平分。

"偏移":创建平行于另一个对象的参照线。

3 多段线

3.1 功能

创建作为单个对象的相互连接的线段序列,可以创建直线段、弧线段或两者的组合线段。

3.2 调用方法

(1)在命令行中用键盘输入:Pline;

(2)在下拉菜单中点击:绘图→多段线;

(3)在绘图工具条上单击"多段线"按钮。

3.3 操作指导

命令: _pline ↙

指定起点:

指定下一个点或[圆弧(A)/半宽(H)/长度(L)/放弃(U)/宽度(W)]:

3.4 操作示例

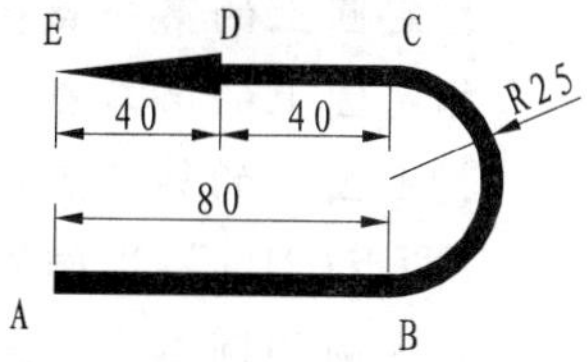

图 2-4 多段线

用多段线命令绘制图 2-4。

(1)绘制 AB 直线。

命令: _pline ↙

指定起点:

当前线宽为 0.0000

指定下一个点或[圆弧(A)/半宽(H)/长度(L)/放弃(U)/宽度(W)]: w ↙

指定起点宽度 <0.0000>: 5 ↙

指定端点宽度 <5.0000>: 5 ↙

指定下一个点或[圆弧(A)/半宽(H)/长度(L)/放弃(U)/宽度(W)]: 80 ↙

(2)绘制 BC 圆弧。

指定下一点或[圆弧(A)/闭合(C)/半宽(H)/长度(L)/放弃(U)/宽度(W)]: a ↙

指定圆弧的端点或[角度(A)/圆心(CE)/闭合(CL)/方向(D)/半宽(H)/直线(L)/半径(R)/第二个点(S)/放弃(U)/宽度(W)]: 50 ↙

(3)绘制 CD 直线。

指定圆弧的端点或[角度(A)/圆心(CE)/闭合(CL)/方向(D)/半宽(H)/直线(L)/半径(R)/第二个点(S)/放弃(U)/宽度(W)]: l ↙

指定下一点或[圆弧(A)/闭合(C)/半宽(H)/长度(L)/放弃(U)/宽度(W)]: 40 ↙

(4)绘制 DE 箭头。

指定下一点或[圆弧(A)/闭合(C)/半宽(H)/长度(L)/放弃(U)/宽度(W)]: w ↙

指定起点宽度 <5.0000>: 10 ↙

指定端点宽度 <10.0000>: 0 ↙

指定下一点或[圆弧(A)/闭合(C)/半宽(H)/长度(L)/放弃(U)/宽度(W)]:↙

4 圆

4.1 调用方法

(1)在命令行中用键盘输入:Circle;

(2)在下拉菜单中点击:绘图→圆;

(3)在绘图工具条上单击"圆"按钮。

4.2 操作指导

命令: _circle↙

指定圆的圆心或[三点(3P)/两点(2P)/相切、相切、半径(T)]:

指定圆的半径或[直径(D)]:

4.3 参数说明

"指定圆的圆心":确定圆心的位置。

"三点(3P)":当输入3P后回车时,系统会出现以下的命令过程:

指定圆的圆心或[三点(3P)/两点(2P)/相切、相切、半径(T)]:3p↙

指定圆上的第一点: (在屏幕上指定第一点)

指定圆上的第二点: (在屏幕上指定第二点)

指定圆上的第三点: (在屏幕上指定第三点)

"两点(2P)":当输入2P后回车时,系统会出现以下的命令过程:

指定圆的圆心或[三点(3P)/两点(2P)/相切、相切、半径(T)]:2p↙

指定圆直径的第一个端点: (在屏幕上指定第一点)

指定圆直径的第二个端点: (在屏幕上指定第二点)

"相切、相切、半径(T)":当输入T后回车时,系统会出现以下的命令过程:

指定圆的圆心或[三点(3P)/两点(2P)/相切、相切、半径(T)]:t↙ (指定圆上的两个切点并输入半径画圆)

指定对象与圆的第一个切点: (在屏幕上指定切点)

指定对象与圆的第二个切点: (在屏幕上指定切点)

指定圆的半径 <126.0015>: (输入圆的半径)

注意:用AutoCAD画圆时,有6种画法,如图2-5所示。其中"相切,相切,半径"和"相切,相切,相切"这两种画法最常用。

4.4 操作示例

作一个圆与直线AB、AC和直径为40的圆相切,如图2-6所示。

(1)作两直线AB与AC相交;

(2)作一圆与两直线相切;

命令: _circle 指定圆的圆心或[三点(3P)/两点(2P)/相切、相切、半径(T)]: t

指定对象与圆的第一个切点:

指定对象与圆的第二个切点:

指定圆的半径 <21.3862>: 20↙

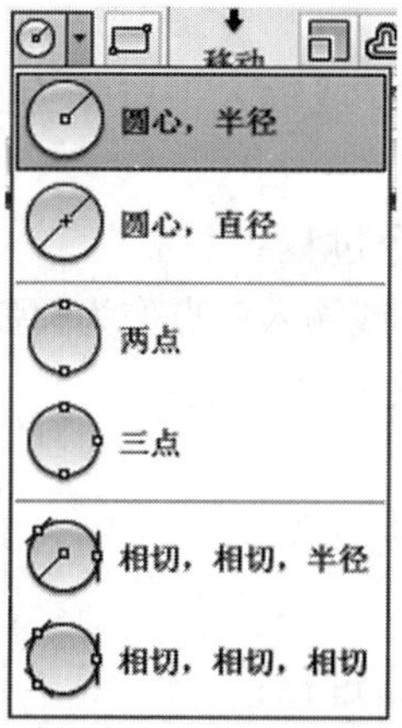

图 2-5　圆的画法

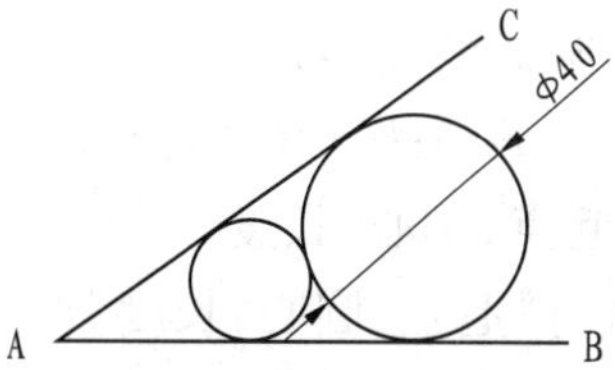

图 2-6　已知图形

(3)作一圆与两直线和圆相切。

命令：_circle 指定圆的圆心或［三点(3P)/两点(2P)/相切、相切、半径(T)］:3p

指定圆上的第一点：_tan 到

指定圆上的第二点：_tan 到

指定圆上的第三点：_tan 到

5　圆弧

5.1　调用方法

(1)在命令行中用键盘输入:Arc;

(2)在下拉菜单中点击:绘图→圆弧;

(3)在绘图工具条上单击"圆弧"按钮。

5.2　操作指导图

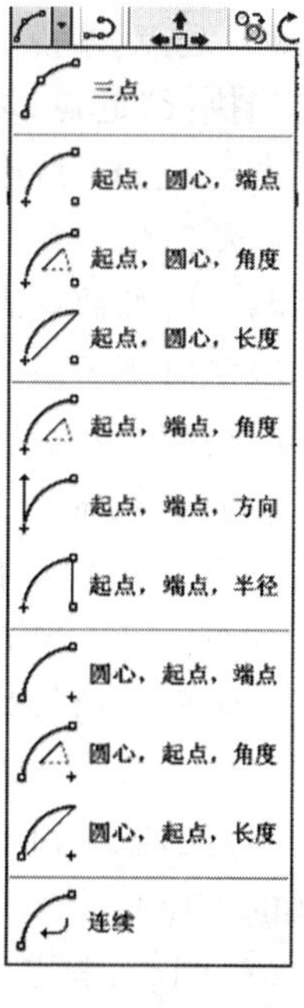

图 2-7　圆弧工具栏

AutoCAD 中给出了 11 种画圆弧的方法,如图 2-7 所示。

在这里我们将这些方法及其命令过程说明如下:

(1)三点。

当执行"三点"命令时,系统有如下的命令过程:

命令：_arc 指定圆弧的起点或［圆心(C)］：（选择或输入一点作为圆弧的起点）

指定圆弧的第二点或［圆心(C)/端点(E)］：（选择或输入一点作为圆弧的第二点）

指定圆弧的端点：　（选择或输入一点作为圆弧的端点）

(2)起点,圆心,端点。

当执行"起点,圆心,端点"命令时,系统有如下的命令过程:

命令：_arc 指定圆弧的起点或［圆心(C)］：（选择或输入一点作为圆弧的起点）

指定圆弧的第二点或［圆心(C)/端点(E)］：_c 指定圆弧

的圆心：　　(选择或输入一点作为圆弧的圆心)

指定圆弧的端点或[角度(A)/弦长(L)]：　　(选择或输入一点作为圆弧的端点)

(3)起点,圆心,角度。

当执行“起点,圆心,角度”命令时,系统有如下的命令过程:

命令:_arc 指定圆弧的起点或[圆心(C)]：　　(选择或输入一点作为圆弧的起点)

指定圆弧的第二点或[圆心(C)/端点(E)]：_c 指定圆弧的圆心：　　(选择或输入一点作为圆弧的圆心)

指定圆弧的端点或[角度(A)/弦长(L)]：_a 指定包含角：　　(输入圆弧的角度)

(4)起点,圆心,长度。

当执行“起点,圆心,长度”命令时,系统有如下的命令过程:

命令:_arc 指定圆弧的起点或[圆心(C)]：　　(选择或输入一点作为圆弧的起点)

指定圆弧的第二点或[圆心(C)/端点(E)]：_c 指定圆弧的圆心：　　(选择或输入一点作为圆弧的圆心)

指定圆弧的端点或[角度(A)/弦长(L)]：_l 指定弦长：　　(指定圆弧弦的长度)

(5)起点,端点,角度。

当执行“起点,端点,角度”命令时,系统有如下的命令过程:

命令:_arc 指定圆弧的起点或[圆心(C)]：　　(选择或输入一点作为圆弧的起点)

指定圆弧的第二点或[圆心(C)/端点(E)]：e↙

指定圆弧的端点：　　(选择或输入一点作为圆弧的端点)

指定圆弧的圆心或[角度(A)/方向(D)/半径(R)]：_a 指定包含角：　　(输入圆弧的角度)

(6)起点,端点,方向。

当执行“起点,端点,方向”命令时,系统有如下的命令过程:

命令:_arc 指定圆弧的起点或[圆心(C)]：(选择或输入一点作为圆弧的起点)

指定圆弧的第二点或[圆心(C)/端点(E)]:e↙

指定圆弧的端点：　　(选择或输入一点作为圆弧的端点)

指定圆弧的圆心或[角度(A)/方向(D)/半径(R)]：_d 指定圆弧的起点切向：(确定圆弧起点的切线方向)

(7)起点,端点,半径。

当执行“起点,端点,半径”命令时,系统有如下的命令过程:

命令:_arc 指定圆弧的起点或[圆心(C)]：　　(选择或输入一点作为圆弧的起点)

指定圆弧的第二点或[圆心(C)/端点(E)]:e↙

指定圆弧的端点：　　(选择或输入一点作为圆弧的端点)

指定圆弧的圆心或[角度(A)/方向(D)/半径(R)]：_r 指定圆弧半径：　　(确定圆弧的半径)

(8)圆心,起点,端点。

当执行“圆心,起点,端点”命令时,系统有如下的命令过程:

命令：_arc 指定圆弧的起点或［圆心(C)］：_c 指定圆弧的圆心：　　(选择或输入一点作为圆弧的圆心)

指定圆弧的起点：　　(选择或输入一点作为圆弧的起点)

指定圆弧的端点或［角度(A)/弦长(L)］：　　(选择或输入一点作为圆弧的端点)

(9)圆心,起点,角度。

当执行“圆心,起点,角度”命令时,系统有如下的命令过程：

命令：_arc 指定圆弧的起点或［圆心(C)］：_c 指定圆弧的圆心：　　(选择或输入一点作为圆弧的圆心)

指定圆弧的起点：　　(选择或输入一点作为圆弧的起点)

指定圆弧的端点或［角度(A)/弦长(L)］：_a 指定包含角：　　(输入圆弧的角度)

(10)圆心,起点,长度。

当执行“圆心,起点,长度”命令时,系统有如下的命令过程：

命令：_arc 指定圆弧的起点或［圆心(C)］：_c 指定圆弧的圆心：　　(选择或输入一点作为圆弧的圆心)

指定圆弧的起点：　　(选择或输入一点作为圆弧的起点)

指定圆弧的端点或［角度(A)/弦长(L)］：_l 指定弦长：　　(指定圆弧弦的长度)

(11)连续。

当执行“连续”命令时,系统有如下的命令过程：

命令：_arc 指定圆弧的起点或［圆心(C)］：　　(系统默认以上一次命令中的最后一个点作为起点)

指定圆弧的端点：　　(选择或输入一点作为圆弧的端点)

注意：在实际绘制圆弧的过程中,应根据题目提供的已知条件,然后决定采用哪一种绘制圆弧的方法。

5.3　操作示例

如图 2-8 所示,绘制一圆弧。

经过分析,本题适宜采用“起点,端点,角度”命令绘制圆弧。注意角度的正负值。

绘制圆弧时,主要考虑采用哪种方法,如绘制如图 2-9 所示的圆弧。注意起点、端点的顺序。

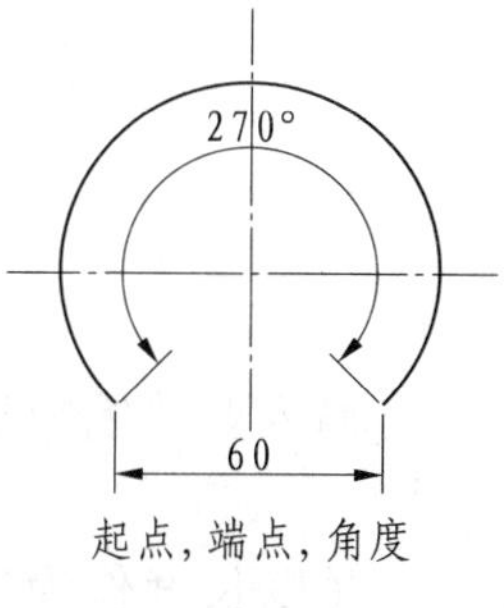

起点,端点,角度

图 2-8　圆弧的画法(1)

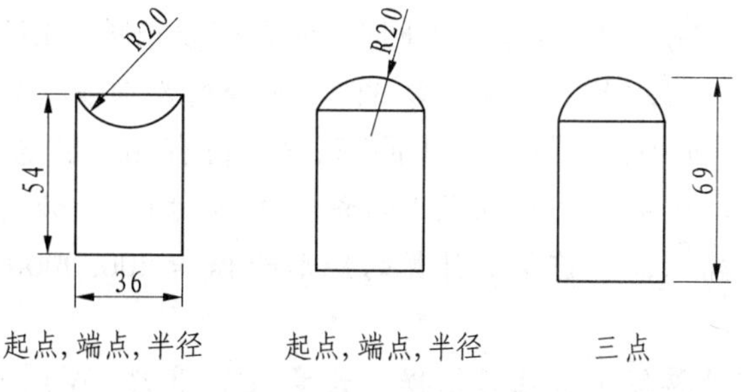

起点,端点,半径　　起点,端点,半径　　三点

图 2-9　圆弧的画法(2)

6 矩形

6.1 功能

创建矩形多段线。使用此命令,可以指定矩形参数(长度、宽度、旋转角度),并控制角的类型(圆角、倒角或直角)。

6.2 调用方法

(1)在命令行中用键盘输入:Rectang;

(2)在下拉菜单中点击:绘图→矩形;

(3)在绘图工具条上单击“矩形”按钮。

6.3 操作指导

指定第一个角点或[倒角(C)/标高(E)/圆角(F)/厚度(T)/宽度(W)]:　(在屏幕上指定或在键盘上输入一个角点)

指定另一个角点或[面积(A)/尺寸(D)/旋转(R)]:　(在屏幕上指定或在键盘上输入相对坐标,确定另一个角点)

6.4 参数说明

“倒角(C)”:输入 C 回车,命令行有如下的命令过程:

指定第一个角点或[倒角(C)/标高(E)/圆角(F)/厚度(T)/宽度(W)]:c↙

指定矩形的第一个倒角距离 <0.0000>:50↙　(指定第一个角点的竖直方向的距离)

指定矩形的第二个倒角距离 <50.0000>:50↙　(指定第一个角点的水平方向的距离)

指定第一个角点或[倒角(C)/标高(E)/圆角(F)/厚度(T)/宽度(W)]:

指定另一个角点或[面积(A)/尺寸(D)/旋转(R)]:

“标高(E)”:输入 E 回车,命令行要求输入标高。

“圆角(F)”:输入 F 回车,命令行有如下的命令过程:

指定第一个角点或[倒角(C)/标高(E)/圆角(F)/厚度(T)/宽度(W)]:f↙

指定矩形的圆角半径 <50.0000>:30↙　(指定圆角的半径)

指定第一个角点或[倒角(C)/标高(E)/圆角(F)/厚度(T)/宽度(W)]:

指定另一个角点或[面积(A)/尺寸(D)/旋转(R)]:

“厚度(T)”:输入 T 回车,命令行要求输入矩形的厚度。

“宽度(W)”:输入 W 回车,命令行要求输入矩形的线宽。

“面积(A)”:输入 A 回车,命令行有如下的命令过程:

指定另一个角点或[面积(A)/尺寸(D)/旋转(R)]:a↙

输入以当前单位计算的矩形面积 <200.0000>:2000↙　(输入要绘制矩形的面积)

计算矩形标注时依据[长度(L)/宽度(W)] <长度>:↙　(以长度作为另一已知数据)

输入矩形长度 <10.0000 >:20↙

"尺寸(D)":输入D回车,命令行有如下的命令过程:

指定另一个角点或[面积(A)/尺寸(D)/旋转(R)]:d↙

指定矩形的长度 <20.0000 >:20↙　　　　(输入要绘制矩形的长度)

指定矩形的宽度 <100.0000 >:20↙　　　　(输入要绘制矩形的宽度)

指定另一个角点或[面积(A)/尺寸(D)/旋转(R)]:(在指定的点上单击左键)

"旋转(R)":输入R回车,命令行有如下的命令过程:

指定另一个角点或[面积(A)/尺寸(D)/旋转(R)]:r↙

指定旋转角度或[拾取点(P)] <0 >:30↙ (输入要绘制矩形与水平线的夹角,有正负之分)

指定另一个角点或[面积(A)/尺寸(D)/旋转(R)]:

注意:矩形是闭合的多段线,它具有多段线的一些属性。另外,在以上的参数中,"标高(E)"、"厚度(T)"是在三维绘图时用到的。

绘制一个矩形有4种方法:输入对角点相对坐标、利用矩形面积、利用矩形长和宽、利用矩形与水平线的夹角,绘图时具体采用哪种方法,酌情而定。

6.5 操作示例

绘制长30,宽26,圆角半径为3,旋转角度为30°,线宽0.5的矩形,如图2-10所示。

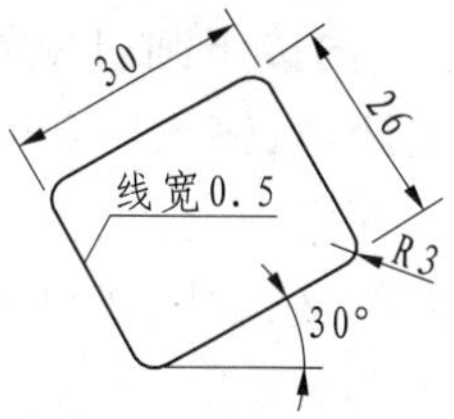

图2-10 矩形的画法

操作步骤如下:

命令: _rectang↙

指定第一个角点或[倒角(C)/标高(E)/圆角(F)/厚度(T)/宽度(W)]:f↙

指定矩形的圆角半径 <0.0000 >:3↙

指定第一个角点或[倒角(C)/标高(E)/圆角(F)/厚度(T)/宽度(W)]: w↙

指定矩形的线宽 <0.0000 >: 0.5↙

指定第一个角点或[倒角(C)/标高(E)/圆角(F)/厚度(T)/宽度(W)]:

指定另一个角点或[面积(A)/尺寸(D)/旋转(R)]: r↙

指定旋转角度或[拾取点(P)] <0 >: 30↙

指定另一个角点或[面积(A)/尺寸(D)/旋转(R)]: d↙

指定矩形的长度 <20.0000 >:30↙

指定矩形的宽度 <20.0000 >:26↙

指定另一个角点或[面积(A)/尺寸(D)/旋转(R)]:

7 正多边形

7.1 功能

快速创建矩形和规则多边形。创建正多边形是绘制等边三角形、正方形、五边形、六边形等的简单方法。

7.2 调用方法

(1)在命令行中用键盘输入:Polygon;

(2)在下拉菜单中点击:绘图→正多边形;

(3)在绘图工具条上单击“正多边形”按钮。

7.3 操作指导

命令:_polygon ↙

输入边的数目 <4>:6 ↙

指定多边形的中心点或[边(E)]:　　(在屏幕上指定一点为多边形的中心点)

输入选项[内接于圆(I)/外切于圆(C)] <I>:↙

指定圆的半径:20 ↙　　(在屏幕上指定内接圆的半径)

7.4 参数说明

“指定多边形的中心点”:输入或指定中心点的位置来确定多边形的中心点。多边形的大小由圆的半径确定。

“边(E)”:用多边形的一条边长来确定正多边形的大小。命令行要求输入一条边的两个端点,确定多边形的边长。

“内接于圆(I)/外切于圆(C)”:输入“I”时,圆的半径等于多边形中心点到多边形顶点的距离;输入“C”时,圆的半径等于多边形中心点到多边形边的中点的距离。

注意:在应用正多边形命令的过程中,注意区分“内接于圆(I)”和“外切于圆(C)”的实际意义,如图 2-11 所示。

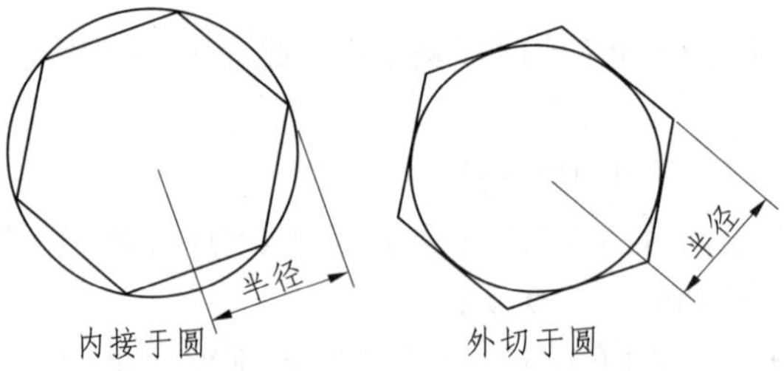

图 2-11　内接于圆和外切于圆时圆的半径

8 修订云线

8.1 功能

修订云线是由连续圆弧组成的多段线,用于在检查阶段提醒用户注意图形的某个部分。在检查或用红线圈阅图形时,可以使用修订云线功能亮显标记,以提高工作效率。

8.2 调用方法

(1)在命令行中用键盘输入:Revcloud;

(2)在下拉菜单中点击:绘图→修订云线;

(3)在绘图工具条上单击“修订云线”按钮。

8.3　**操作指导**

命令：_revcloud↙

最小弧长：15　最大弧长：15　样式：普通

指定起点或［弧长(A)/对象(O)/样式(S)］<对象>：

沿云线路径引导十字光标...

反转方向［是(Y)/否(N)］<否>：↙

修订云线完成。

8.4　**参数说明**

"弧长(A)"：指定云线中弧线的长度，其中有最小弧长和最大弧长之分。

"对象(O)"：将一个对象转换为云线。其中要转换的对象的长度应该大于或等于指定的弧长，否则就无法转换。

"样式(S)"：确定云线的样式，通过选择圆弧样式［普通(N)/手绘(C)］来实现。

8.5　**操作示例**

修订云线如图 2-12 所示。

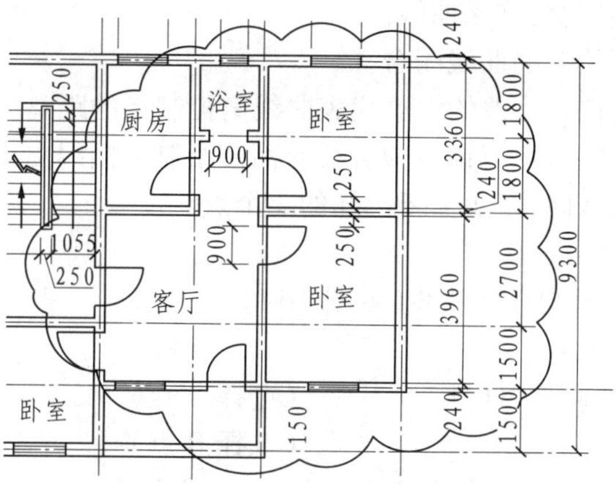

图 2-12　修订云线

9　样条曲线

9.1　**功能**

创建通过或接近选定点的平滑曲线。

图 2-13 为样条曲线示例。

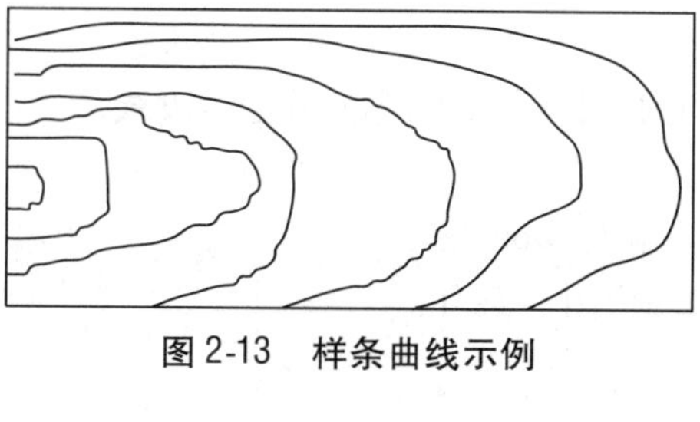

图 2-13　样条曲线示例

9.2 调用方法

(1)在命令行中用键盘输入:Spline;

(2)在下拉菜单中点击:绘图→样条曲线;

(3)在绘图工具条上单击“样条曲线”按钮。

9.3 操作指导

命令: _spline↙

指定第一个点或[对象(O)]: (在屏幕上选择第一点)

指定下一点: (在屏幕上选择第二点)

指定下一点或[闭合(C)/拟合公差(F)] <起点切向>: (在屏幕上选择第三点)

指定下一点或[闭合(C)/拟合公差(F)] <起点切向>:↙

指定起点切向:↙ (指定起点的切线方向)

指定端点切向:↙ (指定端点的切线方向)

9.4 参数说明

“对象(O)”:一条绘制好的多段线经过编辑多段线命令中的样条曲线命令编辑后,执行“对象(O)”将其转化为样条曲线。

“闭合(C)”:将所绘制的曲线闭合。

“拟合公差(F)”:拟合公差的大小代表曲线离控制点的距离。拟合公差为 0 时,曲线通过控制点。绘制曲线时,可以修改拟合公差而使绘制的曲线更光滑。

注意:绘制样条曲线时,至少需要已知的 3 个点。

9.5 操作示例

通过点 A、B、C、D 绘制样条曲线(见图 2-14)。

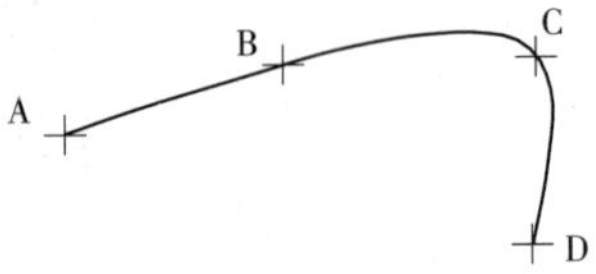

图 2-14 样条曲线

命令: _spline↙

指定第一个点或[对象(O)]: (选择 A 点)

指定下一点: (选择 B 点)

指定下一点或[闭合(C)/拟合公差(F)] <起点切向>: (选择 C 点)

指定下一点或[闭合(C)/拟合公差(F)] <起点切向>: (选择 D 点)

指定下一点或[闭合(C)/拟合公差(F)] <起点切向>:↙

指定起点切向: ↙ (指定 A 点的切线方向)

指定端点切向: ↙ (指定 D 点的切线方向)

10 圆环

10.1 功能

绘制填充环或实体填充圆,即带有宽度的闭合多段线。

10.2 调用方法

(1)在命令行中用键盘输入:Donut;

(2)在下拉菜单中点击:绘图→圆环。

10.3 操作指导

命令: _donut↙

指定圆环的内径 <10. 0000 >：　　　　（输入圆环内圆的半径）
指定圆环的外径 <20. 0000 >：　　　　（输入圆环外圆的半径）
指定圆环的中心点或 <退出 >：　　　　（选择一点作为圆环的中心点）

10. 4 操作示例

图 2-15 徽标

绘制如图 2-15 所示的徽标。

(1)用圆环命令绘制轮椅圆环。

命令：_donut ↙
指定圆环的内径 <0. 5000 >：12 ↙
指定圆环的外径 <1. 0000 >：15 ↙
指定圆环的中心点或 <退出 >：

(2)用多段线命令绘制人体。

命令：_pline ↙
指定起点：
当前线宽为 2. 0000
指定下一点或 [圆弧(A)/半宽(H)/长度(L)/放弃(U)/宽度(W)]：w ↙
指定起点宽度 <2. 0000 >：1. 5 ↙
指定端点宽度 <1. 5000 >：1. 5 ↙
指定下一点或 [圆弧(A)/半宽(H)/长度(L)/放弃(U)/宽度(W)]：
指定下一点或 [圆弧(A)/闭合(C)/半宽(H)/长度(L)/放弃(U)/宽度(W)]：

(3)用圆环命令绘制人头。

命令：_donut ↙
指定圆环的内径 <12. 0000 >：0 ↙
指定圆环的外径 <15. 0000 >：3 ↙
指定圆环的中心点或 <退出 >：

11 椭圆

11. 1 功能

创建椭圆。

11. 2 调用方法

(1)在命令行中用键盘输入:Ellipse;
(2)在下拉菜单中点击:绘图→椭圆;
(3)在绘图工具条上单击“椭圆”按钮。

11. 3 操作指导

命令：_ellipse ↙
指定椭圆的轴端点或 [圆弧(A)/中心点(C)]：
指定轴的另一个端点：<正交 开>
指定另一条半轴长度或 [旋转(R)]：

11.4 参数说明

“轴端点”:根据两个端点定义椭圆的第一条轴。第一条轴的角度确定了整个椭圆的角度。第一条轴既可定义椭圆的长轴,也可定义椭圆的短轴。

“指定另一条半轴长度或[旋转(R)]”:通过输入值或定位点来指定距离,或者输入 r。

“另一条半轴长度”:使用从第一条轴的中点到第二条轴的端点的距离定义第二条轴。

“旋转”:通过绕第一条轴旋转圆来创建椭圆。

11.5 操作示例

绘制椭圆有两种方法,如图 2-16 所示。第一种是用圆心定位,输入长、短轴的半轴长;第二种是用轴、端点定位,先确定长轴的总长,再输入短轴的半轴长。

利用椭圆命令绘制两个椭圆,如图 2-17 所示。

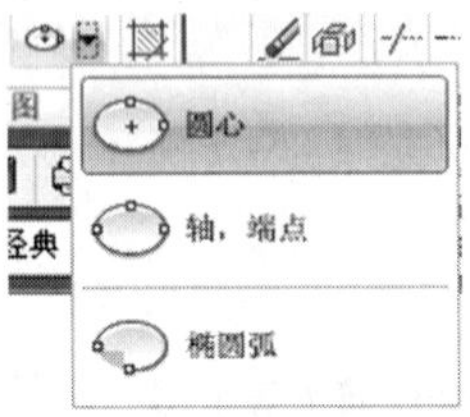

图 2-16 椭圆的画法

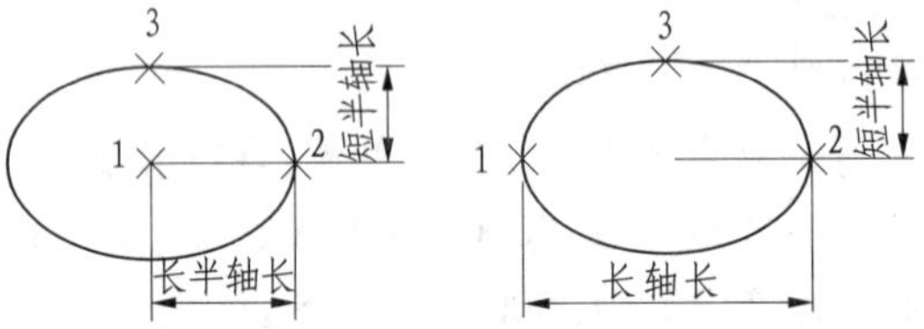

(a) 圆心定位 (b) 轴、端点定位

图 2-17 绘制椭圆

12 点样式的设置与点的绘制

12.1 点样式的设置

(1)在命令行中用键盘输入:Ddptype;

(2)在下拉菜单中点击:格式→点样式。

12.2 操作指导

执行 Ddptype 命令后,系统会弹出如图 2-18 所示的对话框。

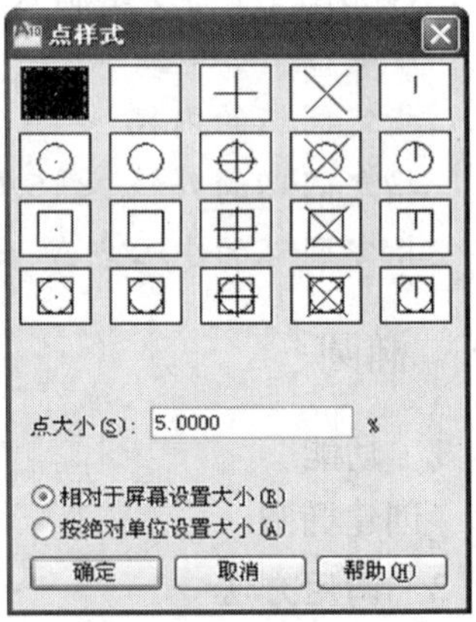

图 2-18 “点样式”对话框

12.3 参数说明

“点大小”:输入百分比表示。有两种尺寸选择,一种是“相对于屏幕设置大小”,另一种是“按绝对单位设置大小”。

另外,在该对话框中列出了 20 种点的样式图例。

12.4 点的绘制

(1)在命令行中用键盘输入:Point;

(2)在下拉菜单中点击:绘图→点→单点。

13 定数等分

13.1 功能

在图形对象中定数等分或插入点。

13.2 调用方法

(1)在命令行中用键盘输入:Divide;

(2)在下拉菜单中点击:绘图→点→定数等分。

13.3 操作指导

命令: _divide ↙

选择要定数等分的对象:　　　　　(选择要等分的对象)

输入线段数目或[块(B)]:　　　　(将选择的对象平均分成相同的几段)

13.4 参数说明

“输入线段数目”:输入要将对象分成相同几段的段数。

“块(B)”:在选定的对象上等间距地放置块(块的含义在以后章节中介绍)。

注意:定数等分不仅能等分直线,还可以等分圆、多段线、曲线和一些在选择对象时能够一次选定的对象。

13.5 操作示例

定数等分圆弧,如图 2-19、图 2-20 所示。

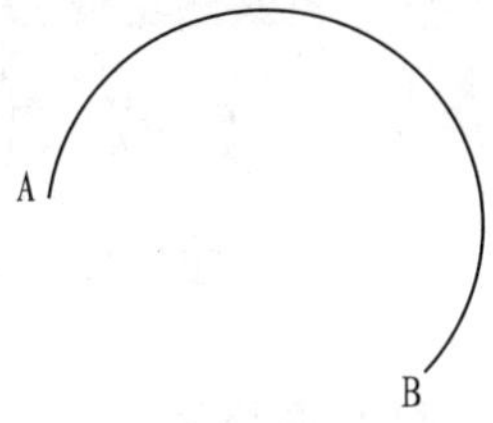

图 2-19　已知圆弧

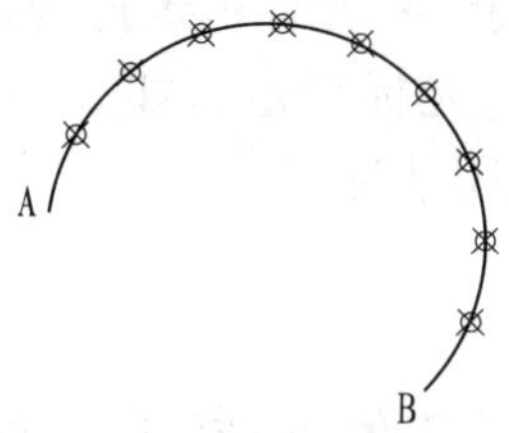

图 2-20　定数等分圆弧

14　定距等分

14.1 功能

在图形对象中定距等分或插入点。

14.2 调用方法

(1)在命令行中用键盘输入:Measure;

(2)在下拉菜单中点击:绘图→点→定距等分。

14.3 操作指导

命令: _measure ↙

选择要定距等分的对象:　　　　　(选择要等分的对象)

指定线段长度或[块(B)]:　　　　(将选择的对象按输入的长度进行等分)

14.4 参数说明

“指定线段长度”:输入一个长度数值,回车后,点对象就会沿选择的对象按指定的长度依次放置。

“块(B)”:在选定的对象上按指定的长度放置块。

注意:点对象或其他块对象在所选对象上放置时,首先从离选择对象时单击左键位置最近的端点处开始放置。最后对象上被分割的一段长度有可能等于或小于输入的长度数值。起点不标点样式。

14.5 操作示例

定距等分圆弧，如图 2-21、图 2-22 所示。

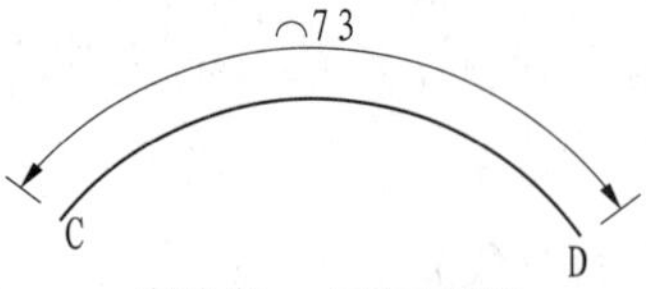

图 2-21　已知圆弧

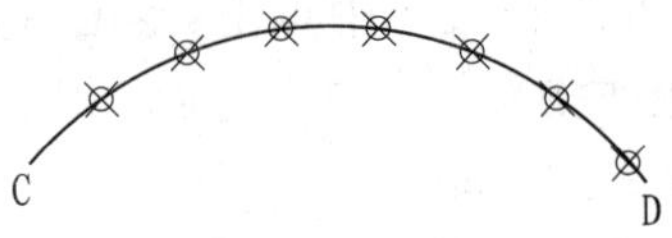

图 2-22　定距等分圆弧

第二节　捕捉、栅格、正交、极轴等的使用

状态栏位于命令行窗口下面，其功能有捕捉、栅格、正交、极轴、对象捕捉、对象追踪、动态 UCS、动态输入、线宽显示等，如图 2-23 所示。

1　捕捉

打开捕捉后，光标行走迟钝，因为光标在沿捕捉点行走；关闭捕捉后，光标行走自如。一般不打开捕捉。按 F9 键可以打开或关闭捕捉。

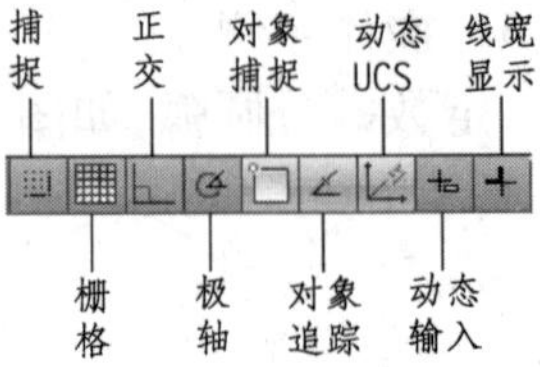

图 2-23　状态栏

2　栅格

按“草图设置”对话框中设置好的栅格间距来捕捉点。打开栅格后，在绘图区显示栅格点，光标沿栅格点行走，每一格均为设置好的间距。因为光标在沿栅格点行走，所以光标行走迟钝；关闭栅格后，光标行走自如。一般不打开栅格。按 F7 键可以打开或关闭栅格。

3　正交

打开正交后，光标沿直线水平或竖直行走，精确绘制水平线与竖直线。关闭正交后，可以绘制任意直线。关闭正交，绘制直线有时直觉观察是水平线与竖直线，事实上，放大观察仍有误差。因此，要精确绘制水平线与竖直线，还是要打开正交。按 F8 键可以打开或关闭正交。

4　极轴

打开极轴，在绘图时可以按设置好的极轴角捕捉直线或点。使用极轴追踪可以精确绘制角度线和三视图。绘制不同角度线，需设置不同极轴角，同时应及时调整极轴角。极轴是绘制角度线的一种方法。按 F10 键可以打开或关闭极轴。极轴追踪设置见图 2-24。

5　对象捕捉

打开对象捕捉可以精确捕捉绘图对象，它是精确绘图的较好工具。捕捉的对象为“草图设置”中的捕捉点。若关闭对象捕捉，则是不能精确捕捉点的。按 F3 键可以打开或关闭对象捕捉。对象捕捉设置见图 2-25。

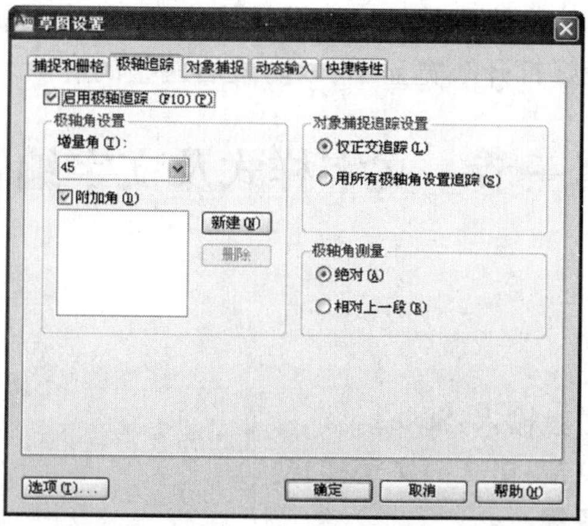

图 2-24　极轴追踪设置

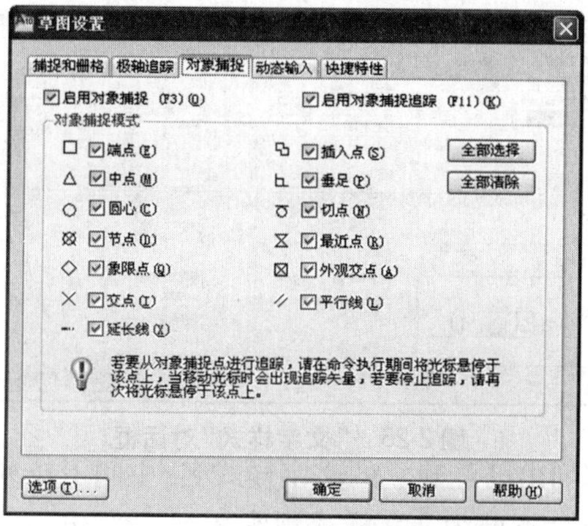

图 2-25　对象捕捉设置

6　对象追踪

打开对象追踪，绘图时，移动光标至捕捉点，会产生追踪虚线。对象追踪常与对象捕捉联合使用。按 F11 键可以打开或关闭对象追踪。

7　动态输入

动态输入可以代替命令行，在光标行进过程中，随时进行距离、角度和坐标等值的输入，大大简化了在命令行中来回输入数据的麻烦。

打开动态输入时，正交、极轴、对象捕捉、对象追踪无论处于打开还是关闭，都能进行动态输入；如果关闭动态输入，正交、极轴、对象捕捉、对象追踪处于打开，只能进行动态显示，不能进行动态输入。按 F12 键可以打开或关闭动态输入。

8　线宽显示

此处是显示线的宽度，不是设置线的宽度。打开线宽显示，屏幕显示设置好的线宽，如果没有设置线宽,屏幕线宽为默认线宽。默认线宽在“线宽设置”中设置。为了保证绘图的线宽正确,绘图时最好打开线宽显示,以防最后调整的麻烦。

第三节　文字样式及文字编辑

1　设置文字样式

1.1　设置文字样式方法

(1)在命令行中用键盘输入:Style;

(2)在下拉菜单中点击:格式→文字样式。

1.2　“文字样式”内容解释

“文字样式”对话框见图 2-26。

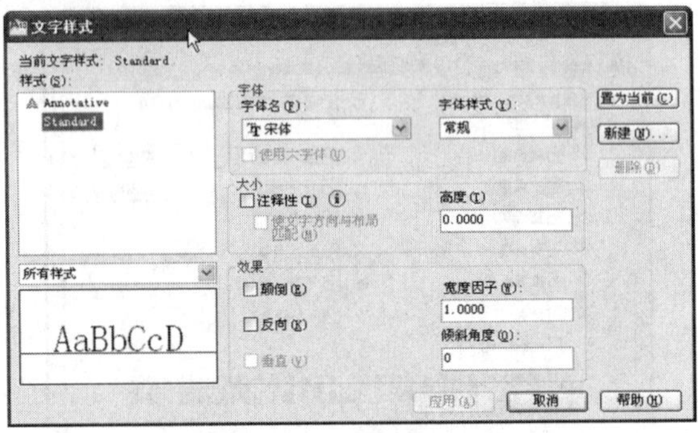

图 2-26　“文字样式”对话框

(1)“样式”区:上部列出已经建立的文字样式名,中间下拉列表指定使用所有样式还是使用样式列表中的样式,下部为文字样式预览。

(2)“字体”区:在“字体名”列表用鼠标左键点击后,会有一个系统所有字体的列表,用户可以选择一种字体使用。

(3)“字体样式”:指定文字的格式,如斜体、粗体或常规格式。当用户使用大字体后,用于设置大字体文本。

(4)“大小”区:为文字设置高度。如果选中“注释性”,“高度”变为“图纸文字高度”。

(5)“效果”区:“颠倒”,选择该复选框后,字体会倒置过来。“反向”,选择该复选框后,字体的前后顺序会反过来。“垂直”,当字体名支持双向时“垂直”才可用,选择该复选框后,字体会垂直排列。“宽度因子”,用来设置文字的宽度比例。“倾斜角度”,输入负值时,字体向左边倾斜,反之,向右边倾斜。

(6)“置为当前”:把选定的文字样式用于当前文本。

(7)“新建”:建立新的文字样式。

(8)“删除”:删除指定的文字样式。

文字样式设置完成后,在“样式”区自动产生一个新的样式名。只需点击“应用”,然后关闭,样式文件自动保存。

在“样式”区中对某一文字样式单击右键,可以将该文字样式置为当前、重命名和删除。

注意：在绘图过程中，应根据制图国家标准规定来合理地设置文字样式。另外，在设置文字样式的过程中，最好不要在“文字样式”对话框中设置字体的高度，而在注写字体时再单个设置。

2 文字编辑

2.1 文字编辑方法

(1)在命令行中用键盘输入：Text；

(2)在下拉菜单中点击：绘图→文字→单行文字；

(3)在绘图工具条上点击“文字”按钮。

2.2 操作指导

命令：_text ↙

当前文字样式：“工程用字” 文字高度：2.5000 注释性：否

指定文字的起点或［对正(J)/样式(S)］：

指定高度 <2.5000>：5 ↙

指定文字的旋转角度 <0>：↙

2.3 参数说明

“指定文字的起点”：指定文字输入的起点，可在屏幕上选择一点，作为输入文字的起点。

“对正(J)/样式(S)”：

输入J后回车，命令行提示如下：

［对齐(A)/调整(F)/中心(C)/中间(M)/右(R)/左上(TL)/中上(TC)/右上(TR)/左中(ML)/正中(MC)/右中(MR)/左下(BL)/中下(BC)/右下(BR)］：

输入S后回车，命令行提示如下：

输入样式名或［?］ <Standard>：

“指定高度 <2.5000>”：指定输入文字的高度。

“指定文字的旋转角度 <0>”：指定输入的文字与水平线的倾斜角度，正值向左边旋转，负值向右边旋转。

文字编辑界面见图2-27。

2.4 文字编辑练习

请用AutoCAD的文字编辑工具编辑下面的短文：

玫瑰花茶宜热饮。热饮时花的香味浓郁，闻之沁人心脾。玫瑰花茶泡法：喝热玫瑰花茶必须将茶杯先行加热，以防止温度迅速下降，这样才能使茶香充分地飘散出来。此外，因玫瑰花有收敛作用，便秘者不宜饮用。

泡玫瑰花茶时不宜用温度太高的水，一般用放置了一会儿的开水冲泡比较好。每次放五朵，最好是再加三颗蜜枣，美容又瘦身。用饮水机的水冲泡也可以，有时间的话最好用开水。

煮玫瑰花和蜜枣，煮出来的水颜色要比泡的重一些，茶里面的成分能够更好地挥发出

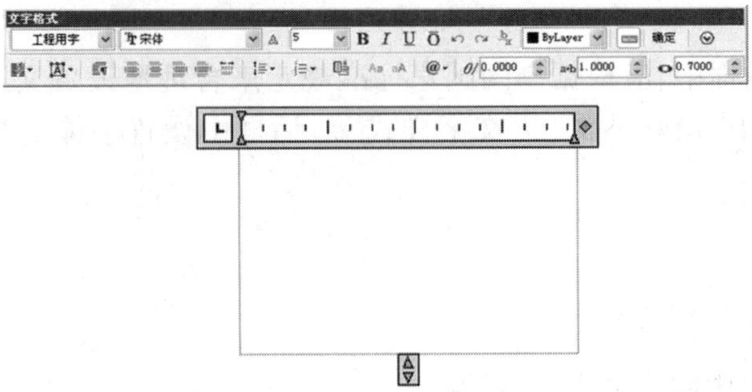

图 2-27　文字编辑界面

来,每次煮三分钟即可。

第四节　图案填充、创建块和插入块等命令

1　“图案填充和渐变色”对话框

通过下面 4 种方式,可以调出“图案填充和渐变色”对话框,如图 2-28 所示。

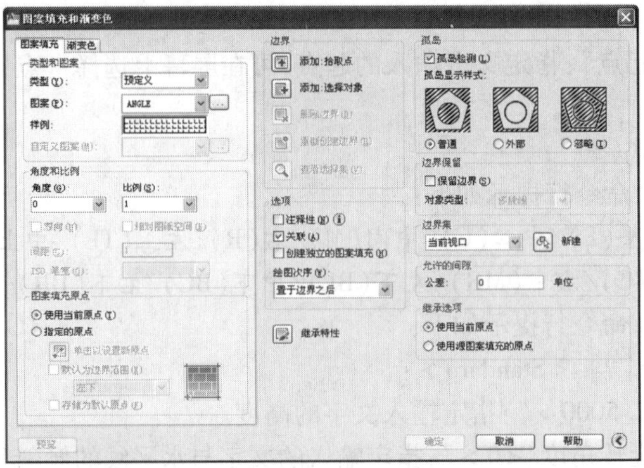

图 2-28　“图案填充和渐变色”对话框

(1)在命令行中用键盘输入:Bhatch;

(2)在下拉菜单中点击:绘图→图案填充或渐变色;

(3)在绘图工具条上单击“图案填充”按钮。

在调出的“图案填充和渐变色”对话框中,可以对图形填充相应图案(图例)和单色或双色渐变色。

在该对话框中有两个选项卡:一个是“图案填充”,另一个是“渐变色”。下面将常用的选项含义介绍如下:

“类型”:图案的类型有三种,即预定义、用户定义和自定义。

“图案”:填充图案的名称,单击其后按钮会弹出如图 2-29 所示的“填充图案选项板”对话框,用户可通过此对话框来选择所要填充的图案。

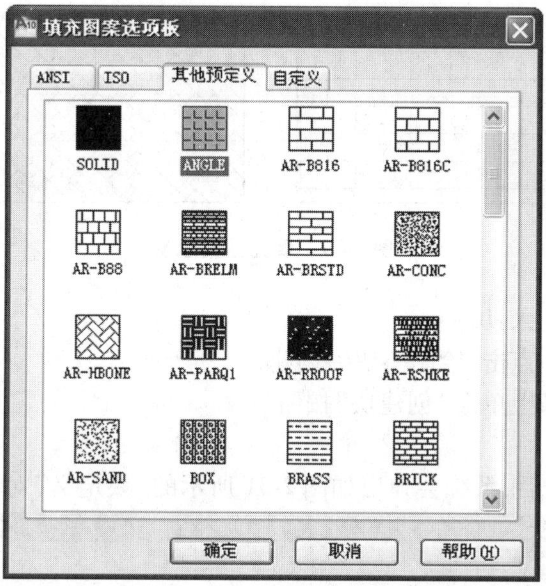

图 2-29 “填充图案选项板”对话框

“样例”:显示要填充图案的样子。

“自定义图案”:用户自己定义的图案名称。

“角度”:输入或选择填充图案的倾斜角度。

“比例”:输入或选择填充图案的比例。

“双向”:当“图案填充”选项卡上的“类型”设置为“用户定义”时,此选项可用,它是将用户定义的图案绘制成 90°交叉线。

“相对图纸空间”:此选项在布局中可用,它是以相对于图纸的空间单位缩放填充图案。

“间距”:当“图案填充”选项卡上的“类型”设置为“用户定义”时,此选项可用,用来设定用户定义图案中的直线间距。

“ISO 笔宽”:当“图案填充”选项卡上的“类型”设置为“预定义”,并将“图案”设置为可用的 ISO 图案的一种时,此选项可用,它是以选定的笔宽来缩放 ISO 预定义图案。

“使用当前原点”:将填充图案的开始点设置为默认。

“指定的原点”:用户可通过“单击以设置新原点”、“默认为边界范围”、“存储为默认原点”选项,来指定新的填充图案的开始点。

“添加:拾取点”:点击该按钮,系统回到选择区,在要填充的区域选择一点。

“添加:选择对象”:点击该按钮,系统要求选择要填充的对象。

2 图案填充示例

画出两个矩形,完成如图 2-30 所示的图案填充。

3 创建块

3.1 功能

把若干个图形元素作为一个整体保存起来,在用到时再插入到图形中去。

图 2-30　填充图案示例

3.2　创建块方法

(1)在命令行中输入:Block;

(2)在下拉菜单中点击:绘图→块→创建;

(3)在绘图工具条上单击“创建块”按钮。

3.3　操作指导

执行“Block”命令后,系统会弹出如图 2-31 所示的“块定义”对话框。

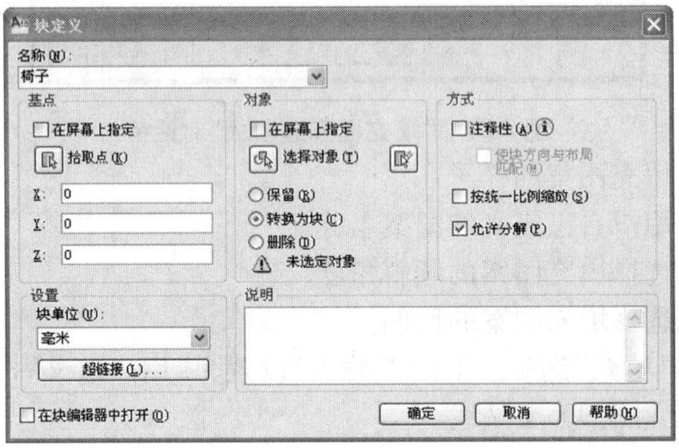

图 2-31　“块定义”对话框

在该对话框中,常用的选项含义如下:

“名称”:输入新创建块的名称。

“基点”:当点击“拾取点”按钮时,系统会回到操作屏幕上,提示用户选择插入的点,完成后,系统又回到对话框中,在“X”、“Y”、“Z”的空白框内显示插入点的坐标。

“对象”:包括“选择对象”、“保留”、“转换为块”、“删除”等选项。

“选择对象”:点击此按钮后,系统会回到操作屏幕上,提示用户选择将转化为块的图形元素,完毕后回车,系统又回到对话框中。

4　插入块

4.1　功能

指定要插入的块和定义插入块的位置。

4.2　插入块方法

(1)在命令行中输入:Insert;

(2)在下拉菜单中点击:插入→块;

(3)在绘图工具条上单击“插入块”按钮。

4.3 操作指导

执行 Insert 命令后，系统会弹出如图 2-32 所示的“插入”对话框。

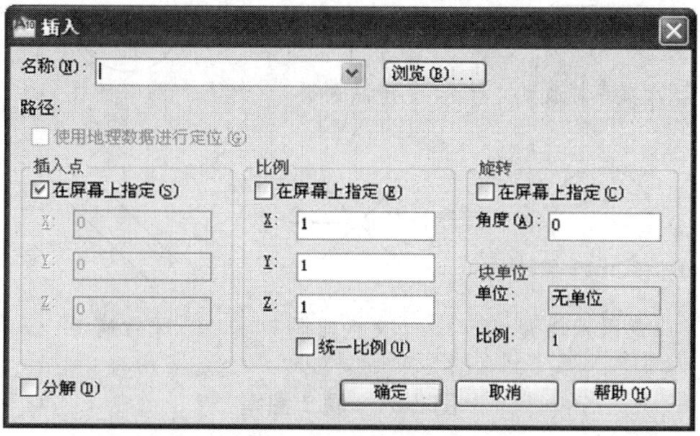

图 2-32 “插入”对话框

在“插入”对话框中，各选项含义如下：

“名称”：通过下拉列表或“浏览”按钮来选择所要插入的图块名。

“在屏幕上指定”：如果选择该项，则“X”、“Y”、“Z”均不亮显，系统回到屏幕中，让用户在屏幕上选择插入的点，在命令行出现以下的命令过程：

指定插入点或［基点(B)/比例(S)/X/Y/Z/旋转(R)/预览比例(PS)/PX/PY/PZ/预览旋转(PR)］：

如果不选择“在屏幕上指定”，则“X”、“Y”、“Z”均亮显。用户可以通过输入“X”、“Y”、“Z”的坐标来确定插入点。

练 习 题

1. 绘制一幅图幅（见图 2-33）。

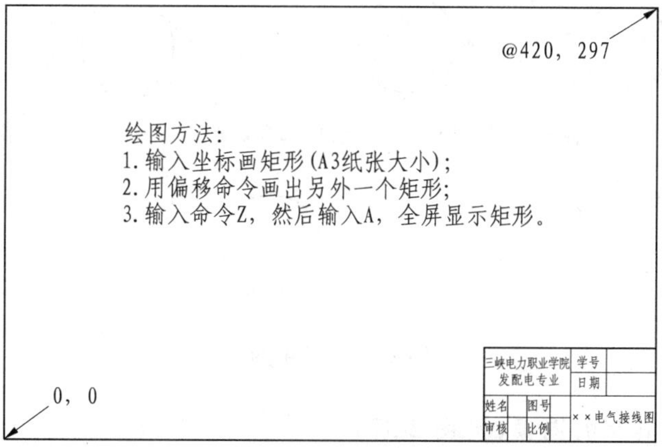

图 2-33 题 1 图幅

2. 绘制对象捕捉的图案(见图 2-34)。

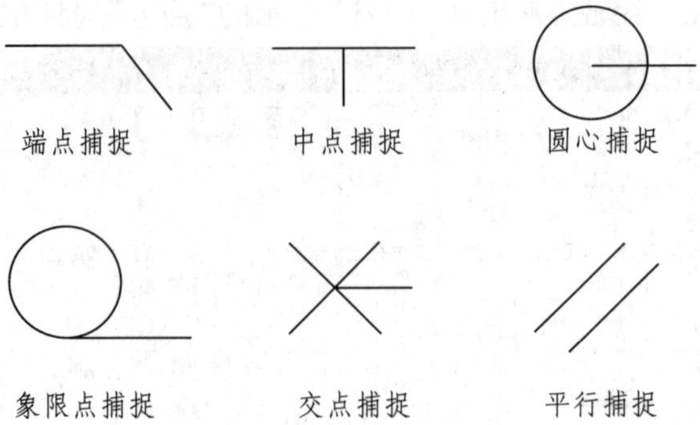

图 2-34　题 2 图案

3. 绘制多段线的图案(见图 2-35)。

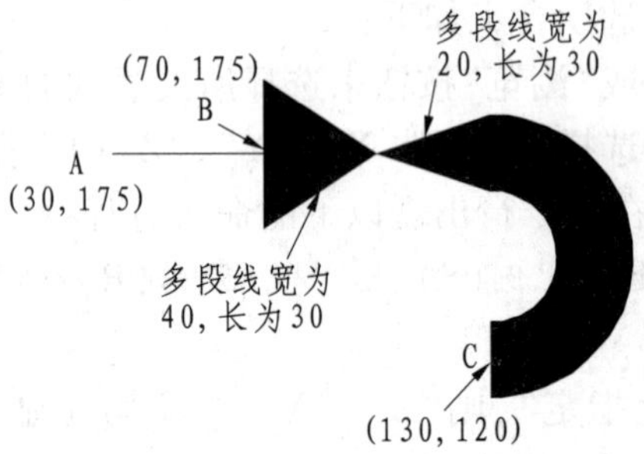

图 2-35　题 3 图案

4. 绘制圆的图案(见图 2-36)。

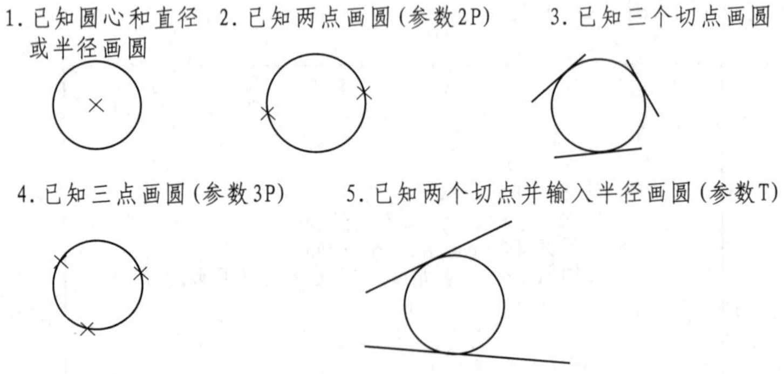

图 2-36　题 4 图案

5. 绘制绘图工具栏的图案(见图 2-37)。

6. 绘制如图 2-38 所示的图形。

7. 绘制如图 2-39 所示的图形。

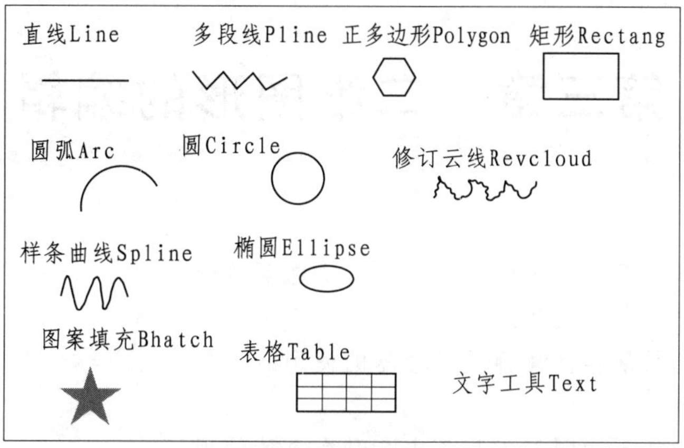

图 2-37 题 5 图案

图 2-38 题 6 图形

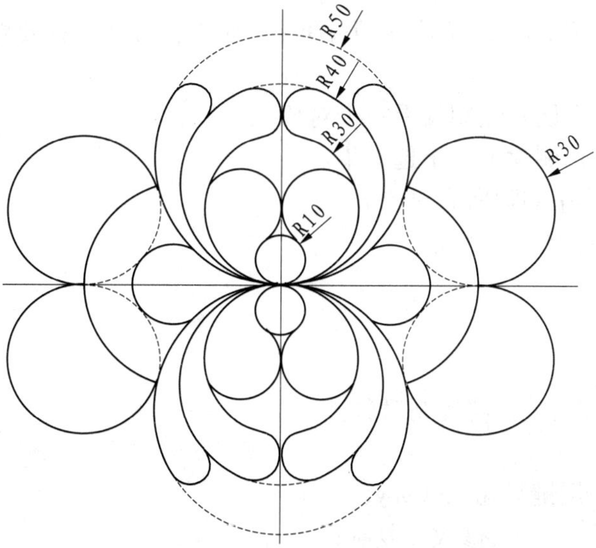

图 2-39 题 7 图形

第三章　二维图形的编辑

【教学目标】

1. 详细介绍修改工具条中的删除、复制、镜像等命令。

2. 讲解绘图中的各项技巧。

3. 介绍图层工具条和标注样式管理器的使用。

【学习要点】

1. 掌握修改工具条和图层工具条中各种命令的使用。

2. 熟练运用各种命令提高绘图水平。

第一节　删除、复制、镜像、偏移、阵列等命令

1　删除

1.1　功能

从图形中删除对象。

1.2　调用方法

(1)在命令行中用键盘输入:Erase;

(2)在下拉菜单中点击:修改→ 删除;

(3)在修改工具条上单击“删除”按钮。

1.3　操作指导

执行 Erase 命令后,在“选择对象”下,使用一种选择方法选择要删除的对象或输入选项:

输入 L(上一个),删除绘制的上一个对象。

输入 P(上一个),删除上一个选择集。

输入 All,从图形中删除所有对象。

按 Enter 键结束命令。

2　复制

2.1　功能

在指定方向上按指定距离复制对象。

2.2　调用方法

(1)在命令行中用键盘输入:Copy;

(2)在下拉菜单中点击:修改→复制;

(3)在修改工具条上单击“复制”按钮。

2.3 **操作指导**

命令：_copy ↙

选择对象：找到 1 个　　　　　（可以同时选择多个对象）

选择对象：

当前设置：复制模式 = 多个

指定基点或［位移(D)/模式(O)］ <位移>：

指定第二个点或 <使用第一个点作为位移>：　　　（可以指定两个基点或位移作为复制对象和源对象的距离）

2.4 **举例说明**

用复制命令完成图 3-1。

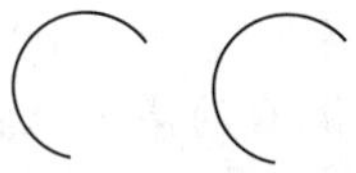

图 3-1　复制图形

3　镜像

3.1 **功能**

绕指定轴或指定两点翻转对象创建对称的镜像图形。

3.2 **调用方法**

(1)在命令行中用键盘输入:Mirror;

(2)在下拉菜单中点击:修改→镜像;

(3)在修改工具条上单击“镜像”按钮。

3.3 **操作指导**

命令:_mirror ↙

选择对象：指定对角点：找到 6 个　　　　（选择要镜像的对象）

选择对象：　　　　（单击右键确认）

指定镜像线的第一点：

指定镜像线的第二点：　　　　（指定对称轴线上的两个点）

是否删除源对象？［是(Y)/否(N)］ <N>:↙

注意:在默认情况下,镜像文字、属性和属性定义时,它们在镜像图像中不会反转或倒置。文字的对齐和对正方式在镜像对象前后相同。如果确实要反转文字,请将 Mirrtext 变量设置为 1,否则设置为 0。

Mirrtext 会影响使用 Text、Attdef 或 Mtext 命令、属性定义和变量属性创建的文字。镜像插入块时,作为插入块一部分的文字和常量属性都将被反转,而不管 Mirrtext 的设置。

3.4 **举例说明**

将图 3-2 进行镜像。

(1)将 Mirrtext 变量设置为 0,文字可读。

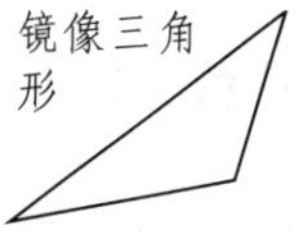

图 3-2　源图形

命令：_mirror ↙

选择对象：指定对角点：找到 4 个

选择对象：

指定镜像线的第一点：

指定镜像线的第二点：<正交 开>

是否删除源对象？[是(Y)/否(N)] <N>:↙

结果如图 3-3(a)所示。

(2)将 Mirrtext 变量设置为 1，文字不可读。

命令：_mirrtext↙

输入 MIRRTEXT 的新值 <0>：1↙

命令：_mirror↙

选择对象：指定对角点：找到 4 个

选择对象：

指定镜像线的第一点：

指定镜像线的第二点：

是否删除源对象？[是(Y)/否(N)] <N>:↙

结果如图 3-3(b)所示。

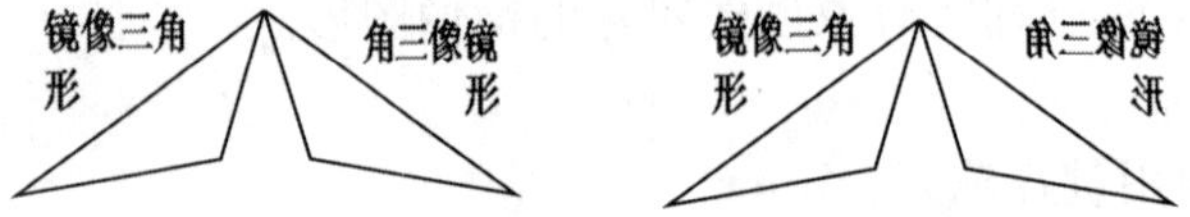

(a) (b)

图 3-3 镜像图形

4 偏移

4.1 功能

等距离复制对象，常用于创建同心圆、平行线和平行曲线。

4.2 调用方法

(1)在命令行中用键盘输入：Offset；

(2)在下拉菜单中点击：修改→偏移；

(3)在修改工具条上单击“偏移”按钮。

4.3 操作指导

命令：_offset↙

当前设置：删除源 = 否 图层 = 源 OFFSETGAPTYPE = 0

指定偏移距离或[通过(T)/删除(E)/图层(L)] <通过>:5↙ (输入要偏移的距离)

选择要偏移的对象或[退出(E)/放弃(U)] <退出>： (指定要偏移的对象)

指定要偏移的那一侧上的点或[退出(E)/多个(M)/放弃(U)] <退出>： (指定要偏移的对象偏向的一侧)

4.4 参数说明

“通过(T)”：输入 T 后回车，系统有如下的命令提示：

指定偏移距离或[通过(T)/删除(E)/图层(L)] <通过>：t↙

选择要偏移的对象或 <退出>:

指定通过点:　　　　（选择一个点作为偏移对象的通过点）

选择要偏移的对象或 <退出>:

“删除(E)”: 输入 E 后回车,系统有如下的命令提示:

指定偏移距离或［通过(T)/删除(E)/图层(L)］<通过>: e↙

要在偏移后删除源对象吗?［是(Y)/否(N)］<否>: y↙　　（偏移时是否删除源对象）

指定偏移距离或［通过(T)/删除(E)/图层(L)］<通过>: 5↙

选择要偏移的对象或［退出(E)/放弃(U)］<退出>:

指定要偏移的那一侧上的点或［退出(E)/多个(M)/放弃(U)］<退出>:

“图层(L)”: 输入 L 后回车,系统有如下的命令提示:

指定偏移距离或［通过(T)/删除(E)/图层(L)］<5.0000>: l↙

输入偏移对象的图层选项［当前(C)/源(S)］<源>: c↙　　（偏移时是否改变源对象的图层特性）

指定偏移距离或［通过(T)/删除(E)/图层(L)］<5.0000>: 5↙

选择要偏移的对象或［退出(E)/放弃(U)］<退出>:

指定要偏移的那一侧上的点或［退出(E)/多个(M)/放弃(U)］<退出>:

选择要偏移的对象或［退出(E)/放弃(U)］<退出>:

4.5　举例说明

绘制一组间距为 5 的同心圆、平行线和任意曲线,源对象如图 3-4 所示,绘制结果如图 3-5 所示。

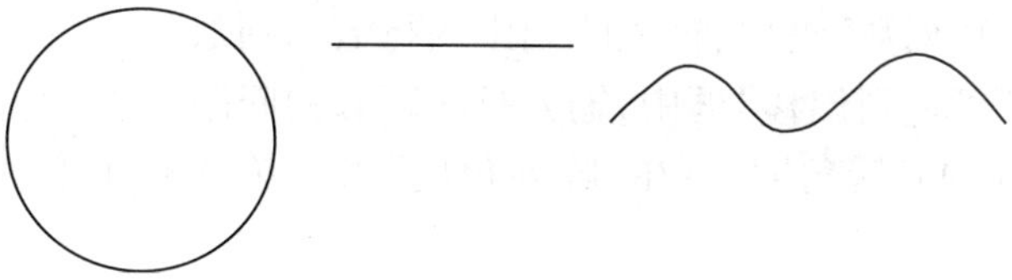

图 3-4　源对象

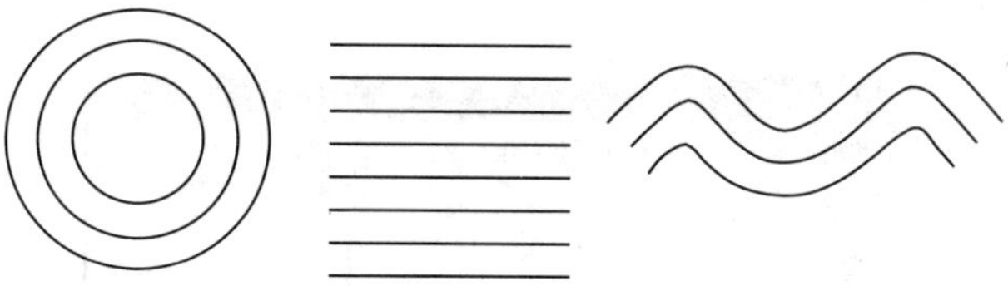

图 3-5　绘制结果

注意:偏移曲线时,曲线的弯曲程度超过弯曲极限时,一部分曲线则不会偏移。

5　阵列

5.1　功能

创建按指定方式排列的多个对象副本,常用的有矩形阵列和环形阵列。

5.2 调用方法

(1)在命令行中用键盘输入:Array;

(2)在下拉菜单中点击:修改→阵列;

(3)在修改工具条上单击“阵列”按钮。

5.3 操作指导

5.3.1 创建矩形阵列(见图 3-6)

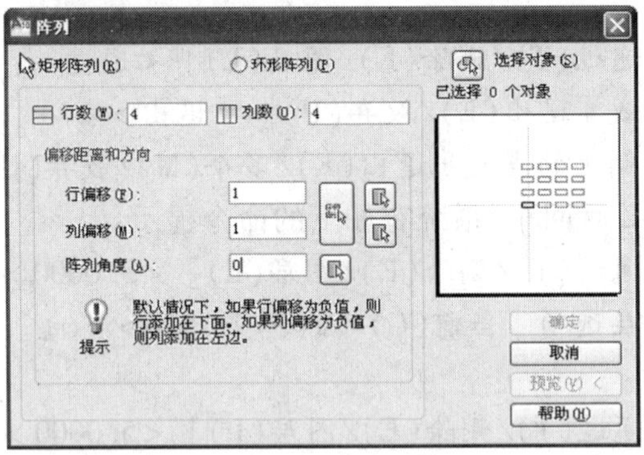

图 3-6 创建矩形阵列

创建矩形阵列的步骤如下:

(1)在命令行提示下,输入 Array,按 Enter 键。

(2)在“阵列”对话框中选择“矩形阵列”。

(3)单击“选择对象”,“阵列”对话框将关闭,系统将提示选择对象。选择要添加到阵列中的对象并按 Enter 键。

(4)在“行数”和“列数”框中,输入阵列中的行数和列数。

(5)在“行偏移”和“列偏移”框中,输入行间距和列间距。

(6)要修改阵列的旋转角度,请在“阵列角度”旁边输入新角度。默认角度为 0,可以用 Units 命令更改。

(7)单击“确定”创建阵列。

5.3.2 创建环形阵列(见图 3-7)

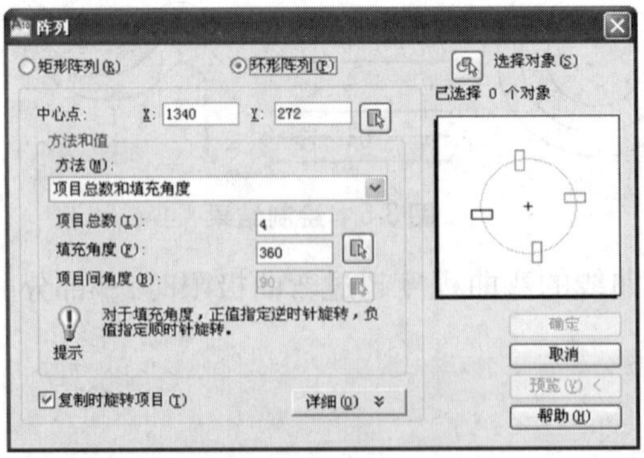

图 3-7 创建环形阵列

创建环形阵列的步骤如下：

(1)在命令行提示下,输入 Array,按 Enter 键。

(2)在“阵列”对话框中选择“环形阵列”。

(3)单击“中心点”后的拾取按钮,“阵列”对话框将关闭,系统将提示选择对象。使用定点设备指定环形阵列的圆心。

(4)单击“选择对象”,“阵列”对话框将关闭,系统将提示选择对象。选择要添加到阵列中的对象并按 Enter 键。

(5)输入项目总数(包括源对象),输入填充角度和项目间角度。

(6)单击“确定”创建阵列。

5.4 举例说明

将如图 3-8 所示的椅子图案进行矩形阵列(见图 3-9)和环形阵列(见图 3-10)。

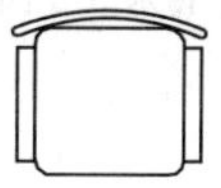

图 3-8 椅子

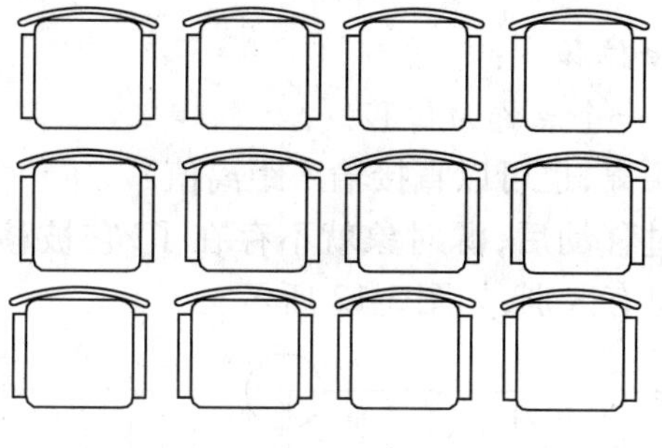

图 3-9 矩形阵列椅子

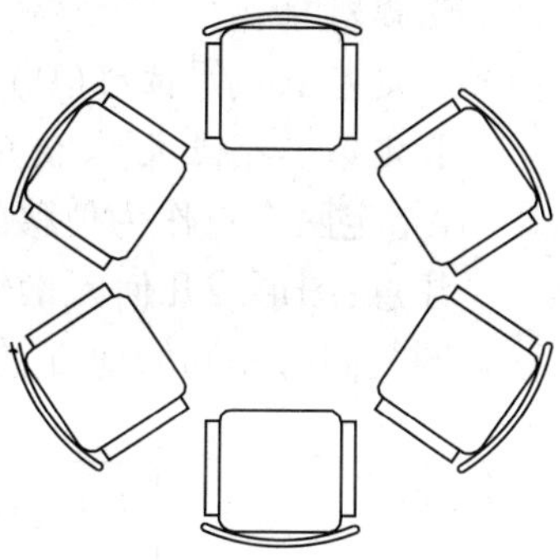

图 3-10 环形阵列椅子

6 旋转

6.1 功能

围绕基点旋转对象。

6.2 调用方法

(1)在命令行中用键盘输入:Rotate;

(2)在下拉菜单中点击:修改→旋转;

(3)在修改工具条上单击“旋转”按钮。

6.3 操作指导

命令：_rotate ↙

UCS 当前的正角方向：ANGDIR = 逆时针　　ANGBASE = 0

选择对象：找到 1 个

选择对象：

指定基点：

指定旋转角度或 [复制(C)/参照(R)] <0>：　　(输入正值时逆时针旋转,输入负值时顺时针旋转)

6.4 举例说明

用旋转命令完成图 3-11。

7 移动

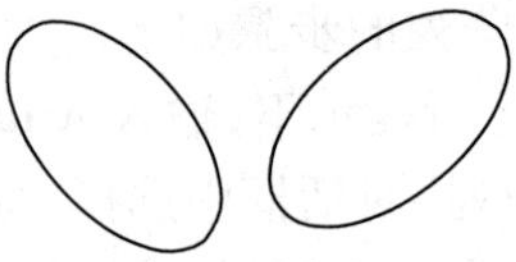
图 3-11 旋转图形

7.1 功能

在指定方向上按指定距离移动对象。

7.2 调用方法

(1)在命令行中用键盘输入:Move;

(2)在下拉菜单中点击:修改→移动;

(3)在修改工具条上单击“移动”按钮。

7.3 操作指导

命令: _move ↙

选择对象: 找到 1 个

选择对象:

指定基点或 [位移(D)] <位移>:

指定第二个点或 <使用第一个点作为位移>:

(指定两个点作为位移的距离,也可以直接输入距离值)

注意:图形或几何元素经过移动后,源对象就不存在了,它被移动到一个新的位置。移动同复制有相同的地方,但也有区别,如图 3-12 所示。

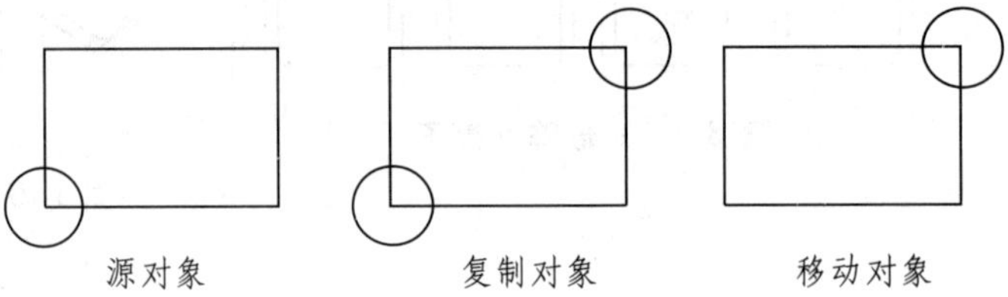

图 3-12 复制与移动对象

8 修剪

8.1 功能

修剪超出边界的对象,以与其他对象的边相接。

8.2 调用方法

(1)在命令行中用键盘输入:Trim;

(2)在下拉菜单中点击:修改→修剪;

(3)在修改工具条上单击“修剪”按钮。

8.3 操作指导

命令: _trim ↙

当前设置:投影 = UCS,边 = 无

选择剪切边...

选择对象或 <全部选择>: 找到 1 个　　　　(选择要修剪对象的边界)

选择对象:

选择要修剪的对象,或按住 Shift 键选择要延伸的对象,或[栏选(F)/窗交(C)/投影(P)/边(E)/删除(R)/放弃(U)]:指定对角点:

选择要修剪的对象,或按住 Shift 键选择要延伸的对象,或[栏选(F)/窗交(C)/投影(P)/边(E)/删除(R)/放弃(U)]:

8.4 举例说明

用修剪命令完成图 3-13。

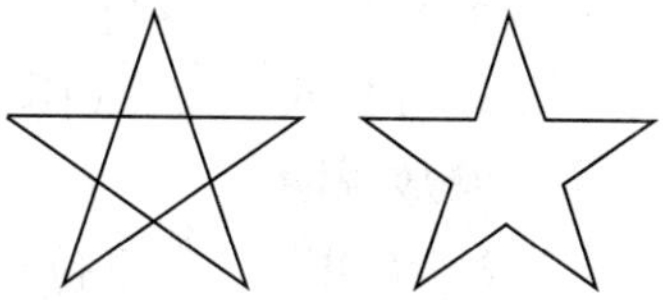

图 3-13 修剪图形

9 延伸

9.1 功能

扩展不足边界的对象,以与其他对象的边相接。

9.2 调用方法

(1)在命令行中用键盘输入:Extend;

(2)在下拉菜单中点击:修改→延伸;

(3)在修改工具条上单击“延伸”按钮。

9.3 操作指导

命令: _extend ↙

当前设置:投影 = UCS,边 = 无

选择边界的边...

选择对象或 <全部选择>:指定对角点:找到 2 个 (选择要延伸到的边界对象)

选择对象: (单击右键确认)

选择要延伸的对象,或按住 Shift 键选择要修剪的对象,或[栏选(F)/窗交(C)/投影(P)/边(E)/放弃(U)]:

9.4 举例说明

修剪图 3-14 中伸出矩形的线,延伸矩形内的线,结果如图 3-15 所示。

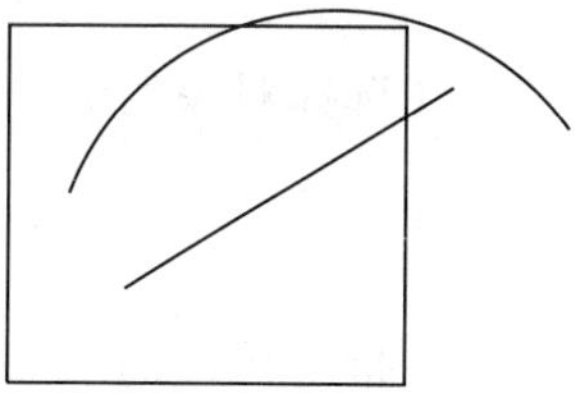

图 3-14 已知图形

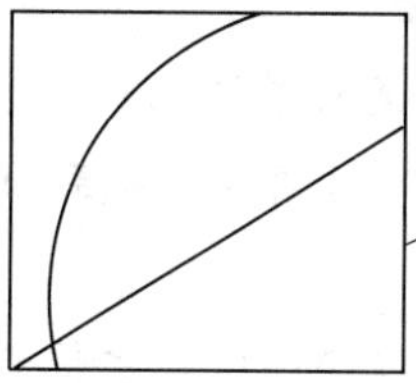

图 3-15 修剪与延伸对象

10 拉长

10.1 功能

修改对象的长度和圆弧的包含角,常用于拉长直线和圆弧。

10.2 调用方法

(1)在命令行中用键盘输入:Lengthen;

(2)在下拉菜单中点击:修改→拉长。

10.3 操作指导

命令:_lengthen ↙

选择对象或[增量(DE)/百分数(P)/全部(T)/动态(DY)]:　　(直接选择要拉长的对象)

当前长度: 20.7211

选择对象或[增量(DE)/百分数(P)/全部(T)/动态(DY)]:

10.4 参数说明

“增量(DE)”:定量拉长对象。

“百分数(P)”:按原对象长的百分率拉长。

“全部(T)”:指定要拉长的总的长度或角度。

“动态(DY)”:定性不定量拉长对象,系统进入动态拉长对象状态。

注意:拉长命令不仅可以拉长对象,而且可以缩短对象。拉长对象时,一次只能拉长单个对象。

10.5 举例说明

用拉长命令完成图 3-16。

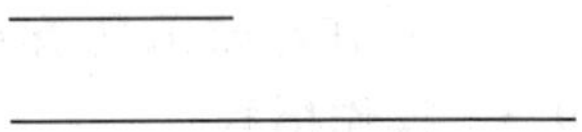

图 3-16　拉长图形

11　拉伸

11.1 功能

拉伸与选择窗口或多边形交叉的对象。

11.2 调用方法

(1)在命令行中用键盘输入:Stretch;

(2)在下拉菜单中点击:修改→拉伸;

(3)在修改工具条上单击“拉伸”按钮。

11.3 操作指导

命令:_stretch ↙

以交叉窗口或交叉多边形选择要拉伸的对象...　　(选择对象的两种方式)

选择对象:指定对角点:找到 3 个

选择对象:

指定基点或[位移(D)]<位移>:　　(指定拉伸的第一个基准点)

指定位移的第二点或<使用第一个点作为位移>:　　(指定拉伸的第二个基准点)

11.4 举例说明

一般采用虚线框的选择模式(窗交选择)来选择对象,如图 3-17 所示。

12　缩放

12.1 功能

放大或缩小选定对象,并且缩放后对象的比例保持不变。

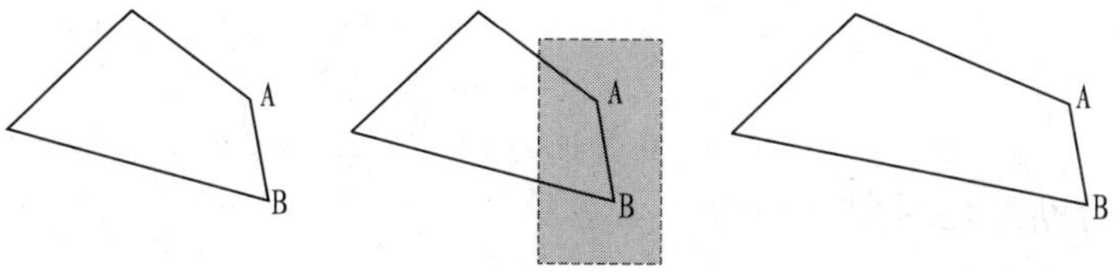

四边形　　　选择对象　　　拉伸A、B点

图 3-17　拉伸命令的应用

12.2　**调用方法**

(1)在命令行中用键盘输入:Scale;

(2)在下拉菜单中点击:修改→缩放;

(3)在修改工具条上单击“缩放”按钮。

12.3　**操作指导**

命令: _scale ↙

选择对象: 指定对角点: 找到 2 个　　　(选择所要缩放的对象)

选择对象:

指定基点:　　　(选择一点作为缩放的基点)

指定比例因子或[复制(C)/参照(R)] <1.0000>:　　(输入缩放的比例因子或用参照方式进行缩放)

12.4　**参数说明**

“指定比例因子”:指定缩放的比例。

“复制(C)”:在源对象不删除的情况下,重新复制一个对象进行缩放。

“参照(R)”:指定一段参照长度和新长度来缩放对象。此功能意义非凡,可参考下面示例。

注意:缩放命令改变的是图形的实际尺寸,而不是图形在屏幕上显示的大小。经过比例缩放的图形,因它的实际大小发生了变化,因此在标注尺寸时应注意设置尺寸标注的样式。另外,输入的比例因子均为正值,大于 1 时为放大,小于 1 时为缩小。

12.5　**举例说明**

绘制如图 3-18 所示的平面图形,方法如下:

(1)任意画一个长: 宽 =2: 1的矩形,如长 40,宽 20(见图 3-19);

(2)以矩形中心为圆心,画一个矩形外接圆;

(3)用缩放命令得到图 3-18。

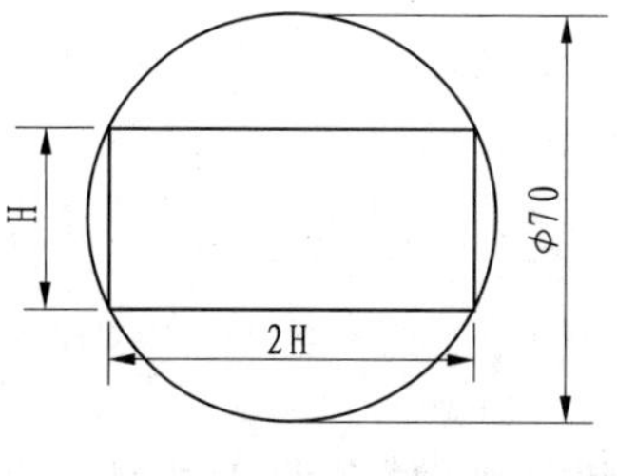

图 3-18　已知图形

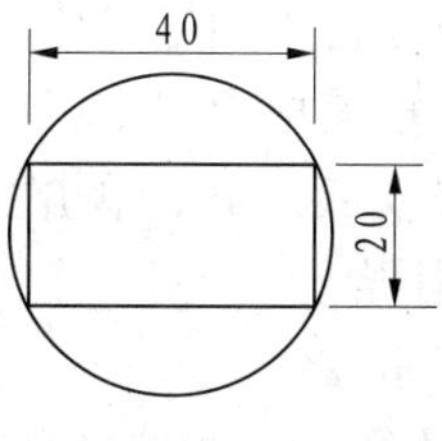

图 3-19　任意绘制矩形和圆

13 打断

13.1 功能

在两点之间打断选定对象。

13.2 调用方法

(1)在命令行中用键盘输入:Break;

(2)在下拉菜单中点击:修改→打断;

(3)在修改工具条上单击“打断”按钮。

13.3 操作指导

命令: _break ↙

选择对象:

指定第二个打断点或[第一点(F)]:

13.4 参数说明

“选择对象”:执行打断时,在选择对象的同时,也就选择了第一个打断点。

“指定第二个打断点”:选择第二个打断点。

“第一点(F)”:如果要自定义第一个打断点,选择该选项。

13.5 举例说明

打断命令可以部分地删除对象或将对象分成两个部分。另外,第一个打断点与第二个打断点是按逆时针方向确定的,选择的位置不同,打断成的线段也不同(见图3-20)。

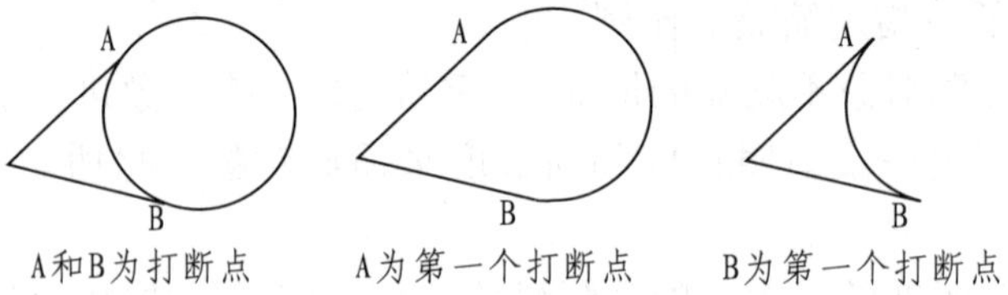

图3-20 打断命令的应用

另外,CAD还提供一个打断于点命令。它实质上是执行打断命令的F选项。打断于点命令是将对象在指定“第一点”处,将对象分成两部分。

14 合并

14.1 功能

将相似的对象合并,以形成一个完整的对象。

14.2 调用方法

(1)在命令行中用键盘输入:Join;

(2)在下拉菜单中点击:修改→合并;

(3)在修改工具条上单击“合并”按钮。

14.3 操作指导

命令: _join ↙

选择源对象: (选择一条直线、多段线、圆弧、椭圆弧、样条曲线或螺旋线)

选择要合并到源的直线：找到 1 个

选择要合并到源的直线：

注意：合并命令可以将一组单个的相似对象合并到一起，以便于我们进行编辑，但在应用时要注意，选择的源对象不同，它的适用条件也不同。

15 倒角

15.1 功能

给对象加倒方角。

15.2 调用方法

（1）在命令行中用键盘输入：Chamfer；

（2）在下拉菜单中点击：修改→倒角；

（3）在修改工具条上单击“倒角”按钮。

15.3 操作指导

命令：_chamfer↙

（“修剪”模式）当前倒角距离 1 = 0.0000，距离 2 = 0.0000

选择第一条直线或［放弃(U)/多段线(P)/距离(D)/角度(A)/修剪(T)/方式(E)/多个(M)］：

选择第二条直线，或按住 Shift 键选择要应用角点的直线：

15.4 参数说明

“放弃(U)”：放弃上一次操作命令。

“多段线(P)”：输入 P 后回车，系统要求选择形成倒角的二维多段线。

“距离(D)”：输入 D 后回车，系统要求指定两个倒角距离，第一个是水平方向上的尺寸，第二个是垂直方向上的尺寸。

“角度(A)”：输入 A 后回车，系统要求指定第一条直线的倒角距离和第一条直线的倒角角度（倒角角度指的是倒角斜线与水平线的夹角）。

“修剪(T)”：输入 T 后回车，系统要求设置修剪的模式，有两种情况，一种是修剪，另一种是不修剪。它的含义是指形成倒角的两个对象的多余部分或不足部分是否进行修剪和延伸。

“方式(E)”：输入 E 后回车，系统提示选择修剪的方法（按距离或角度）。

“多个(M)”：输入 M 后回车，系统在不退出倒角命令的情况下，重复地选择多个形成倒角的对象。

注意：输入的两个倒角距离可以相等，也可以不相等。

15.5 举例说明

将图 3-21 中的正六边形进行倒角，距离 1 = 5，距离 2 = 5。

命令：_chamfer↙

（“修剪”模式）当前倒角距离 1 = 0.0000，距离 2 = 0.0000

选择第一条直线或［放弃(U)/多段线(P)/距离(D)/角度(A)/修剪(T)/方式(E)/多个(M)］：d↙

指定第一个倒角距离 <0.0000>：5↙

指定第二个倒角距离 <5.0000>：5↙

选择第一条直线或［放弃(U)/多段线(P)/距离(D)/角度(A)/修剪(T)/方式(E)/多个(M)］：p↙

选择二维多段线：

6 条直线已被倒角

结果如图 3-22 所示。

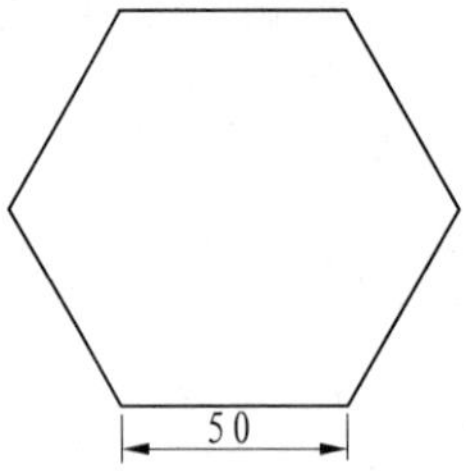

图 3-21　正六边形

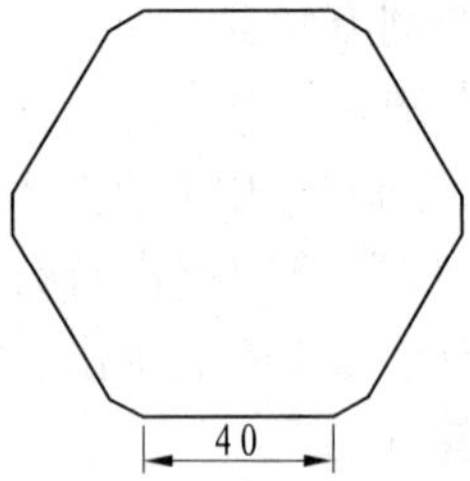

3-22　倒角正六边形

16　圆角

16.1　功能

给对象加倒圆角。

16.2　调用方法

(1)在命令行中用键盘输入:Fillet;

(2)在下拉菜单中点击:修改→圆角;

(3)在修改工具条上单击“圆角”按钮。

16.3　操作指导

命令：_fillet↙

当前设置：模式 = 修剪,半径 = 0.0000

选择第一个对象或［放弃(U)/多段线(P)/半径(R)/修剪(T)/多个(M)］：

选择第二个对象,或按住 Shift 键选择要应用角点的对象：

16.4　参数说明

“放弃(U)”:放弃上一次操作命令。

“多段线(P)”:输入 P 后回车,系统要求选择形成圆角的二维多段线。

“半径(R)”:输入 R 后回车,系统要求指定圆角的半径。

“修剪(T)”:输入 T 后回车,系统要求设置修剪的模式,有两种情况,一种是修剪,另一种是不修剪。它的含义是指形成圆角的两个对象的多余部分是否进行修剪。

“多个(M)”:输入 M 后回车,系统在不退出圆角命令的情况下,重复地选择多个形成圆角的对象。

16.5　举例说明

将图 3-23 中的两圆分别用半径为 30、15 的圆弧连接起来。

命令：_fillet ↙
当前设置：模式 = 修剪，半径 = 5.0000
选择第一个对象或[放弃(U)/多段线(P)/半径(R)/修剪(T)/多个(M)]：r ↙
指定圆角半径 <5.0000>：30 ↙
选择第一个对象或[放弃(U)/多段线(P)/半径(R)/修剪(T)/多个(M)]：
选择第二个对象，或按住 Shift 键选择要应用角点的对象：
命令：_fillet ↙
当前设置：模式 = 修剪，半径 = 30.0000
选择第一个对象或[放弃(U)/多段线(P)/半径(R)/修剪(T)/多个(M)]：r ↙
指定圆角半径 <30.0000>：15 ↙
选择第一个对象或[放弃(U)/多段线(P)/半径(R)/修剪(T)/多个(M)]：
选择第二个对象，或按住 Shift 键选择要应用角点的对象：
结果如图 3-24 所示。

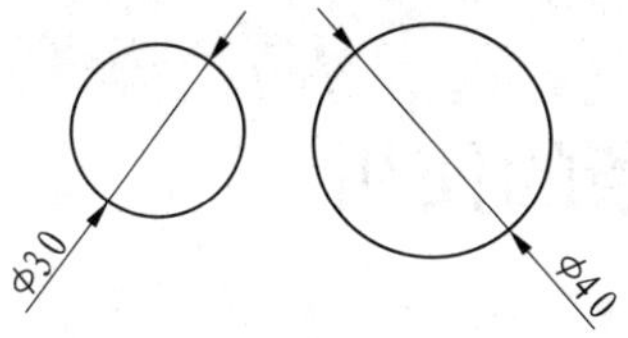

图 3-23　已知两圆

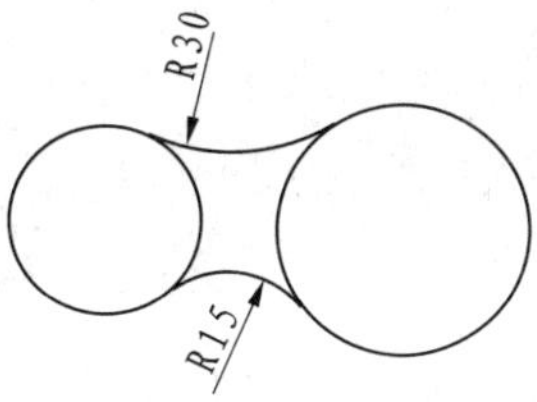

图 3-24　圆角两圆

17　CAD 绘图技巧归纳

17.1　找点

绘制一幅图中的某条线，首先要找准基点。通过对对象捕捉的端点、中点、圆心、交点等的熟练使用，能减少绘图时间，提高绘图水平。

17.2　极轴使用

用极轴设置角度，能精准画出某些线条。

17.3　画出辅助线

画图之前，先画出图的辅助线，包括 X、Y 轴对称线，如果有需要，还可以画出 45°、135°辅助线。

17.4　运用修改工具条

熟练运用修改工具条里的工具。完成绘图，可能有几种方法。如可用复制命令完成，也可以用阵列命令完成。掌握在什么时候用复制、镜像、旋转、阵列等命令，这对提高绘图速度至关重要。

18　命令的综合使用

绘制如图 3-25 所示的图形，体验各种绘图命令和修改命令。

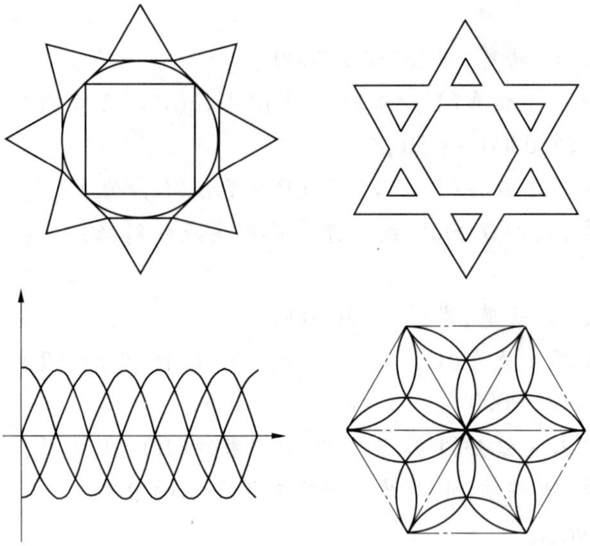

图 3-25 绘图练习

第二节 图层工具条的使用

1 图层功能

图层功能是指将不同性质的图形对象(文字、标注等)分别放在不同的图纸(这里叫图层)上,对每一层上的图形特性分别进行管理,比如开关、上锁与解锁等。这样,对某一图层上的图形特性进行操作,而不会影响到另一图层上的图形。每一图层上的图形对象对应叠加在一起,整个图形就是完整的。

2 调用方法

(1)在命令行中用键盘输入:Layer;

(2)在下拉菜单中点击:格式→图层;

(3)单击图层工具条上的"图层特性管理器"按钮。

3 图层设置

在"图层特性管理器"对话框(见图 3-26)中,可以通过一系列按钮对图层进行基本操作。

(1)"新建"图层:单击"新建"按钮,图层列表框中显示新创建的图层。第一次新建时,列表框中将显示名为"图层 1"的图层,随后名称便递增为"图层 2"、"图层 3"等。当图层名称处于选中状态时,可以直接输入一个新图层名,例如"墙线"等。通常图层名称应使用描述性文字,例如"标注"、"墙线"、"柱子"和"轴线"等。

修改图层名称:选择某一图层后单击"名称"选项,可修改该图层的名称。图层名和

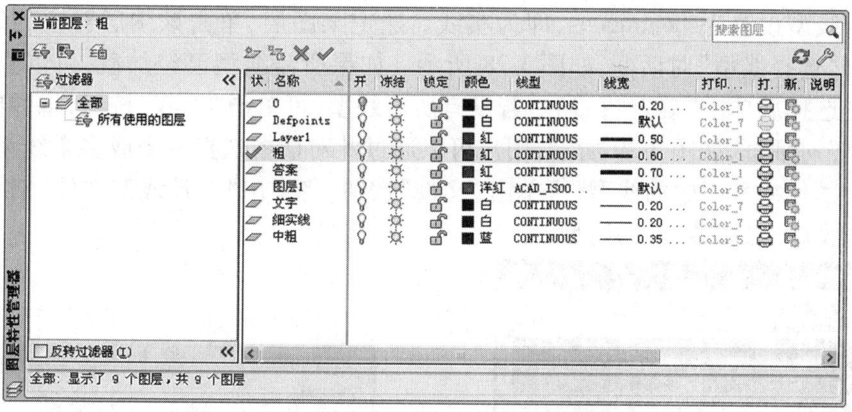

图 3-26 “图层特性管理器”对话框

颜色只能在“图层特性管理器”对话框中修改,不能在图层控件中修改。

(2)“删除”图层按钮:单击该按钮,可以删除用户选中的要删除的图层。注意不能删除 0 图层、当前图层及包含图形对象的图层。

(3)“置为当前”按钮:单击该按钮,将选中的图层设置为当前图层。将要创建的对象会被放置到当前图层中。

4 图层控制管理

图层的控制管理包括图层开关、图层冻结和图层锁定。

(1)打开/关闭图层:如果图层被打开,则该图层上的图形可以在显示器或打印机(绘图仪)上显示或输出;当图层被关闭时,被关闭的图层仍然是图的一部分,但它们不被显示和输出。用户可以根据需要随意单击图标切换图层开关状态。

(2)冻结/解冻图层:如果图层被冻结,则该图层上的图形不被显示或绘制出来,这和关闭的图层是相同的,但前者的图形实体不参加重生成、消隐、渲染或打印等操作,而关闭的图层则要参加这些操作。所以,对于复杂的图形,冻结不需要的图层可以大大加快系统重新生成图形的速度。需要注意的是,用户不能冻结当前图层。

(3)锁定/解锁图层:锁定并不影响图形实体的显示,但用户不能改变锁定图层上的图形实体,不能对其进行编辑操作。如果锁定的是当前图层,用户仍可在该图层上作图。当只想将某一图层作为参考图层而不想对其进行修改时,可以将该图层锁定。

5 图形特性设置

(1)设置图层的颜色:选定某图层,单击该图层对应的颜色选项,弹出“选择颜色”对话框(见图 3-27)。从调色板中选择一种颜色,或者在“颜色”文本框中直接输入颜色名(或颜色号),指定颜色。AutoCAD 提供了丰富的颜色,共 255 种,以颜色号(ACI)来表示,颜色号是从 1 到 255 的整数,其中 1 到 7 号颜色为基本颜色,颜色的名称分别为:1 红色、2 黄色、3 绿色、4 青色、5 蓝色、6 品红色、7 黑色/白色。

(2)设置图层的线型:在所有新建的图层上,如果用户不指明线型,则按默认方式把该图层的线型设置为 Continuous，即为实线。选定某图层，单击该图层对应的线型选项，系统弹出“选择线型”对话框，如图 3-28 所示。如果所需线型已经加载，可以直接在线型列表框中选择后单击“确定”按钮。若没有所需线型，可单击“加载”按钮，将弹出“加载或重载线型”对话框，如图 3-29 所示，用户可以通过此对话框选择一个或多个线型加载。如果要使用其他线型库中的线型，可单击“文件”按钮，将弹出“选择线型文件”对话框，在该对话框线型库中选择需要的线型。

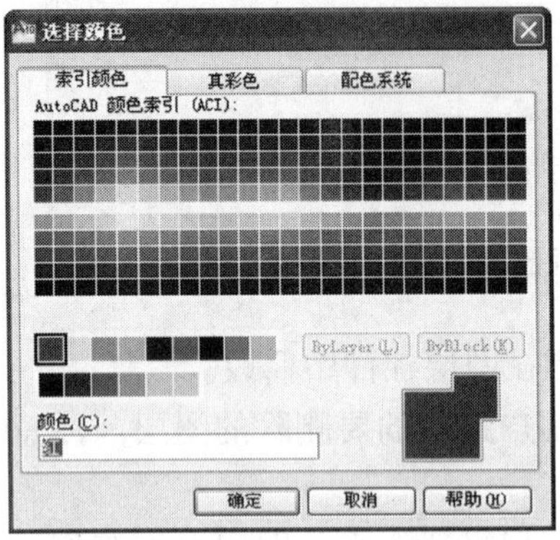

图 3-27 “选择颜色”对话框

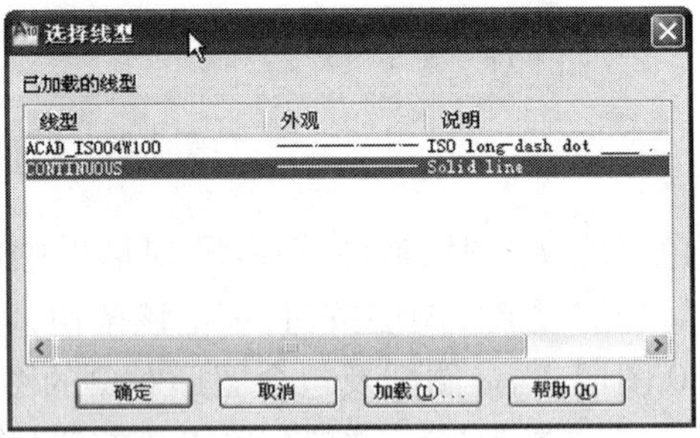

图 3-28 “选择线型”对话框

（3）设置图层的线宽：如果用户要改变图层的线宽，可单击位于“线宽”栏下的图标，系统弹出“线宽”对话框，如图 3-30 所示。通过“线宽”对话框选择合适的线宽，然后单击“确定”按钮完成操作。

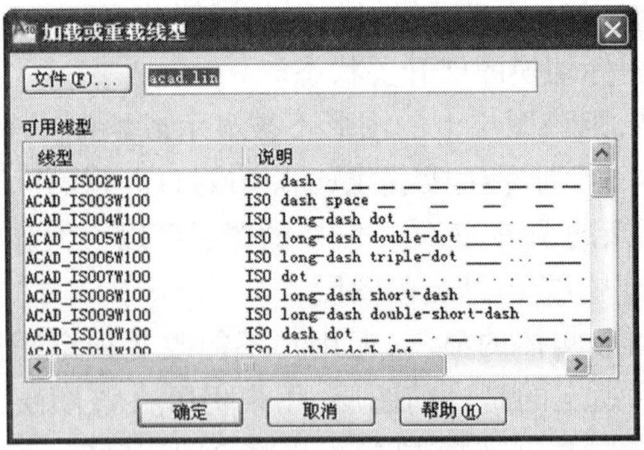

图 3-29 “加载或重载线型”对话框

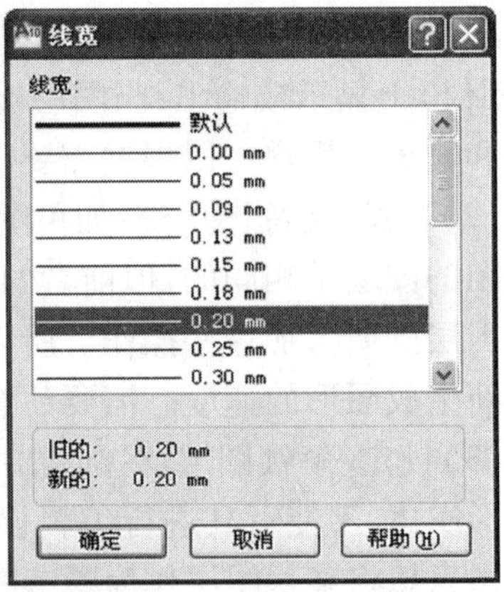

图 3-30 “线宽”对话框

（4）设置图层的可打印性：如果关闭某一图层的打印设置，那么在打印输出时就不会打印该图层上的对象。但是，该图层上的对象在 AutoCAD 中仍然是可见的。该设置只影响解冻图层。对于冻结图层，即使打印设置是打开的，也不会打印输出该图层。

图层一般设置图层名、图层颜色、图层线宽、图层线型四项内容。图层的命名应以无歧义、便于记忆、输入简单为原则；图层颜色的选用以图面清晰、对比分明为原则；图层线宽和图层线型的选用应以国家制图标准为根据。

6 图层工具条操作

在“AutoCAD 经典”工作空间里有一个图层工具条,如图 3-31 所示;对图层可以用图层工具条来操作。

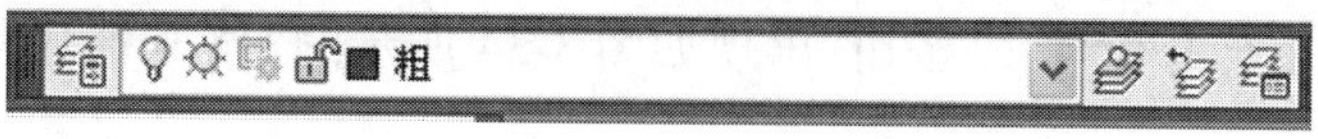

图 3-31 图层工具条

图层的操作:在图层区域单击左键,出现在“图层特性管理器”对话框中设置好的图层,包括图层状态控制按钮和图层名。我们可以在此选择需要的图层作为当前图层进行绘图操作,同时还能对相应图层进行开关、冻结和锁定等操作。

第三节 标注样式及编辑

1 设置尺寸标注样式的方法

(1)在命令行中用键盘输入:Dimstyle 或 Dimsty;

(2)在下拉菜单中点击:格式→标注样式或标注→标注样式;

(3)在功能面板上选择:常用→注释→标注样式。

执行命令后会出现“标注样式管理器”对话框,如图 3-32 所示。

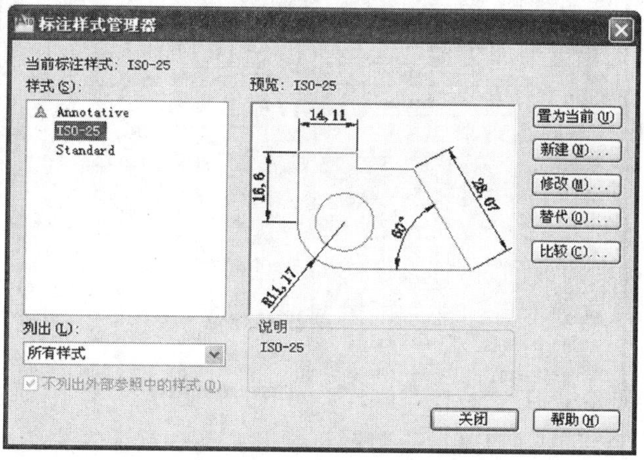

图 3-32 “标注样式管理器”对话框

在“标注样式管理器”对话框中,各选项说明如下:

(1)“样式” 列表框:列出已经定义好的标注样式。

(2)“预览”:设置完成后的结果显示。

(3)“列出”:有两种选择,一种是“所有样式”,另一种是“正在使用的样式”。

(4)“说明”:显示使用的是哪一种标注样式。

(5)“置为当前”:将设置好的标注样式作为当前样式应用到图形中。

(6)“新建”:创建新的标注样式。

(7)“修改”:修改已创建的标注样式。

2 修改尺寸标注样式

修改已建立的“工程标注”样式。

在图 3-33 中,点击 修改(M)... 按钮,出现如图 3-34 所示的“修改标注样式:工程标注”对话框。

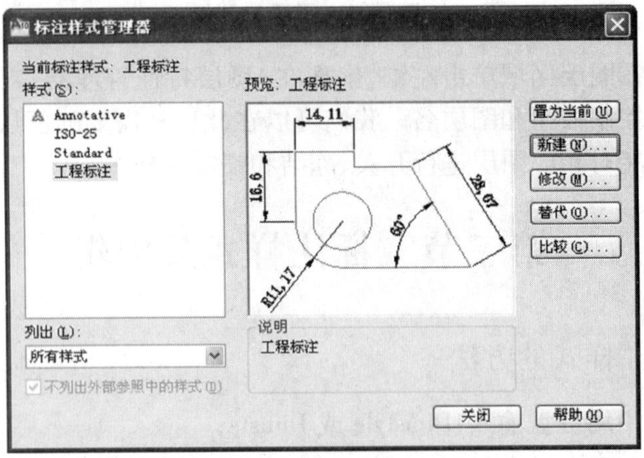

图 3-33 “工程标注”样式

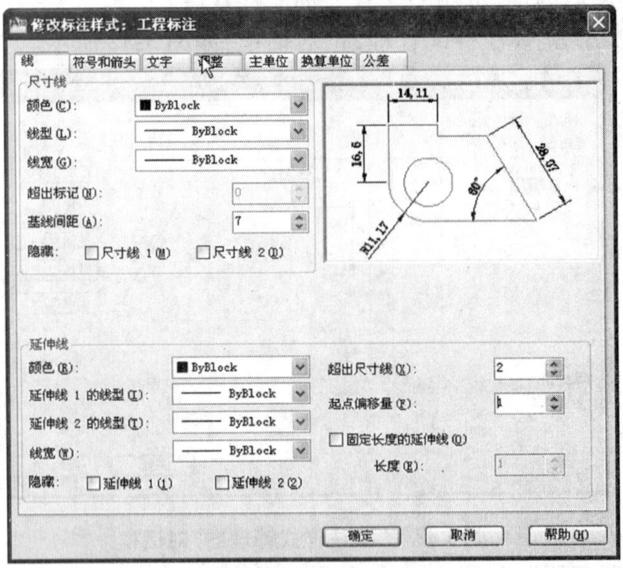

图 3-34 “修改标注样式:工程标注”对话框

2.1 “线”选项卡

“线”选项卡主要是对尺寸线和延伸线进行设置,有 2 个选项区。

(1)“尺寸线”区有 6 项内容:

“颜色”:选择尺寸线的颜色。

“线型”:选择尺寸线的线型。

"线宽":选择尺寸线的线宽。

"超出标记":当尺寸线终端选用斜线时,尺寸线超出延伸线的数值。

"基线间距":当采用基线标注时,两条尺寸线之间的距离。

"隐藏":通过选择"尺寸线 1"和"尺寸线 2"两个复选框来有选择地隐藏尺寸线。

(2)"延伸线"区有 8 项内容:

"颜色":选择延伸线的颜色。

"延伸线 1 的线型":选择延伸线 1 的线型。

"延伸线 2 的线型":选择延伸线 2 的线型。

"线宽":选择延伸线的线宽。

"超出尺寸线":延伸线超出尺寸线的长度。

"起点偏移量":在进行尺寸标注时,标注的目标点与延伸线的距离,一般应取 2 ~ 3 mm。

"隐藏":通过对"延伸线 1"和"延伸线 2"两个复选框的选择,来达到隐藏延伸线的目的。

"固定长度的延伸线":定义延伸线从尺寸线开始到标注原点的总长度。选择此复选框后,可在其后的"长度"框后输入长度数值。

2.2 "符号和箭头"选项卡

"符号和箭头"选项卡主要是对箭头、圆心、标记、折断标注、弧长符号、半径折弯标注、线性折弯标注等进行设置,如图 3-35 所示,有 6 个选项区。

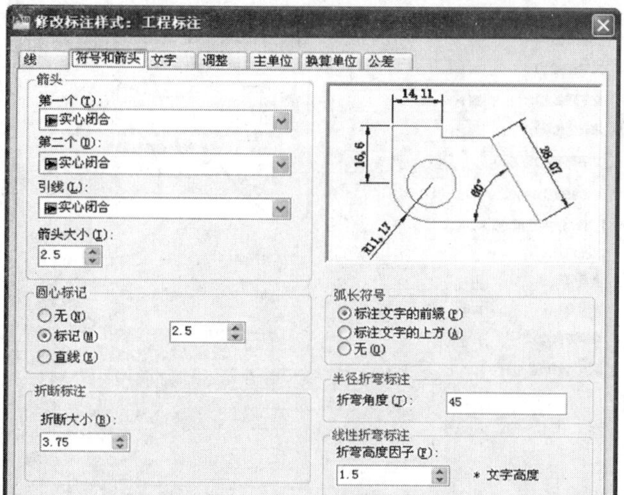

图 3-35 "符号和箭头"选项卡

(1)"箭头"区有 4 项内容:

"第一个"、"第二个":根据制图标准不同来选择尺寸线终端的形式。

"引线":在用引线标注时引线的终端形式。

"箭头大小":尺寸线或引线终端的大小。

(2)“圆心标记”区有 4 项内容：

“无”：选择此项后，系统将不创建对圆或圆弧的圆心标记或中心线。

“标记”：选择此项后，系统将创建对圆或圆弧的圆心标记或中心线。

“直线”：选择此项后，系统将创建圆或圆弧的中心线。

“数值框”：设置圆心标记或中心线超出圆或圆弧外的大小。

(3)“折断标注”区：“折断大小”用于显示和设置用于折断标注的间距大小。

(4)“弧长符号”区有 3 项内容：

“标注文字的前缀”：选择此项后，系统将标注的弧长符号放在文字的前面。

“标注文字的上方”：选择此项后，系统将标注的弧长符号放在文字的上方。

“无”：选择此项后，系统在标注时不显示弧长符号。

(5)“半径折弯标注”区：“折弯角度”用于确定折弯半径标注中尺寸线的横向线段的角度，如图 3-36 所示。

(6)“线性折弯标注”区：通过形成折弯角度的两个顶点之间的距离确定折弯高度。

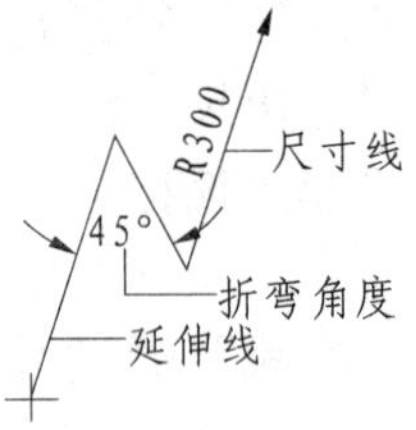

图 3-36　折弯角度

2.3　**“文字”选项卡**

“文字”选项卡主要是对文字外观、文字位置、文字对齐进行设置，如图 3-37 所示。“文字”选项卡上有 3 个选项区。

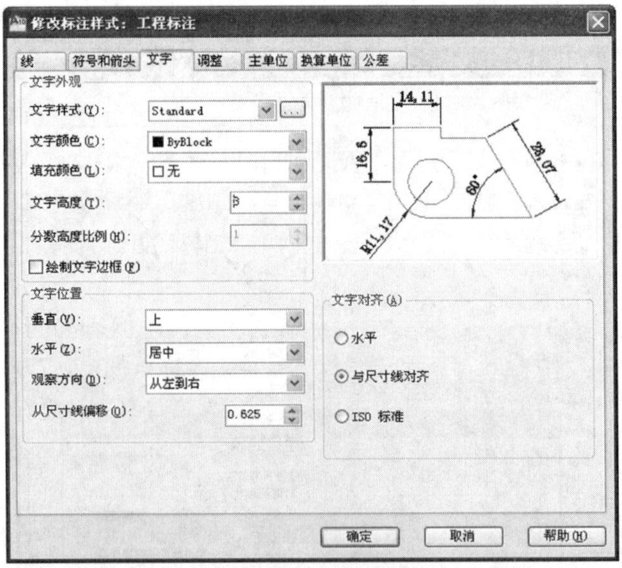

图 3-37　**“文字”选项卡**

(1)“文字外观”区有 6 项内容：

“文字样式”：选择注写数字的样式。

“文字颜色”：选择注写数字的颜色。

“填充颜色”：在标注时选择背景的颜色。

“文字高度”：根据制图标准来确定数字的高度。

“分数高度比例”:当“单位格式”为“分数”时,此项亮显,可以来设置数字的高度。该数值为一系数。

“绘制文字边框”:选择此项时,标注的数字带一边框。

(2)“文字位置”区有4项内容:

“垂直”:设置垂直于尺寸线的数字的位置。

“水平”:设置沿尺寸线方向的数字的位置。

“观察方向”:设置观察方向。

“从尺寸线偏移”:设置尺寸数字的底部离尺寸线的距离。

(3)“文字对齐”区有3项内容:

“水平”:选择该项后,所有的尺寸数字字头始终向上。

“与尺寸线对齐”:选择该项后,所有的尺寸数字与尺寸线都垂直。

“ISO标准”:选择该项后,凡是在延伸线内的文字均与尺寸线垂直,而在延伸线外的文字均水平排列。

2.4 “调整”选项卡

“调整”选项卡用于控制标注文字、箭头、引线和尺寸线的位置。

如图3-38所示,在该选项卡中包括4个选项区,即“调整选项”、“文字位置”、“标注特征比例”、“优化”。

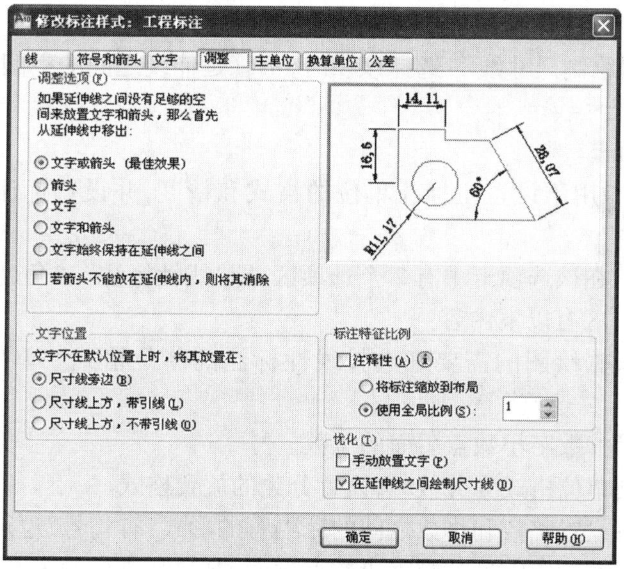

图3-38 “调整”选项卡

(1)“调整选项”区有6项内容,用于控制基于延伸线之间可用空间的文字和箭头的位置。

“文字或箭头(最佳效果)”:选择该项时,尺寸数字和箭头按最佳的效果放置。

“箭头”:选择该项时,当延伸线的范围内只能放下箭头时,则箭头放在延伸线内,尺寸数字放在延伸线外的引线上。

“文字”:选择该项时,当延伸线的范围内只能放下尺寸数字时,则尺寸数字放在延伸线内，箭头放在延伸线外。

"文字和箭头"：选择该项时，当延伸线的范围内既不能放下尺寸数字，也不能放下箭头时，则尺寸数字和箭头均放在延伸线外。

"文字始终保持在延伸线之间"：选择该项时，不管延伸线的范围内能不能放下尺寸数字，尺寸数字都始终保持在延伸线范围内。

"若箭头不能放在延伸线内，则将其消除"：选择该项时，若延伸线范围内放不下尺寸数字和箭头，则将箭头消除掉。

(2)"文字位置"区有3项内容：

"尺寸线旁边"：当尺寸数字不在默认位置上时，将其放置在尺寸线的旁边。

"尺寸线上方，带引线"：当尺寸数字不在缺省位置上时，将其放置在尺寸线的上方，加引线。

"尺寸线上方，不带引线"：当尺寸数字不在缺省位置上时，将其放置在尺寸线的上方，不加引线。

(3)"标注特征比例"区有2项内容：

"将标注缩放到布局"：按模型空间或图纸空间的缩放比例关系来标注尺寸。

"使用全局比例"：尺寸标注的变量采用同一比例，但不更改标注的测量值。

(4)"优化"区有2项内容：

"手动放置文字"：选择该项时，根据系统的提示来放置尺寸数字。

"在延伸线之间绘制尺寸线"：选择该项时，不管延伸线之间的空间是否够，系统都会在延伸线之间绘制尺寸线。

2.5 **"主单位"选项卡**

"主单位"选项卡用于设置主标注单位的格式和精度，并设置标注文字的前缀和后缀。

如图3-39所示，在该选项卡中有2个选项区，即"线性标注"、"角度标注"。

(1)"线性标注"区有以下内容：

"单位格式"：根据绘图的需要来选择线性标注的单位格式。单位格式主要有"小数"、"分数"、"科学"、"建筑"等。

"精度"：设置尺寸数字小数点后面的位数。

"分数格式"：当单位格式为分数时，设置分数的放置格式。

"小数分隔符"：设置整数和小数之间的分隔符的形式，有句号、逗点等。

"舍入"：设置线性标注中尺寸数字小数点后面的位数，进行四舍五入。

"前缀"、"后缀"：在尺寸数字的前面或后面加上特殊符号。

"比例因子"：根据绘图比例的变化来选择合适的比例因子。例如绘图比例为1:100，则在"比例因子"项中输入100。

"仅应用到布局标注"：控制是否把比例因子仅应用到布局标注中。

"消零"：通过选择"前导"或"后续"，确定在尺寸数字的前面或后面是否显示零。

(2)"角度标注"区有以下内容：

"单位格式"：根据绘图需要来设置角度的单位格式。角度的单位格式有"十进制度

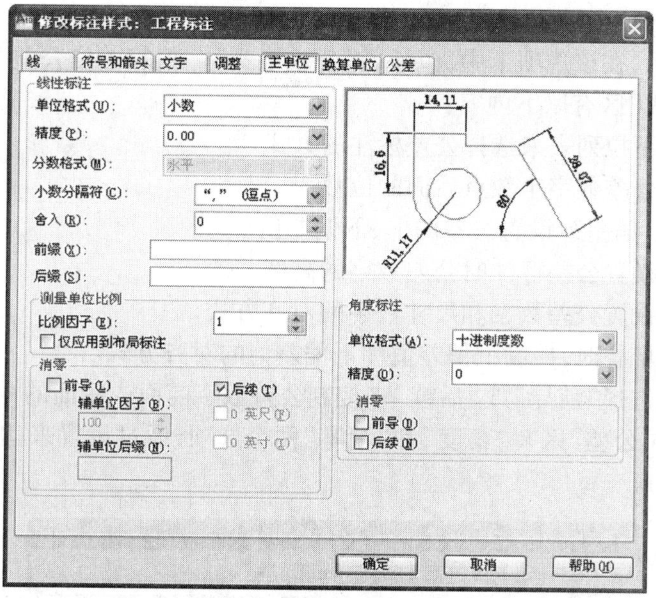

图 3-39 “主单位”选项卡

数”、“弧度”等。

“精度”:设置角度数字小数点后面的位数。

“消零”:通过选择“前导”或“后续”,确定在角度数字的前面或后面是否显示零。

2.6 “换算单位”选项卡

如图 3-40 所示,在该选项卡中,通过对“换算单位”、“消零”、“位置”等项的设置,来达到两种单位换算的目的,我们在今后的实际绘图中用得比较少,这里就不一一叙述了。

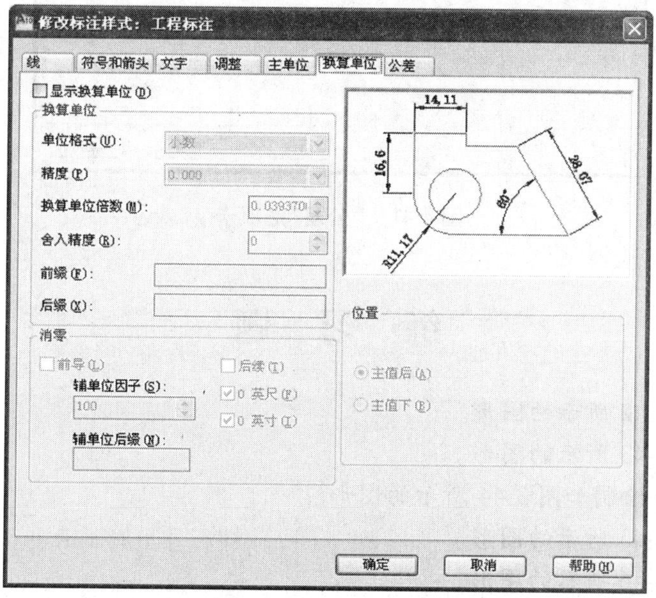

图 3-40 “换算单位”选项卡

2.7 “公差”选项卡

如图 3-41 所示，在该选项卡中，包括了“公差格式”、“换算单位公差”等选项区。

(1)“公差格式”区有以下内容：

“方式”：通过下拉列表来选择公差标注的方式。

“精度”：设置公差数字小数点后面的位数。

“上偏差”、“下偏差”：设置公差的上、下偏差值。

“高度比例”：设置公差标注时公差数字的高度。

“垂直位置”：设置公差数字和尺寸数字的对齐方式。

“公差对齐”：堆叠时，控制上偏差值和下偏差值的对齐方式。

“消零”：通过选择“前导”或“后续”来控制公差数字前面或后面的零的显示。

(2)“换算单位公差”区有“精度”和“消零”两个选项，通过设置来达到不同单位的公差互相换算的目的。

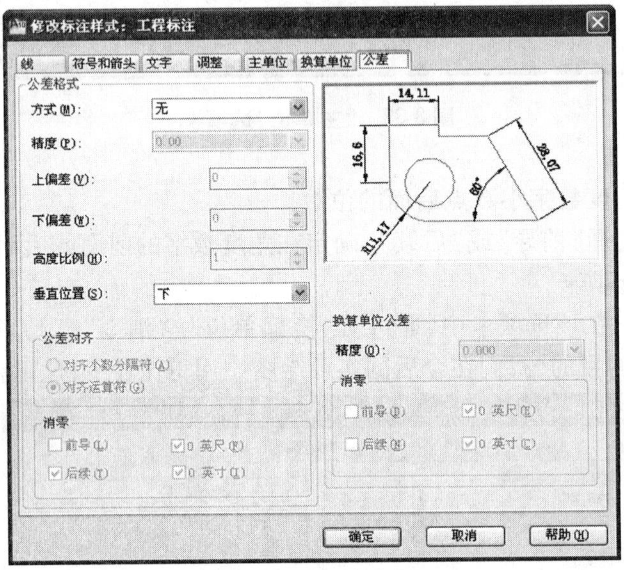

图 3-41 “公差”选项卡

练 习 题

1. 绘制如图 3-42 所示的图形。
2. 绘制如图 3-43 所示的图形。
3. 用阵列命令绘制如图 3-44 所示的图形。
4. 绘制如图 3-45 所示的图形。
5. 绘制如图 3-46 所示的图形。
6. 绘制如图 3-47 所示的图形。

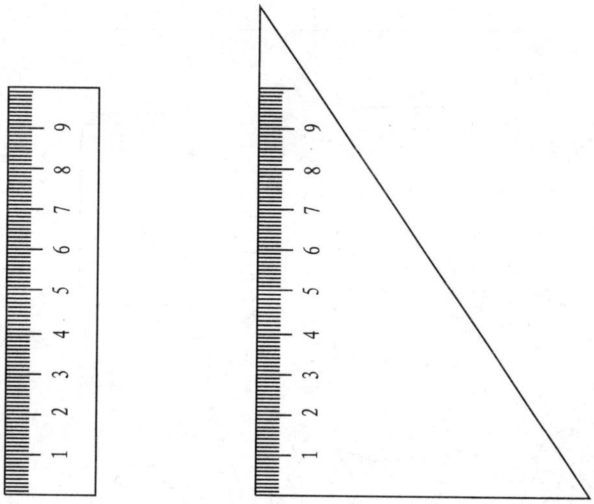

图 3-42　题 1 图形

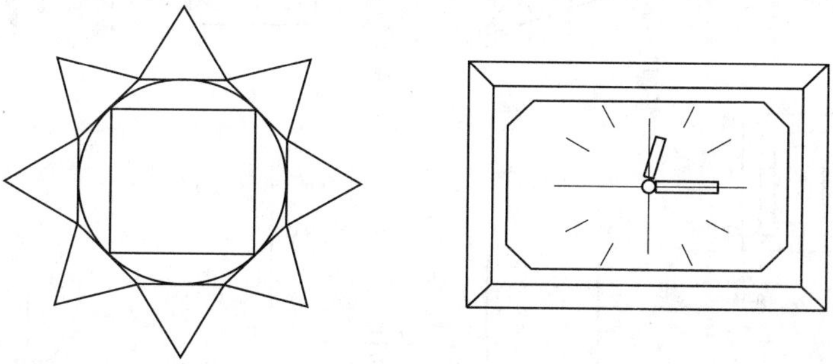

图 3-43　题 2 图形

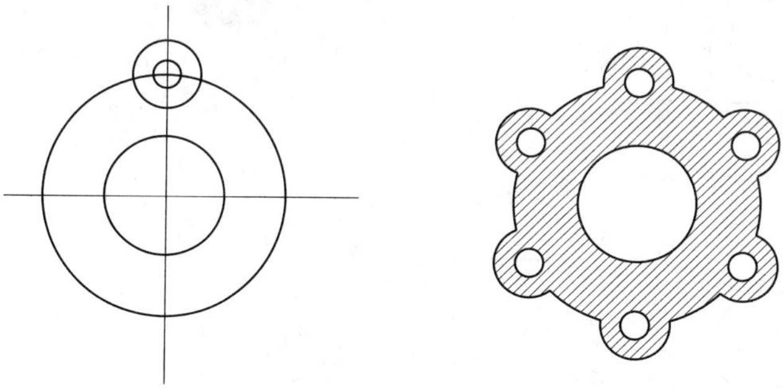

图 3-44　题 3 图形

图 3-45　题 4 图形

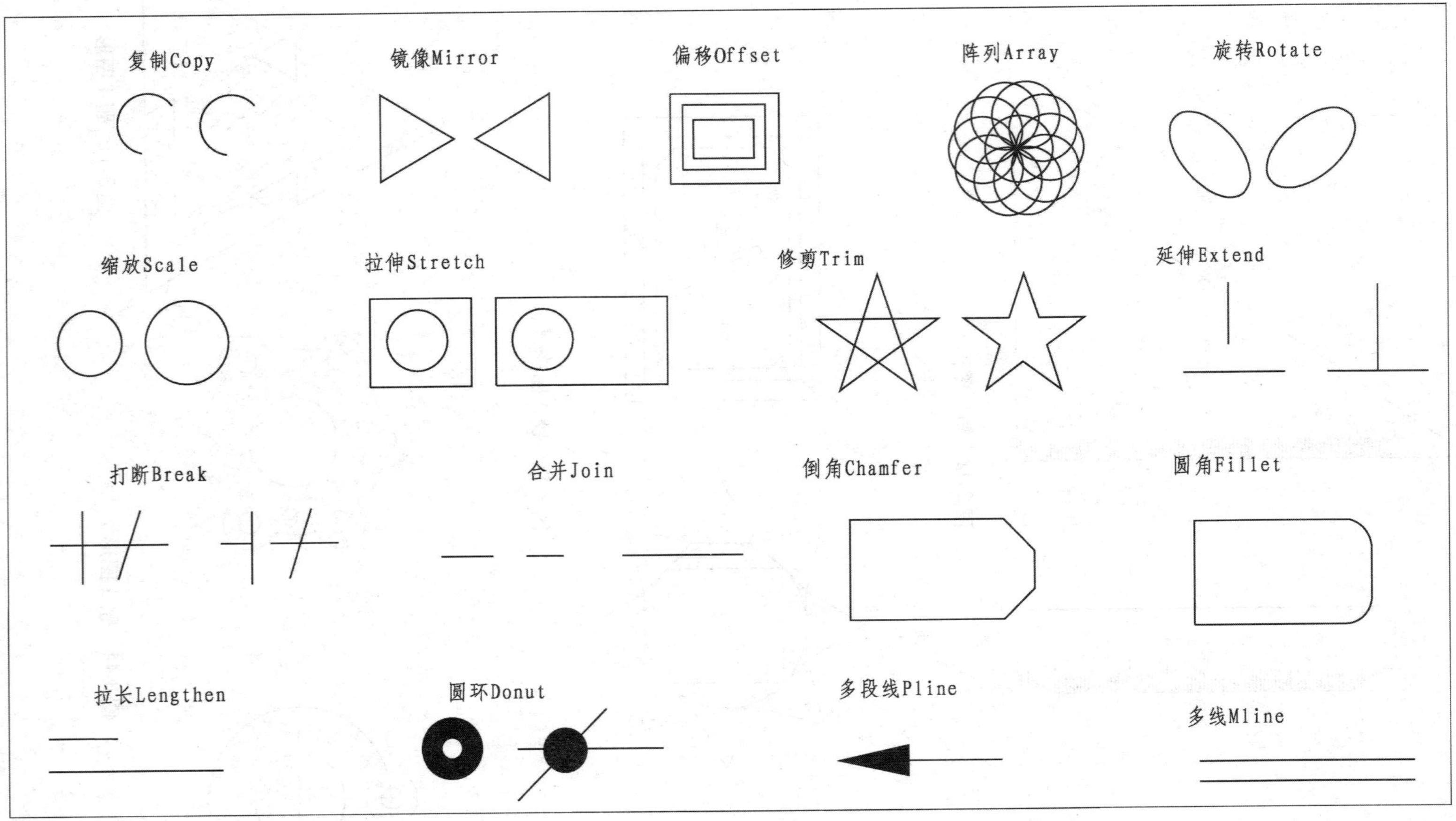
复制Copy
镜像Mirror
偏移Offset
阵列Array
旋转Rotate
缩放Scale
拉伸Stretch
修剪Trim
延伸Extend
打断Break
合并Join
倒角Chamfer
圆角Fillet
拉长Lengthen
圆环Donut
多段线Pline
多线Mline

图 3-46　题 5 图形

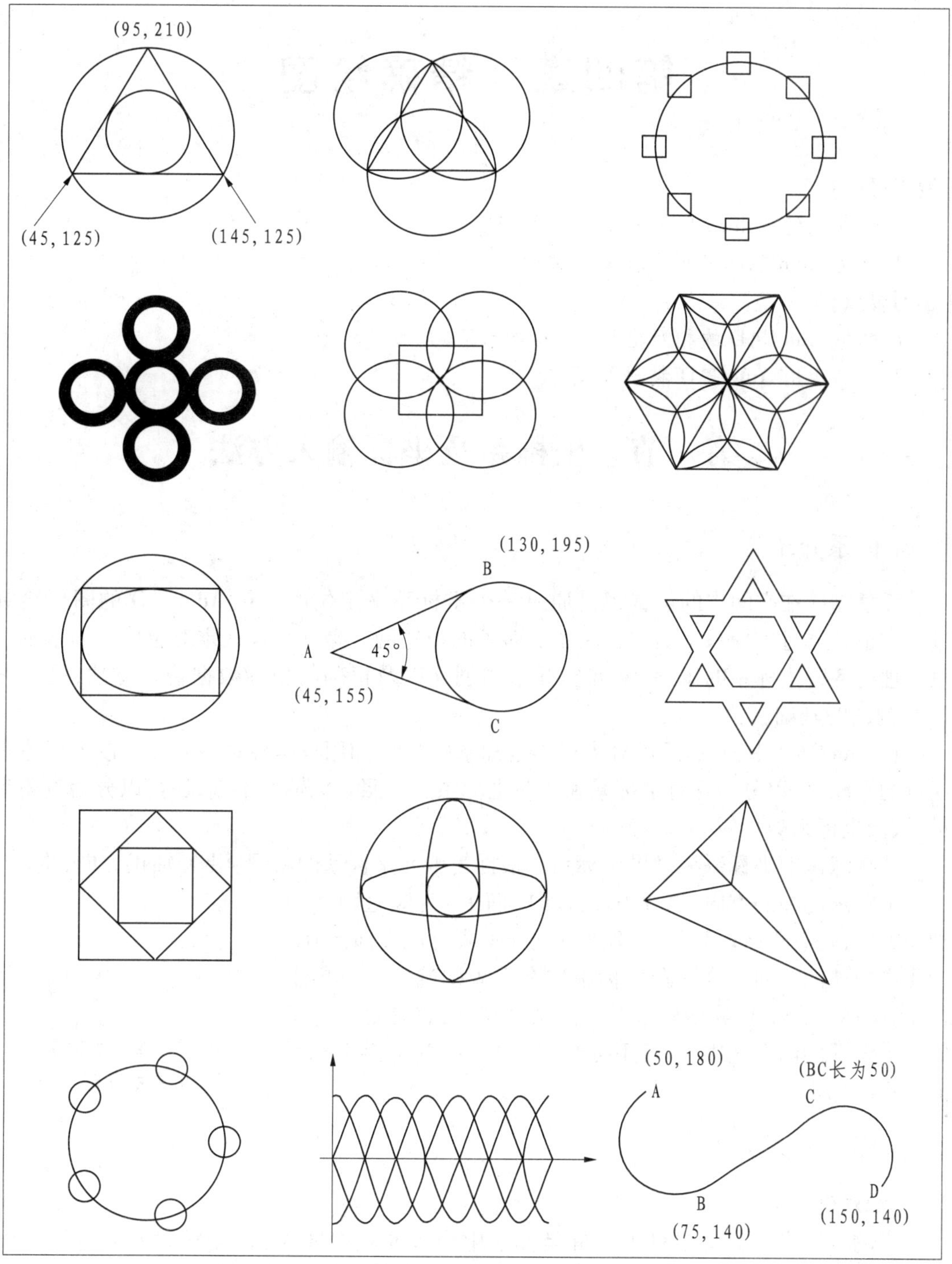
(95, 210)
(45, 125)
(145, 125)
(130, 195)
B
A
45°
(45, 155)
C
(50, 180)
(BC长为50)
A
C
B
D
(75, 140)
(150, 140)

图 3-47　题 6 图形

第四章　精确绘图

【教学目标】

1. 详细介绍 AutoCAD 坐标系相关知识。
2. 介绍 AutoCAD 各种坐标输入方法。

【学习要点】

1. 熟悉 AutoCAD 的相对坐标、绝对坐标等。
2. 能够运用 AutoCAD 精确绘图。

第一节　坐标系及坐标输入方法

1　坐标系介绍

任意物体在空间中的位置都是通过一个坐标系来定位的。在 AutoCAD 的图形绘制过程中也是通过坐标系来确定相应图形对象的位置的。坐标系是确定对象位置的基本手段。理解各种坐标系的概念，掌握坐标系的创建以及正确的坐标数据输入方法，是学习 CAD 制图的基础。

在 AutoCAD 中，坐标系可分为世界坐标系(WCS)和用户坐标系(UCS)。按坐标值参考点的不同，可以分为绝对坐标系和相对坐标系。按照坐标轴的不同，还可以分为直角坐标系、极坐标系。

系统默认的坐标系为世界坐标系。根据笛卡儿坐标系的习惯，沿 X 轴正方向(向右)为水平距离增加的方向；沿 Y 轴正方向(向上)为竖直距离增加的方向；垂直于 XY 平面，沿 Z 轴正方向(从所视方向向外)为距离增加的方向。这一套坐标轴按右手规则确定了世界坐标系，简称 WCS。世界坐标系的重要之处在于：它总是存在于每一个设计的图形之中，并且不可改变。图 4-1 为世界坐标系的显示图标。

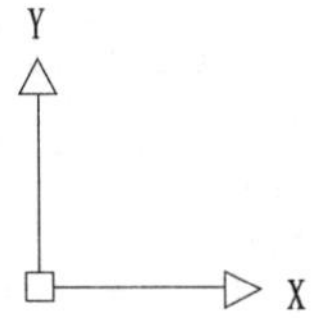

图 4-1　世界坐标系的显示图标

2　坐标输入方法

2.1　绝对坐标

点的绝对坐标就是相对于屏幕坐标系中坐标原点 O(0,0)的坐标，用“X,Y”表示。如直线 AB，A(20,40)为直线起点，B(50,70)为直线终点。

2.2　相对直角坐标

点的相对直角坐标就是相对于上一个已知点的坐标，X 方向偏移了多少，Y 方向偏移了多少。如果相对于点 A(100,150)，点 B 在 X 方向偏移了 50，Y 方向偏移了 60，那么点

B 相对于点 A 的坐标为(@50,60),点 B 的绝对坐标为 B(150,210)。

2.3 相对极坐标

点的相对极坐标就是相对于上一个已知点的坐标,用点 B 到点 A 的距离与直线 AB 与 X 轴的夹角来表示。如果相对于点 A(100,150),点 B 到点 A 的距离是 100,直线 AB 与 X 轴的夹角为 30°,那么点 B 的相对极坐标为(@100<30)。

3 种坐标表示方法如图 4-2所示。

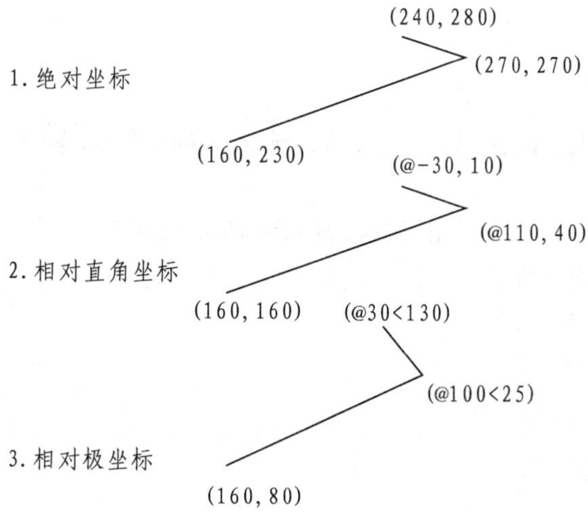

图 4-2　3 种坐标表示方法

3　坐标输入训练

用直线命令和3 种坐标表示方法绘制如图4-3 所示的正方形。正方形起点坐标为 A(50,50),边长为 60。

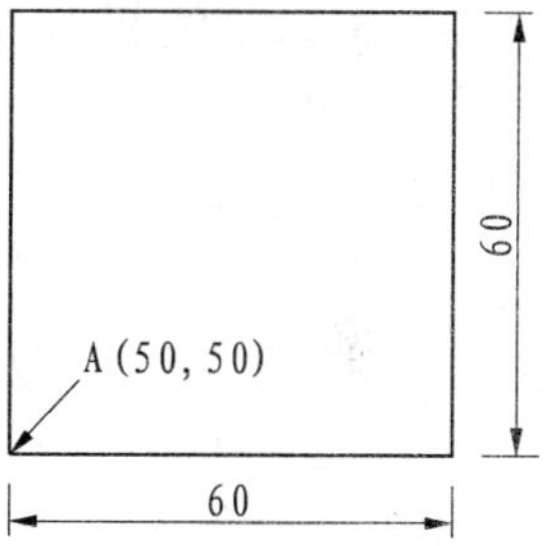

图 4-3　正方形的绘制

方法一:

(1)点击绘图工具条中的直线命令,输入起点坐标(50,50)回车;

(2)输入绝对坐标(110,50)确定直线下一点;

(3)输入绝对坐标(110,110)确定直线下一点;

(4)输入绝对坐标(50,110)确定直线下一点;

(5)输入绝对坐标(50,50)完成绘图。

方法二:

(1)点击绘图工具条中的直线命令,输入起点坐标(50,50)回车;

(2)输入相对直角坐标(@60, 0)确定直线下一点;

(3)输入相对直角坐标(@0, 60)确定直线下一点;

(4)输入相对直角坐标(@ -60, 0)确定直线下一点;

(5)输入相对直角坐标(@0, -60)完成绘图。

方法三:

(1)点击绘图工具条中的直线命令,输入起点坐标(50,50)回车;

(2)输入相对极坐标(@60 <0)确定直线下一点;
(3)输入相对极坐标(@60 <90)确定直线下一点;
(4)输入相对极坐标(@60 <180)确定直线下一点;
(5)输入相对极坐标(@60 <270)完成绘图。

第二节 精确绘图举例

1 精确绘制图4-4

(1)设置图形界限,设为A3纸张,然后输入Zoom命令,输入参数A,全屏显示。

(2)输入Line命令,任意点击起点,输入@15 <0,回车。

(3)输入@25 <50,回车。

(4)输入@20 <90,回车。

(5)输入@20 <180,回车。

(6)点击第一条直线起点。

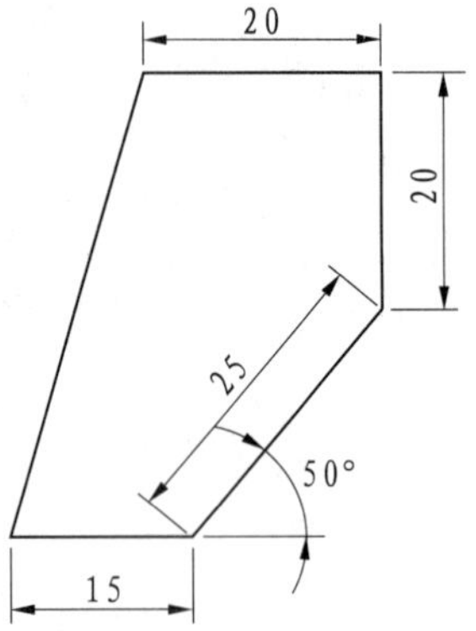

图4-4 精确绘图(1)

2 精确绘制图4-5

(1)设置图形界限,设为A3纸张,然后输入Zoom命令,输入参数A,全屏显示。

(2)输入直线起点A(30,40),然后输入@32 < -30画出左下角第一条线。

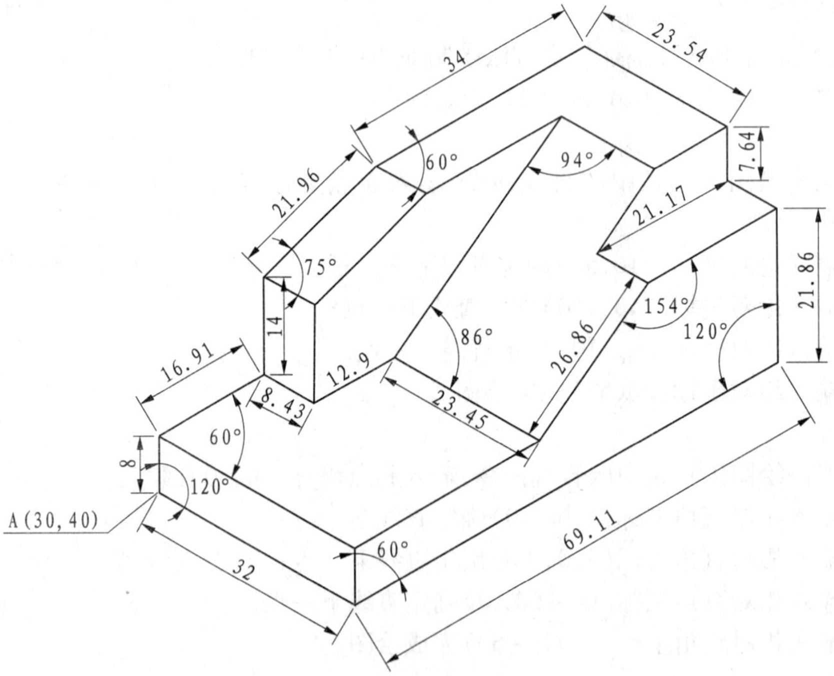

图4-5 精确绘图(2)

(3)选择点 A,然后输入@8 <90 画出第二条线。

(4)打开对象捕捉的平行捕捉,绘制出左下角的平行四边形。

(5)根据平行、角度、距离关系绘制出其余的线条。

(6)新建图层,在新图层上标注尺寸。

练 习 题

1. 绘制图 4-6,设置相应图层与线型。

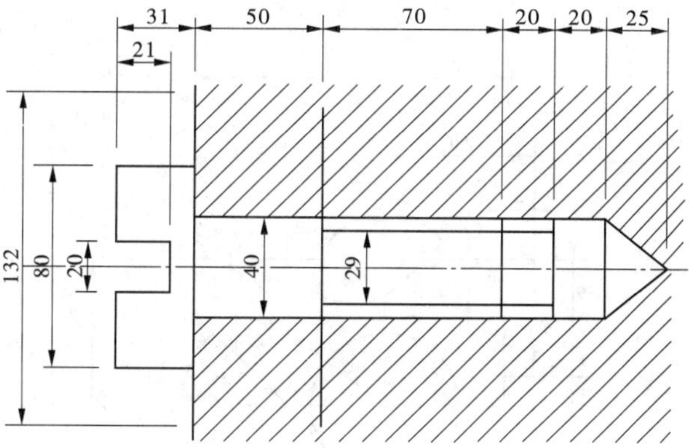

图 4-6　题 1 图形

2. 绘制如图 4-7 所示的图形。

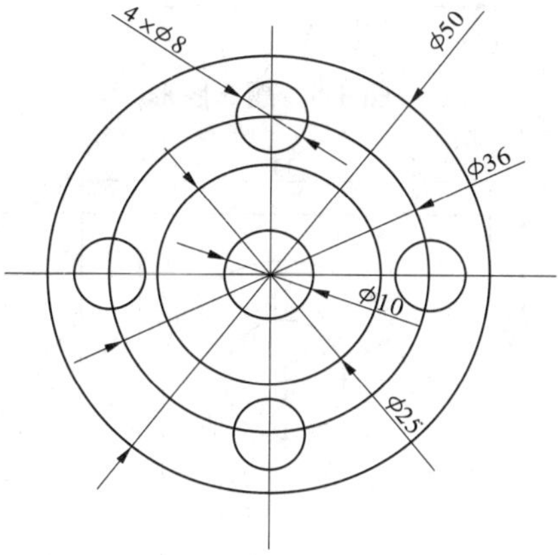

图 4-7　题 2 图形

3. 用 1:1的比例绘制如图 4-8 所示的平面图形,并进行尺寸标注。

4. 绘制如图 4-9 所示的图形。

5. 绘制如图 4-10 所示的图形。

6. 绘制如图 4-11 所示的图形。

7. 绘制如图 4-12 所示的图形。

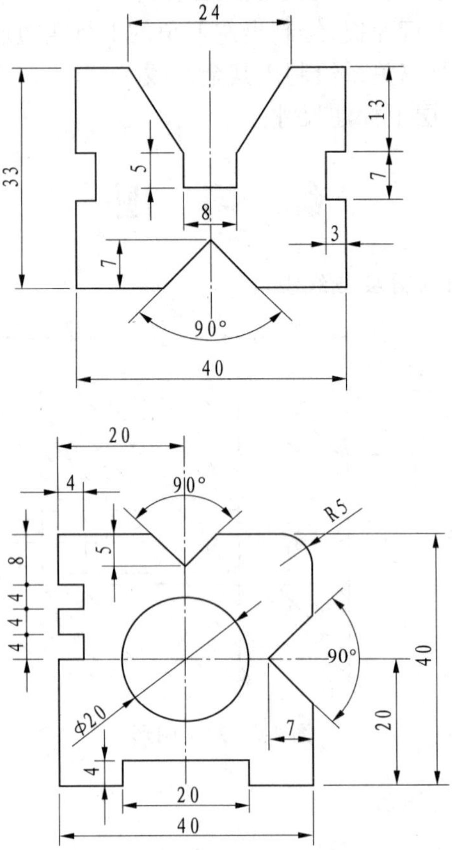

图 4-8　题 3 图形

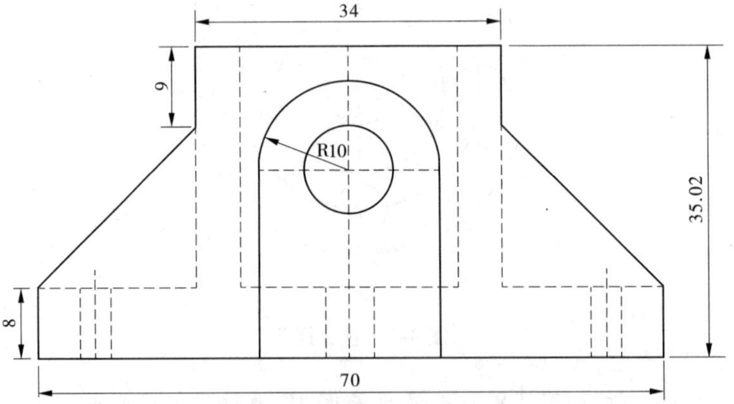

图 4-9　题 4 图形

8. 按 1∶100 的比例绘制图 4-13，并进行尺寸标注。

9. 绘制如图 4-14 所示的某水电站屋外配电装置布置图。

10. 绘制如图 4-15 所示的某水电站屋外配电装置布置图。

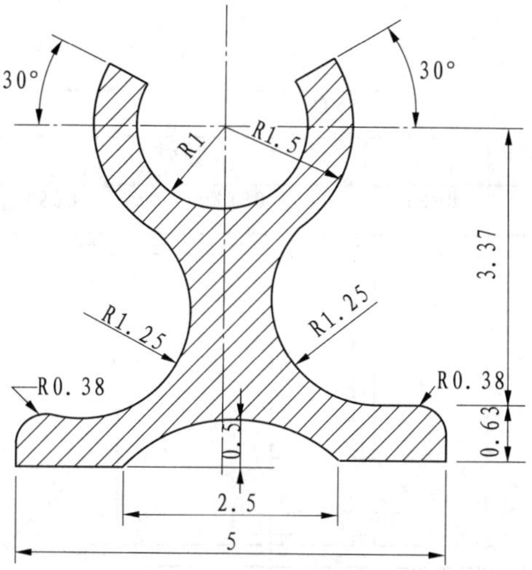

图 4-10　题 5 图形

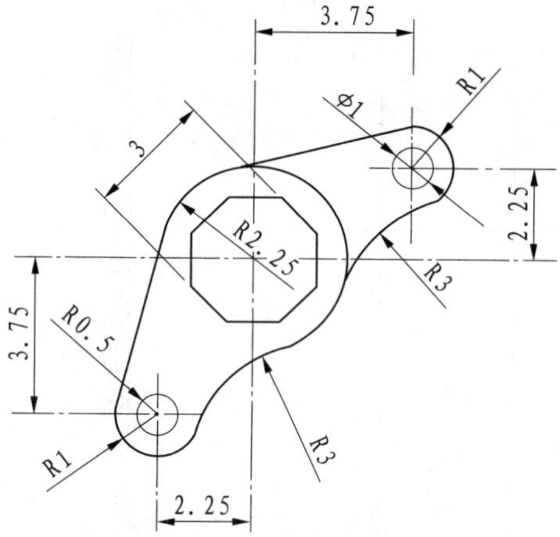

图 4-11　题 6 图形

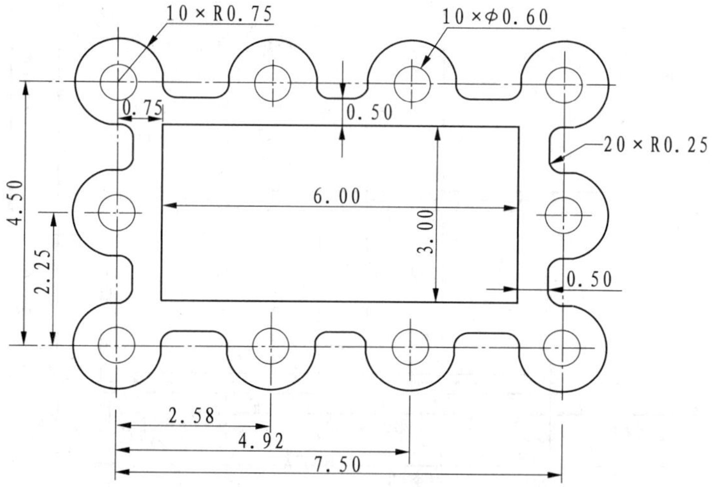

图 4-12　题 7 图形

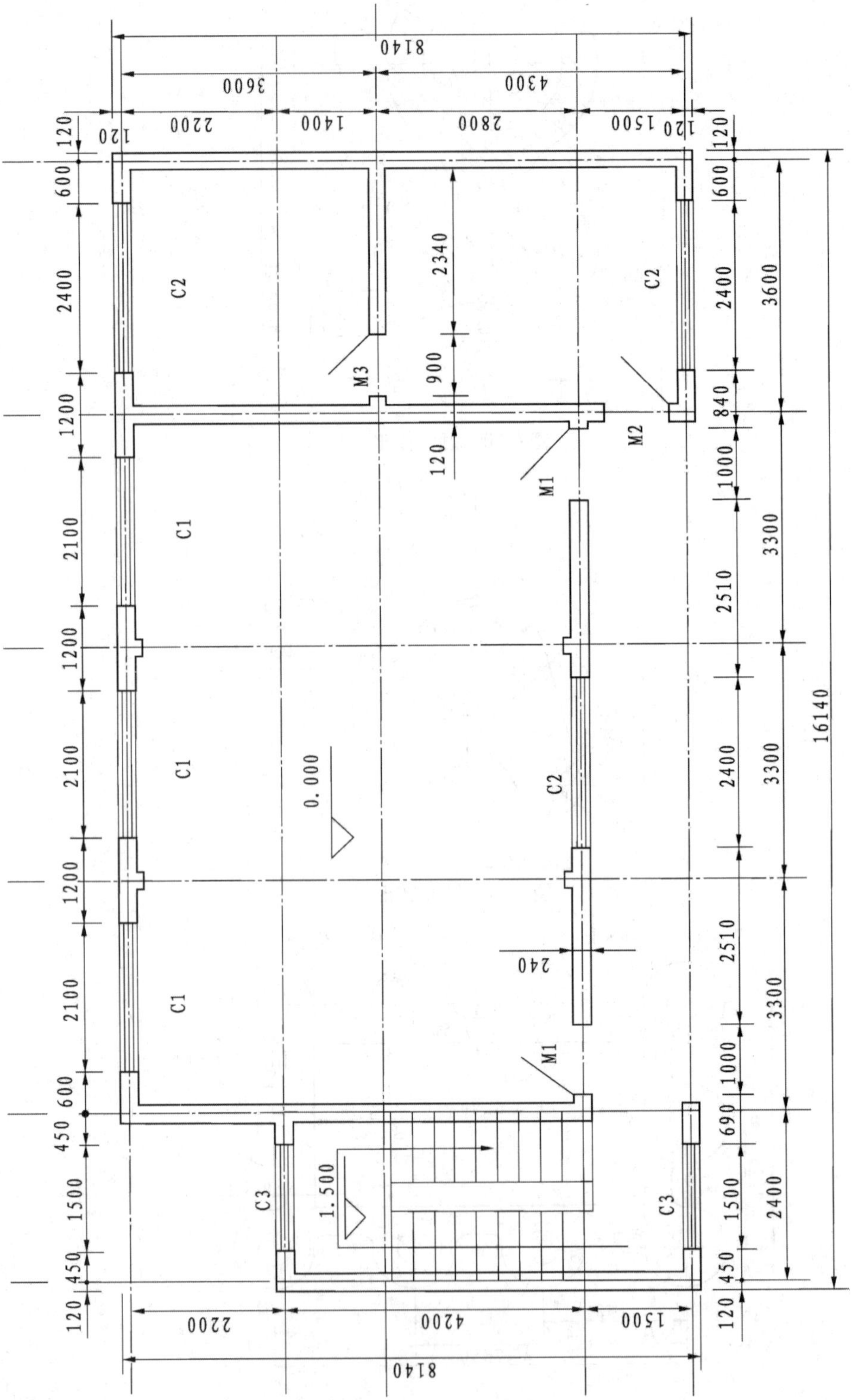

8140
3600
4300
120
2200
1400
2800
1500
120
600
2400
1200
2100
450
C2
C1
C3
M1
M2
M3
2340
900
840
1000
2510
3300
3600
16140
690
0.000
1.500
240
4200

图4-13 题8图形

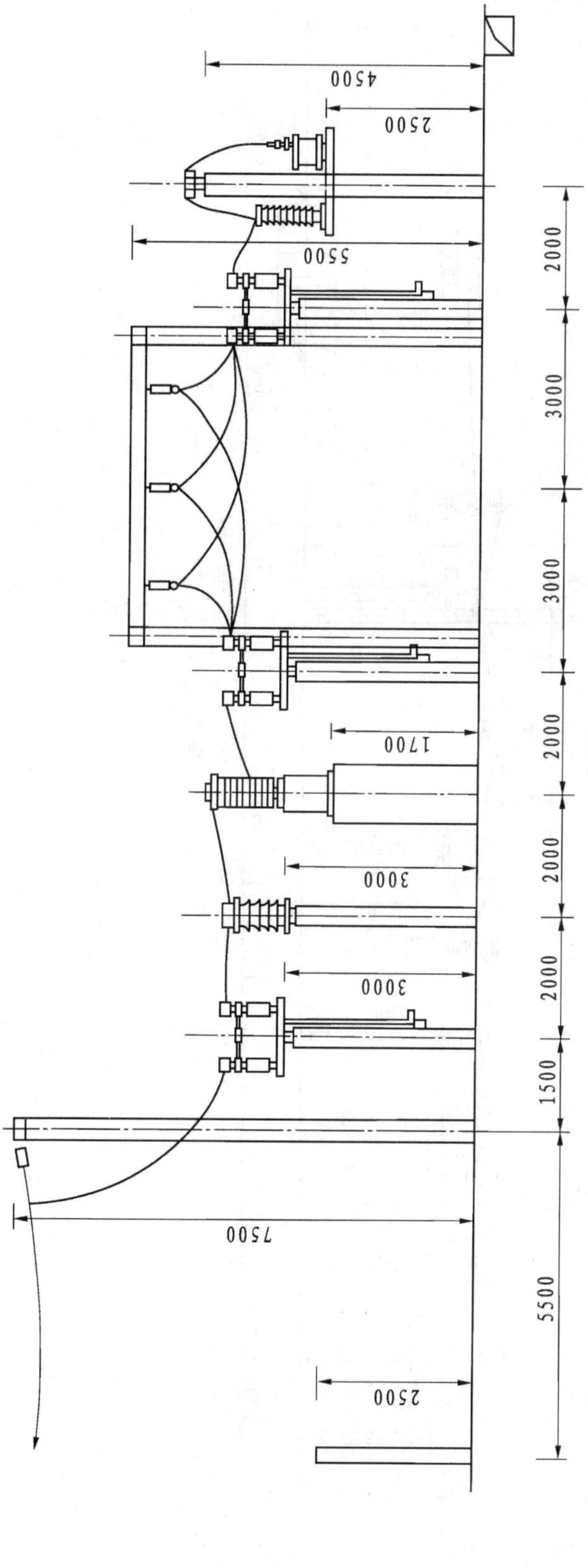
4500
2500
5500
2000
3000
3000
2000
1700
2000
3000
2000
3000
1500
7500
5500
2500

图 4-14　题 9 图形

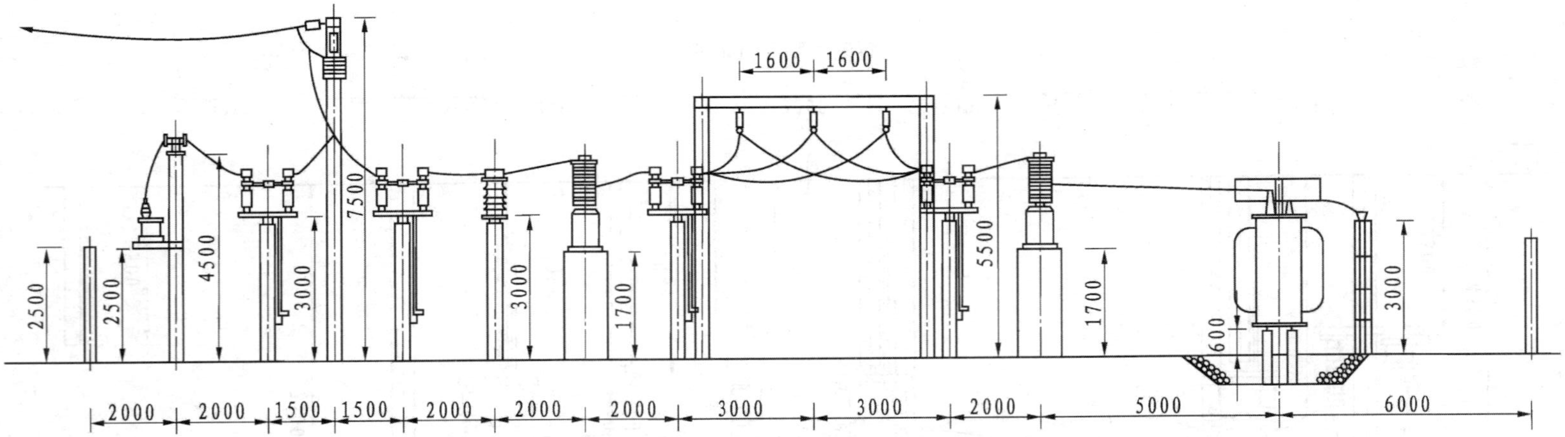
1600
1600
7500
5500
4500
3000
3000
1700
1700
600
3000
2500
2500
2000
2000
1500
1500
2000
2000
2000
3000
3000
2000
5000
6000

图 4-15　题 10 图形

第五章　电气图基础

【教学目标】

1. 详细介绍电气工程 CAD 制图规范、电气图形符号。

2. 介绍电气技术中的文字符号和项目代号等。

【学习要点】

1. 掌握电气工程 CAD 制图规范。

2. 掌握电气图形符号及画法。

第一节　电气制图的一般规则

在电力行业的施工过程中，经常要用到电气图。电气图是一种重要的专业技术图，它必须遵守国家颁布的有关电气制图标准。在这里主要介绍电气图的制图规则和标准。

1　图纸幅面与分区

1.1　图面构成

一幅完整的电气图图面由边框线、图框线、标题栏等组成，其具体格式如图 5-1所示。

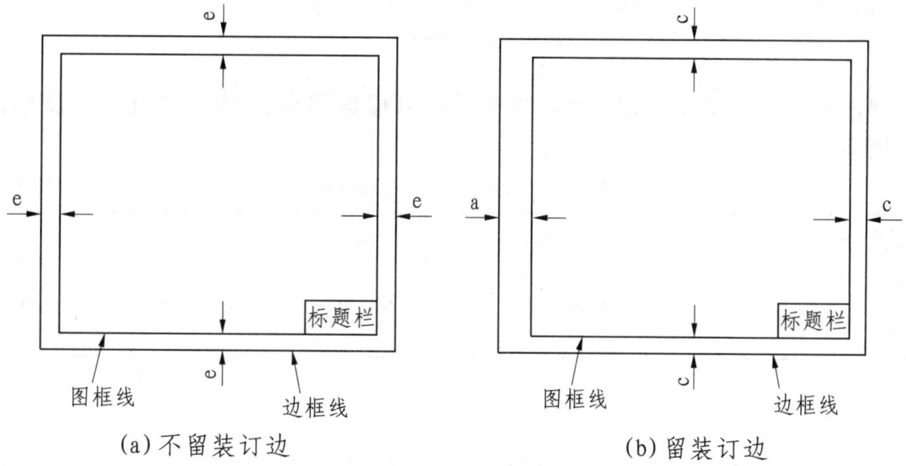

图 5-1　图面构成

图中的标题栏是用于确定图样名称、图号、制图者、审核者信息的栏目，相当于一个设备的铭牌，其一般格式如表 5-1 所示。标题栏一般由更改区、签字区、名称及代号区、其他区组成，也可以按实际需要增加或者减少。标题栏通常放在图纸右下角位置，也可根据实际需要放在其他位置，但必须在本张图纸上。标题栏的文字方向与看图方向要一致。图样中的尺寸标注、符号及说明均应以标题栏的文字方向为准。会签栏是留给相关的水、暖、建筑、工艺等专业设计人员会审图纸时签名用的。

表 5-1 标题栏的一般格式

<table>
<tr><td colspan="4">××电力设计院</td><td>××工程</td><td>施工图</td></tr>
<tr><td>总工程师</td><td></td><td>校核</td><td></td><td colspan="2" rowspan="4"></td></tr>
<tr><td>专业工程师</td><td></td><td>设计</td><td></td></tr>
<tr><td>专业组长</td><td></td><td>CAD 制图</td><td></td></tr>
<tr><td>项目经理</td><td></td><td>会签</td><td></td></tr>
<tr><td>日期</td><td>年 月 日</td><td>比例</td><td></td><td>图号</td><td></td></tr>
</table>

1.2 幅面尺寸

由边框线所围成的图面称为图纸的幅面。幅面尺寸共分为 5 类:A0 ~ A4,其尺寸如表 5-2 所示。装订成册时,一般 A4 幅面采用竖装,A3 幅面采用横装。

表 5-2 基本幅面尺寸及代号 (单位:mm)

基本幅面代号	A0	A1	A2	A3	A4
幅面尺寸(长×宽)	1189×841	841×594	594×420	420×297	297×210
留装订边边宽(c)	10	10	10	5	5
不留装订边边宽(e)	20	20	10	10	10
装订侧边宽(a)	25	25	25	25	25

A0 ~ A2 号图纸不得加长,A3、A4 号图纸可以根据需要,沿短边加长,加长幅面尺寸如表 5-3 所示。

表 5-3 加长幅面尺寸及代号 (单位:mm)

加长幅面代号	A3×3	A3×4	A4×3	A4×4	A4×5
幅面尺寸(长×宽)	891×420	1189×420	630×297	841×297	1051×297

1.3 图幅分区

为了确定图中内容的位置及其他用途,往往需要将一些幅面较大的内容复杂的电气图分区,如图 5-2 所示。

图幅分区的方法是:将图纸相互垂直的两边各自加以等分,竖边方向用大写英文字母编号,横边方向用阿拉伯数字编号,编号的顺序应该从标题栏相对的左上角开始,分区数应该为偶数;每一分区的长度应不小于 25 mm,不大于 75 mm,分区中的符号应以粗实线绘出,其线宽不宜小于 0.5 mm。

图幅分区后,相当于在图面上建立了一个坐标系。电气图上的元件和连接线的位置

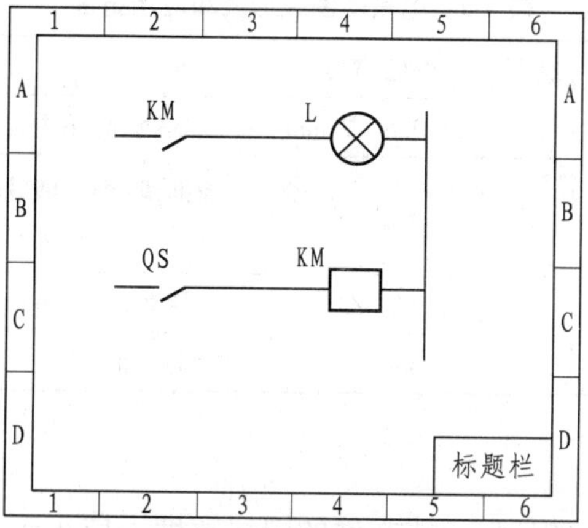

图 5-2　图幅分区示例

可由此坐标系而唯一地确定下来。表示方法如下：

(1)用行号(大写英文字母)表示。

(2)用列号(阿拉伯数字)表示。

(3)用区号表示。区号为字母与数字的组合，先写字母，后写数字。这样，在说明工作元件时，可以很方便地在图中找到所指元件。

在图 5-2 中，将图幅分成 4 行(A～D)、6 列(1～6)，图幅内绘制的元件 KM、QS、L 的位置被唯一地确定在图中，其位置表示方法如表 5-4 所示。

表 5-4　元件位置标记示例

序号	元件名称	元件符号	标记写法		
			行号	列号	区号
1	接触器触点	KM	A	2	A2
2	灯泡	L	A	4	A4
3	开关	QS	C	2	C2
4	接触器线圈	KM	C	4	C4

在有些情况下，还可以注明图号、张次，也可以引用项目代号。例如，在图号为 3128 的第 18 张图的 A5 区内，标记为“图 3128/18/A5”；在 = S1 系统第 35 张图的 D3 区内，标记为“ = S1/35/D3”。

2　图线、字体及其他

2.1　图线

2.1.1　图线形式

根据电气图的需要，一般只使用表 5-5 所示的 4 种图线：实线、虚线、点划线、双点划线。当在特殊领域使用其他图线形式时，按惯例必须在有关图上用注释加以说明。

表 5-5 电气图图线形式和应用范围

序号	图线名称	图线形式	代号	图线宽度	应用范围
1	实线	————	A	b = 0.5 ~ 2 mm	基本线，简图主要内容线，可见轮廓线
2	虚线	- - - -	F	约 b/3	辅助线，屏蔽线，机械连接线，不可见轮廓线，不可见导线，计划扩展用线
3	点划线	—·—	G	约 b/3	分界线，结构围框线，功能围框图
4	双点划线	—··—	K	约 b/3	辅助围框线

2.1.2 图线的宽度

在图纸或其他媒体上的任何正式文件的图线宽度不应小于 0.18 mm，线宽应从下列范围选取：0.18 mm、0.25 mm、0.35 mm、0.5 mm、0.7 mm、1.0 mm、1.4 mm、2.0 mm。图线如果采用两种或两种以上宽度，粗线与细线宽度之比应不小于 2∶1，或者说，任何两种宽度的比例至少为 2∶1。

2.1.3 图线间距

平行图线的边缘间距应至少为两条图线中较粗的一条图线宽度的 2 倍。当两条平行图线宽度相等时，其中心间距应至少为每条图线宽度的 3 倍，最小为 0.7 mm。

对简图中的平行连接线，其中心间距至少为字体的高度。

2.2 字体和字体取向

图中的文字，如汉字、字母、数字，是电气图的重要部分，是读图的重要内容。按现行制图标准规定，图中书写的汉字、字母、数字的字体号数分为 20、14、10、7、5、3.5、2.5 等；汉字可采用长仿宋体，字母和数字可用直体、斜体；字体宽度约等于字体高度的 2/3，数字和字母的笔画宽度一般为字体高度的 1/10。国家标准推荐的电气图中字体的最小高度如表 5-6 所示。

表 5-6 电气图中字体的最小高度 （单位：mm）

图纸幅面代号	A0	A1	A2	A3	A4
字体最小高度	5	3.5	2.5	2.5	2.5

2.3 箭头和指引线

电气图中有两种形式的箭头：

(1) 开口箭头：主要用于电气能量、电气信号的传递方向（能量流、信息流流向），如图 5-3(a) 所示。

(2) 实心箭头：主要表示力、运动或可变性方向，如图 5-3(b) 所示。

如图 5-3(c) 所示为箭头应用实例。其中，电流 I 方向用开口箭头，可变电容的可变性限定符号用实心箭头。

指引线用于指示注释的对象，它应为细实线，并在其末端加如下标记：

(1) 若指向轮廓线内，用黑点表示，如图 5-4(a) 所示；

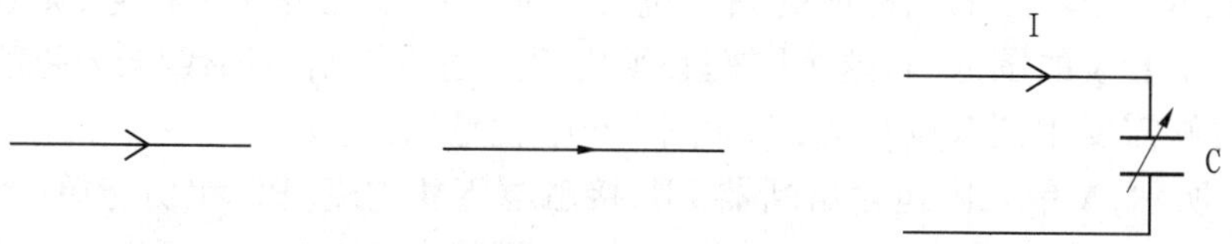

(a)开口箭头　　(b)实心箭头　　(c)应用实例

图 5-3　电气图中的箭头

(2)若指在轮廓线上,用实心箭头表示,如图 5-4(b)所示;

(3)若指在电气连接线上,用短线表示,如图 5-4(c)所示。

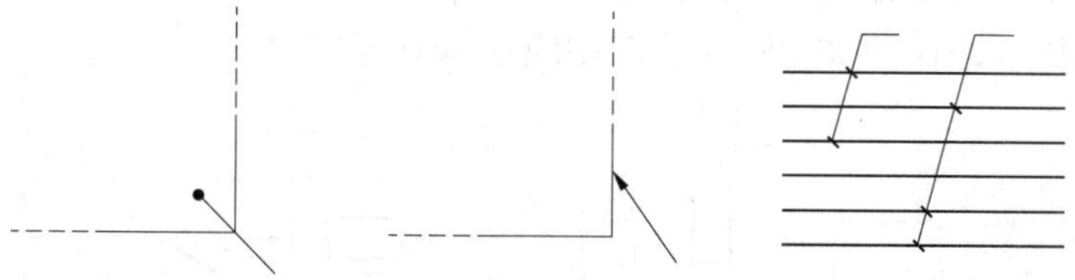

(a)用黑点表示　　(b)用实心箭头表示　　(c)用短线表示

图 5-4　指引线

2.4　围框

当需要在图上显示出图的一部分所表示的是功能单元、结构单元、项目组时,可以用点划线围框表示。围框应该有规则的形状,并且围框线不应与任何元件符号相交。必要时,为了图面清楚,也可以采用不规则的围框形状。

如图 5-5 所示,围框内有两个接触器 KM1 和 KM2,用一个围框表示这两个接触器的作用关系会更加清楚,且具有互锁和自锁功能。围框的作用在这里就很明显。

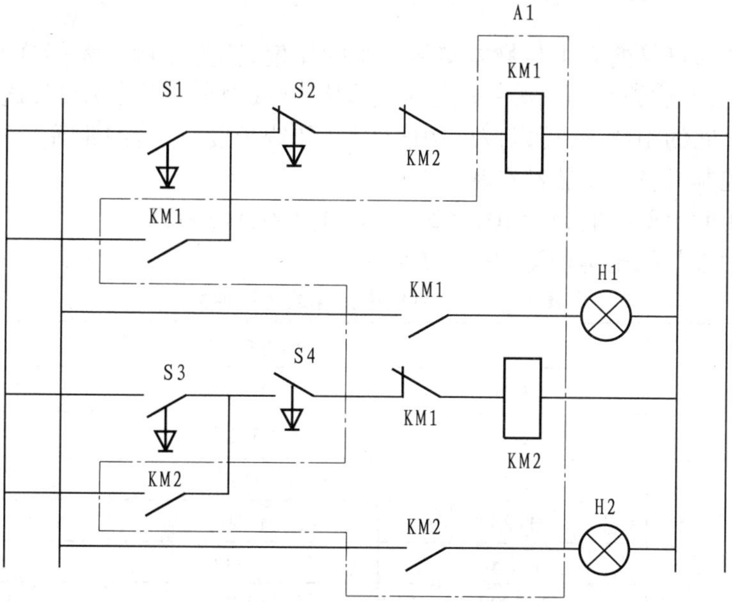

图 5-5　围框示例

如果在表示一个单元的围框内的图上包含不属于此单元的元件符号,则这些符号应该表示在第二个套装的围框内,这个围框必须用双点划线绘制并加代号或注解。

围框有时候需要用到双点划线,例如图 5-6 中就是如此。

如图 5-6 所示,A 单元内包含熔断器 FU、接触器 KM、按钮 PB 和功能单元 B 等,它们在一个框内,而 B 单元在功能上与 A 单元有关,但不装在 A 单元内,所以用双点划线围起来,并且加了注释,B 单元在图 5-6 中给出了详细资料,这里将其内部连接线省略。

如果要表示出该单元不可少的端子板的符号,应把符号放在框里边。

连接器符号的位置应显示出一对连接器的哪一部分属于该单元。围框内所示的作为一个单元整体部分的连接器或端子板符号可以省略。

综上所述,围框采用何种线型,在画图中应该认真考虑。

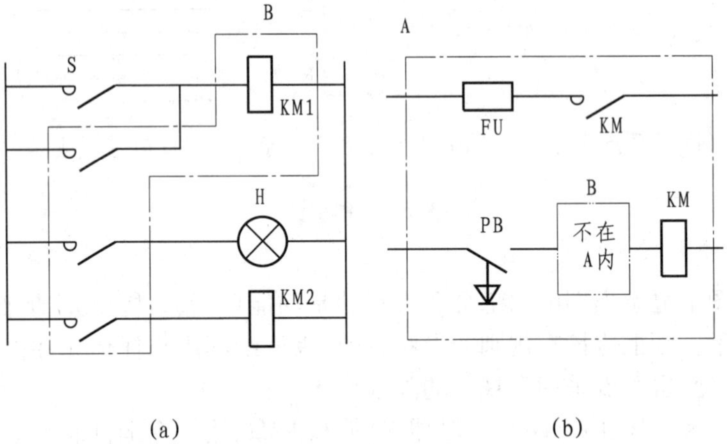

图 5-6　含双点划线围框

2.5　比例

图上所画图形符号的大小与物体实际大小的比值,称为比例。大部分的电气图都不是按比例绘制的,但位置平面图等一般按照比例绘制或部分按比例绘制,这样,在平面图上要测出两点之间的距离,就可以按比例值计算(如线长度、设备间距等),这对导线的放线、设备机座、控制设备等安装都有利。

电气图采用的比例一般为 1∶10,1∶20,1∶50,1∶100,1∶500 等。

技术制图中推荐的比例种类如表 5-7 所示。

表 5-7　技术制图中推荐的比例种类

类别	推荐的比例		
放大比例	20∶1	50∶1	100∶1
	2∶1	5∶1	10∶1
缩小比例	1∶2	1∶5	1∶10
	1∶20	1∶50	1∶100
	1∶200	1∶500	1∶1000
	1∶2000	1∶5000	1∶10000

注意：推荐的比例范围可以在两个方向加以扩展，但所需比例应该是推荐比例的 10 的整数倍；在由于特殊原因不能使用推荐比例的特殊情况下，可选用中间比例。

2.6 尺寸标准

电气图上标注的尺寸数据是有关电气工程施工和构件加工的重要依据。

尺寸由尺寸线、延伸线、尺寸线终点和起点、尺寸数字四个要素组成。

尺寸标注的基本规则如下：

（1）物件的真实大小应以图样上的尺寸数字为依据，与图形大小及绘图的准确度无关；

（2）图样中的尺寸数字，如没有明确说明，一律以 mm 为单位；

（3）图样中所标注的尺寸，为该图样所示物件的最后完工尺寸；

（4）物件的每一尺寸，一般只标注一次，并应标注在反映结构最清晰的图形上；

（5）一些特定尺寸必须标注符号，如直径符号 ϕ、半径符号 R、球符号 S、球直径符号 Sϕ、球半径符号 SR、厚度符号 δ、参考尺寸符号（　）、正方形符号□等。

尺寸线终点和起点表示方法如表 5-8 所示。

表 5-8　尺寸线终点和起点表示方法

表示方法	要求
用箭头表示终点 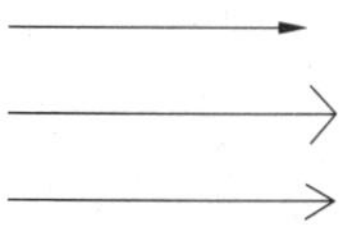	用短线在 15°～90°之间以方便的角度画出箭头。箭头可以是开口的、封闭涂黑的。在一张图上只能采用一种形式的箭头。但是，在空间太小，或者不宜画箭头的地方，可以斜划线和圆点代替
用斜划线表示终点 	用短线倾斜 45°角画的斜划线作为终点标记
用空心圆表示起点 	用一个直径为 3 mm 的小空心圆作为起点标记

尺寸表示基本规则如下：

（1）大写字母的高度被作为尺寸表示的基础。

（2）字母的标准高度的范围如下：2.5 mm、3.5 mm、5.0 mm、7.0 mm、10.0 mm、14.0 mm。

（3）标注字母可以向右倾斜 15°，也可竖直。

2.7 注释和详图

2.7.1 注释

用图形符号表达不清楚或某些含义不便用图形符号表达时，可在图上加注释。注释可采用两种方式：一是直接放在所要说明的对象附近；二是在所要说明的对象附近加标记，而将注释放在图中其他位置或另一页。当图中出现多个注释时，应把这些注释按编号顺序放在图纸边框附近。如果是多张图纸，一般性注释放在第一张图上，其他注释则应放在与其内容相关的图上。注释采用文字、图形、表格等形式,其目的就是把对象表达清楚。

2.7.2 详图

详图实际上就是用图形来注释,这相当于机械制图的剖面图,就是把电气装置中某些零部件和连接点等结构、做法及安装工艺要求放大并详细表示出来。详图可放在要详细表示对象的图上,也可放在另外一张图上,但必须用一标志将它们联系起来。标注在总图上的标志称为详图索引标志,标注在详图位置上的标志称为详图标志。

2.8 安装标高

安装标高有绝对标高和相对标高之分。

绝对标高:以黄海海平面作为零点而确定的高度尺寸。

相对标高:选定某一参考面或参考点为零点而确定的高度尺寸。

电气位置图均采用相对标高,一般采用室外某一平面、某楼层平面作为零点而计算高度。

2.9 方位

电力、照明和电信布置图等类图样按上北下南、左西右东表示电气设备或构筑物的位置和朝向,但在许多情况下需用方位标记表示其朝向。

风向频率标记:表示设备安装地区一年四季风向情况。在电气布置图上往往还标有风向频率标记,它是根据此地区多年平均统计的各个方向吹风次数的百分数,按一定比例绘制而成的。

2.10 建筑物定位轴线

在承重墙、柱、梁等主要承重构件的位置所画的轴线,称为定位轴线。

定位轴线编号的基本原则:在水平方向上,从左至右用阿拉伯数字编号;在垂直方向上,用英文字母由下向上编号;数字和字母用点划线引出。

3 电气简图布局方法

电气简图应布局合理、图面清晰、排列均匀、便于理解。

3.1 图线的布局

电气图的图线一般用于表示导线、通信线路、连接线等,要求用直线,即横平竖直,尽可能减少交叉和弯折。图线的布局方法通常有以下 3 种。

3.1.1 水平布局

水平布局是将元件和设备按行布置,使其连接线处于水平位置,如图 5-7 所示。水平布局是电气图中图线的主要布置形式。

3.1.2 垂直布局

垂直布局是将元件和设备按列排列,使其连接线成垂直布置,如图 5-8 所示。

3.1.3 交叉布局

有时为了能把相应的元件连接成对称的布局,可采用交叉线的方式布置,如图 5-9 所示。

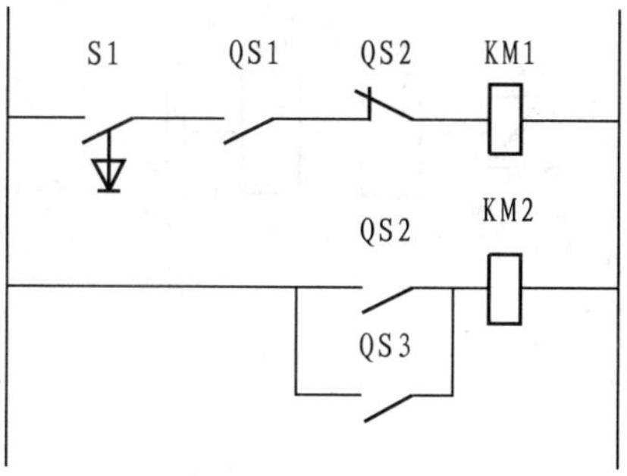

图 5-7　图线水平布局

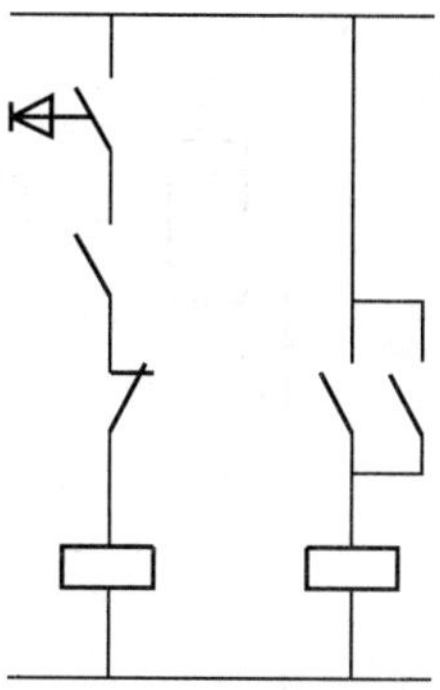

5-8　图线垂直布局

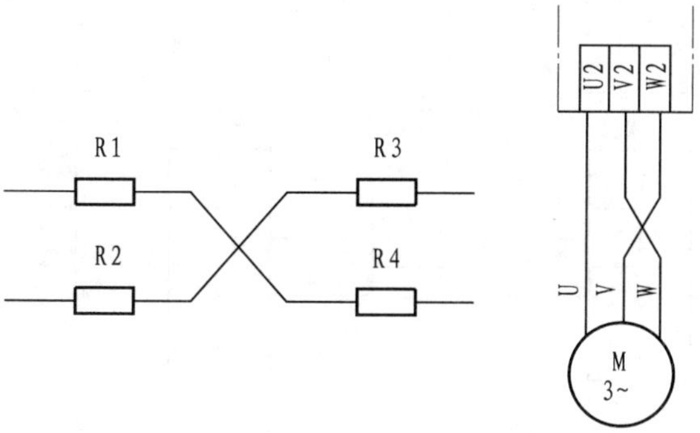

图 5-9　图线交叉布局

3.2　元件的布局

元件在电气简图中的布局有功能布局法和位置布局法两种。

3.2.1　功能布局法

电气简图中元件符号的布置，只考虑便于看出它们所表示的元件功能关系，而不考虑实际位置，即为功能布局法。在此布局中，将表示对象划分为若干功能组，按照因果关系从左到右或从上到下布置；每个功能组的元件应集中布置在一起，并尽可能按工作顺序排列。大部分电气图为功能图，如图 5-10 所示。

布局时应遵守的原则如下：

(1)布局顺序应从左到右或从上到下。

(2)如果信息流或能量流方向是从右到左或从下到上，或者流向不明显，应在连接线上画开口箭头。开口箭头不应与其他符号相邻。

(3)在闭合电路中，前向通路上的信息流方向应该是从左到右或从上到下。反馈通路的方向则相反。

(4)引入引出线最好画在图纸边框附近。

3.2.2　位置布局法

位置布局法是指元件在图上的位置反映其实际相对位置的布局方法。图 5-11 是位置布局法示例。

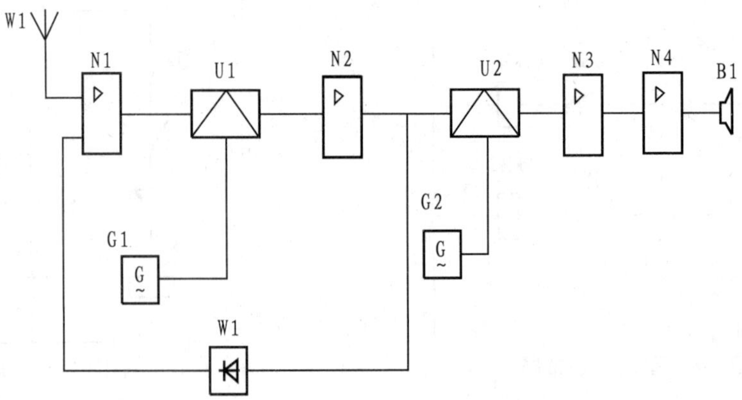

图 5-10　功能布局法示例(无线电接收机概略图)

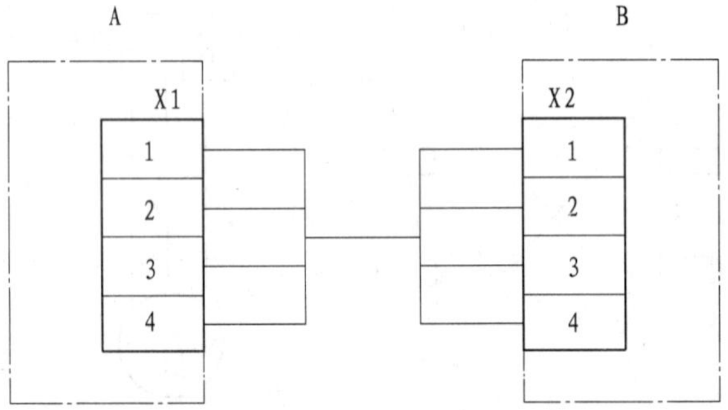

图 5-11　位置布局法示例

4　电气连接线的表示方法

(1)多线表示法:每根连接线或导线各用一条图线表示的方法。

特点:能详细地表达各相或各线的内容,尤其在各相或各线不对称的情况下适合采用此法。

(2)单线表示法:两根或两根以上的连接线或导线,只用一条图线表示的方法。

特点:适用于三相或多线基本对称的情况。

(3)混合表示法:一部分用单线,一部分用多线。

特点:既有单线表示法简洁精练的特点,又有多线表示法描述对象精确、充分的优点,并且由于两种表示法并存,混合表示法灵活多变。

5　电气元件触点位置表示方法

5.1　触点分类

触点分为两类:一类为靠电磁力或人工操作的触点(接触器、电继电器、开关、按钮等);另一类为非电和非人工操作的触点(非电继电器、行程开关等)。

5.2　触点表示

(1)接触器、电继电器、开关、按钮等的触点符号,在同一电路中,在加电和受力后,各触点符号的动作方向应一致,在触点具有保持、闭锁和延时功能的情况下更应如此。

（2）对非电和非人工操作的触点，必须在其触点符号附近表明运行方式，用图形、操作器件符号及注释、标记和表格表示。

6　电气元件工作状态的表示方法

电气元件可动部分通常应表示在非激励或不工作的状态或位置。

（1）继电器和接触器在非激励的状态。

（2）断路器、负荷开关和隔离开关在断开位置。

（3）带零位的手动控制开关在零位位置，不带零位的手动控制开关在图中规定的位置。

（4）机械操作开关的工作状态与工作位置的对应关系，一般应表示在其触点符号的附近，或另附说明。事故、备用、报警等开关的对应关系应表示在设备正常使用的位置，多重开闭器件的各组成部分必须表示在相互一致的位置上，而不管电路的工作状态。

7　电气元件技术数据的标注方法

电气元件的技术数据一般标在图形符号近旁。当连接线水平布置时，尽可能标在图形符号的下方；垂直布置时，则标在项目代号的下方；还可以标在方框符号或简化外形符号内。

第二节　电气图形符号

电气图形符号一般包括电气图用图形符号、电气设备用图形符号、标志用图形符号、标注用图形符号等。

1　图形符号的构成

图形符号包括一般符号、符号要素、限定符号、方框符号和组合符号等。

（1）一般符号。它是表示一类产品和此类产品特征的一种通常很简单的符号。

（2）符号要素。它是一种具有明确意义的简单图形，不仅能够单独使用，还可以组合使用。例如，构成电子管的几个符号要素为阳极、阴极、栅极、管壳等。符号要素组合使用时，可以与符号所表示的设备的实际结构不一致。符号要素以不同的形式组合，可构成多种不同形式的图形符号，如图 5-12 所示。

（3）限定符号。它是用以提供附加信息的一种加在其他符号上的符号。通常它不能单独使用。有时一般符号也可以用作限定符号，如电容器的一般符号加到扬声器符号上即构成电容式扬声器符号。

（4）方框符号。它是用以表示元件、设备等的组合及其功能的一种简单图形符号。它既不给出元件、设备的细节，也不考虑所有连接，如图 5-13 所示。

（5）组合符号。它是指由以上已规定的符号进行适当组合所派生出来的、表示某些特定装置或概念的符号。图 5-14 为过电压继电器组合符号组成的示例。

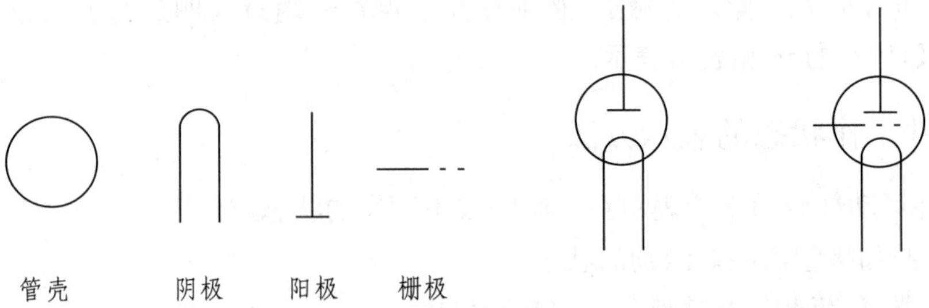

(a) 符号要素　　(b) 真空二极管　　(c) 真空三极管

图 5-12　符号要素及组合示例

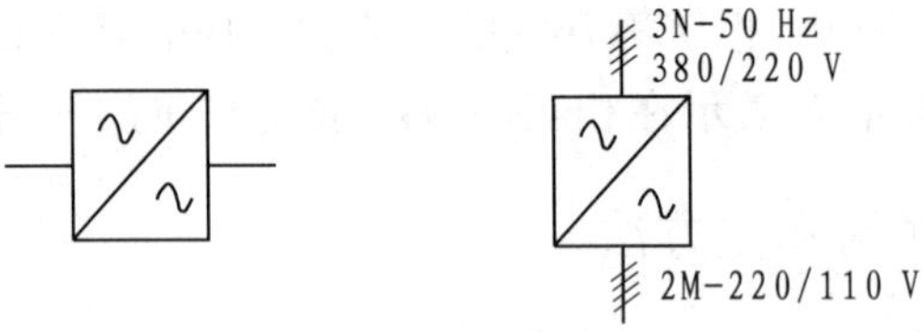

(a) 整流器　　(b) 系统图中整流器符号

图 5-13　方框符号

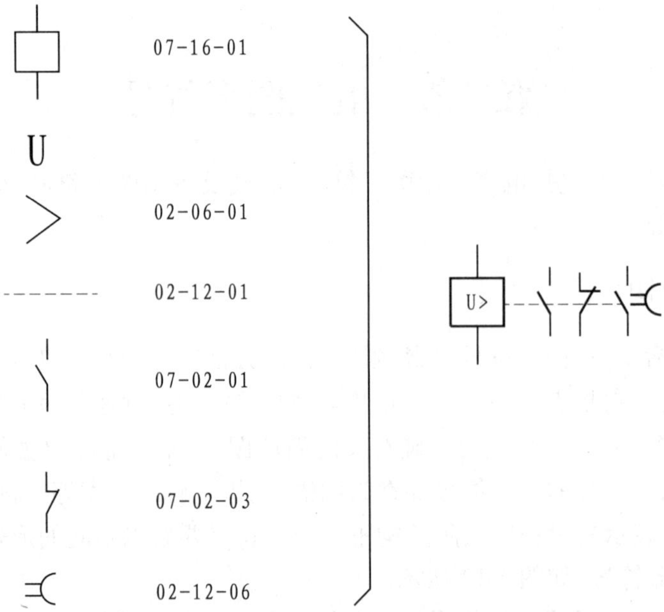

图 5-14　过电压继电器组合符号组成的示例

2　图形符号的分类

(1) 导线和连接器件：各种导线、接线端子和导线的连接器件、电缆附件等。

(2) 无源元件：包括电阻器、电容器、电感器等。

(3) 半导体管和电子管：包括二极管、三极管、晶闸管、电子管、辐射探测器等。

(4)电能的发生和转换设备:包括绕组、发电机、电动机、变压器、变流器等。

(5)开关、控制和保护装置:包括触点(触头)、开关、开关装置、控制装置、电动机启动器、继电器、熔断器、间隙、避雷器等。

(6)测量仪表、灯和信号器件:包括记录仪表、热电偶、遥测装置、电钟、传感器、灯、喇叭和铃等。

(7)电信交换和外围设备:包括交换系统、选择器、电话机、电报和数据处理设备、传真机、换能器、记录器和播放器等。

(8)电信传输设备:包括通信电路、天线、无线电台及各种电信传输设备。

(9)电力、照明和电信装置:包括发电站、变电站、网络、音响和电视的电缆配电系统、开关、插座引出线、电灯引出线、安装符号等,适用于电力、照明和电信系统平面图。

(10)二进制逻辑单元:包括组合和时序单元,运算器单元,延时单元,双稳、单稳和非稳单元,位移寄存器,计数器和存储器等。

(11)模拟单元:包括函数器、坐标转换器、电子开关等。

3 常用图形符号应用的说明

(1)所有的图形符号,均按无电压、无外力作用的正常状态示出。

(2)在图形符号中,某些元件和设备有多个图形符号,有优选形、其他形,形式1、形式2等。选用符号的遵循原则:尽可能采用优选形;在满足需要的前提下,尽量采用最简单的形式;在同一图号的图中使用同一种形式。

(3)符号的大小和图线的宽度一般不影响符号的含义,在有些情况下,为了强调某些方面,或者为了便于补充信息,或者为了区别不同的用途,允许采用不同大小的符号和不同宽度的图线。

(4)为了保持图面的清晰,避免导线弯折或交叉,在不致引起误解的情况下,可以将符号旋转或成镜像放置,但此时图形符号的文字标注和指示方向不得倒置。

(5)图形符号一般都画有引线,但在绝大多数情况下引线位置仅用作示例,在不改变符号含义的原则下,引线可取不同的方向。如引线符号的位置影响到符号的含义,则不能随意改变,否则会引起歧义。

(6)在GB 4728中比较完整地列出了符号要素、限定符号和一般符号,但组合符号是有限的。若某些特定装置或概念的图形符号在标准中未列出,允许通过已规定的一般符号、限定符号和符号要素适当组合,派生出新的符号。

(7)符号绘制:电气图用图形符号是按网格绘制出来的,但网格未随符号示出。

4 图形符号使用规则

在使用图形符号时,应遵守以下使用规则。

4.1 符号的选择

在GB 4728中,有些元件和设备有不同形式的图形符号,选择时最好采用推荐形式或简化形式的图形符号。在满足需要的前提下,尽量采用最简单的形式;对于电路图,必须使用完整形式的图形符号来详细表示。如电动机的所有部分,即绕组、端子及代号均应该表示清楚。在同一张电气图样中只能选用一种图形形式,图形符号的大小和线条的粗细亦应基本一致。

4.2 符号的大小

在绝大多数情况下,符号的含义由其形式决定,而符号的大小和图线的宽度一般不影响符号的含义。

有时在某些特殊情况下,允许采用不同大小的符号。例如,为了强调某些方面,为了便于补充信息,为了增加输入或输出线数量,为了把符号作为限定符号来使用等。但改变彼此有关的符号尺寸时,符号间的关系及符号的比例应该保持不变。

图形符号的大小和方位可根据图面布置确定,但不应改变其含义,而且符号中的文字和指示方向应符合读图要求。采用计算机辅助绘图时,应按照特定模数 M = 2.5 的网格设计。这可使符号的构成、尺寸一目了然,方便人们正确掌握符号各部分的比例。

4.3 符号的取向

符号方位不是强制的。在不改变符号含义的前提下,符号可根据图面布置的需要旋转或成镜像放置,但文字和指示方向不得倒置。

4.4 符号的组合

如果想要的符号在 GB 4728 中找不到,可按 GB 4728 中的原则,从标准符号中组合出一个符号。如果需要的符号未被标准化,则所用的符号必须在图上或文件的注释中给以说明。

4.5 符号的端子

图形符号中一般没有端子符号。如果端子符号是符号的一部分,则端子符号必须画出。

4.6 符号的引线

图形符号一般都画有引线。在不改变符号含义的原则下,引线可取不同的方向。在某些情况下,引线符号的位置不加以限制;当引线符号的位置影响符号的含义时,必须按规定绘制。

引线符号可以用不同的线条表示,以突出或区分某些电路、连接线等。

4.7 其他说明

图形符号均是按无电压、无外力作用的正常状态表示的。图形符号中的文字符号、物理量符号,应视为图形符号的组成部分。当这些符号不能满足时,可再按照有关标注加以充实。电气图中若采用标准中未规定的图形符号,必须加以说明。

5 常用电气图形符号举例

常用电气图形符号如表 5-9 所示。

表 5-9　常用电气图形符号

序号	图形符号	说明	备注
1	—	直流电	电压可标注在符号右边,如: 2M－220/110 V
2		交流电	频率可标注在符号右边,如: 3N－50 Hz 220/110 V
3		交直流	发电机电源
4	+	正极	电源极性符号
5	−	负极	电源极性符号
6		接地	
7		故障	
8		导线连接	
9	+	导线跨越而不连接	
10		电阻	
11	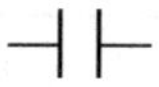	电容	
12		电感	
13		蓄电池	
14		常开触点	
15		常闭触点	
16		延时常开触点	继电器或接触器的触点
17		延时常闭触点	
18		常开按钮	
19		常闭按钮	
20		常开限位开关	
21		常闭限位开关	

续表 5-9

序号	图形符号	说明	备注
22		隔离开关	
23	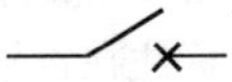	断路器	
24	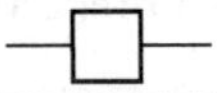	接触器线圈	也可以表示继电器线圈
25	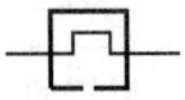	热继电器驱动器件	
26		热继电器的触点	
27	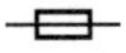	熔断器	
28		熔断器式开关	熔断器
29		熔断器式隔离开关	
30		避雷器	
31		发电机	
32		电动机	
33		变压器	
34	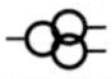	三绕组变压器	
35		电流互感器	
36		电抗器	
37		自耦变压器	
38		电压表	
39		电流表	
40		电铃	
41	——	导线等	
42		灯泡	
43		钥匙开关	
44		阀的一般符号	
45		按钮盒	
46		电话机	
47		扬声器	
48		天线的一般符号	
49	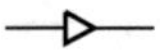	中继器的一般符号	三角形指向传输方向
50		分线盒	

6 电气设备用图形符号

6.1 电气设备用图形符号的含义及用途

电气设备用图形符号是完全区别于电气图用图形符号的另一类符号。电气设备用图形符号主要适用于各种类型的电气设备或电气设备部件,使操作人员了解其用途和操作方法。这些符号也可用于安装或移动电气设备的场合,以指出诸如禁止、警告、规定或限制等应注意的事项。

6.1.1 电气设备用图形符号的一般用途

识别(例如设备或抽象概念);

限定(例如变量或附属功能);

说明(例如操作或使用方法);

命令(例如应做或不应做的事);

警告(例如危险警告);

指示(例如方向、数量)。

通常,标志在电气设备上的图形符号,应告知电气设备使用者如下信息:

(1)识别电气设备或其组成部分(如控制器或显示器);

(2)指示功能状态(如通、断、告警);

(3)标志连接(如端子、接头);

(4)提供包装信息(如内容识别、装卸说明);

(5)提供电气设备操作说明(如警告、使用限制)。

6.1.2 电气设备用图形符号在电气图中的应用

在电气图中,尤其是在某些电气平面图、电气系统说明书用图等图中,也可以适当地使用这些符号,以补充这些图所包含的内容。例如图 5-15 所示的电路图,为了补充电阻器 R1、R3、R4 的功能,在其符号旁使用了电气设备用图形符号,从而使人们阅读和使用这个图时,可非常明确地知道:R1 是亮度调整用电阻器,R3 是对比度调整用电阻器,R4 是色彩饱和度调整用电阻器。

电气设备用图形符号与电气图用图形符号的形式大部分是不同的。但有一些是相同的,不过含义大不相同。例如,电气设备用熔断器符号虽然与电气图用熔断器符号的形式是一样的,但电气图用熔断器符号表示的是一类熔断器,而电气设备用熔断器符号如果标在设备外壳上,则表示熔断器盒及其位置;如果标在某些电气图上,则仅仅表示这是熔断器的安装位置。

6.2 常用电气设备用图形符号

电气设备用图形符号分为 6 个部分:通用符号,广播、电视及音响设备符号,通信、测量、定位符号,医用设备符号,电话教育设备符号,家用电气及其他符号,如表 5-10 所示。

6.3 标志用图形符号和标注用图形符号

在某些电气图上,标志用图形符号和标注用图形符号也是构成电气图的重要组成部分。

6.3.1 标志用图形符号

标志用图形符号的种类及用途如下:

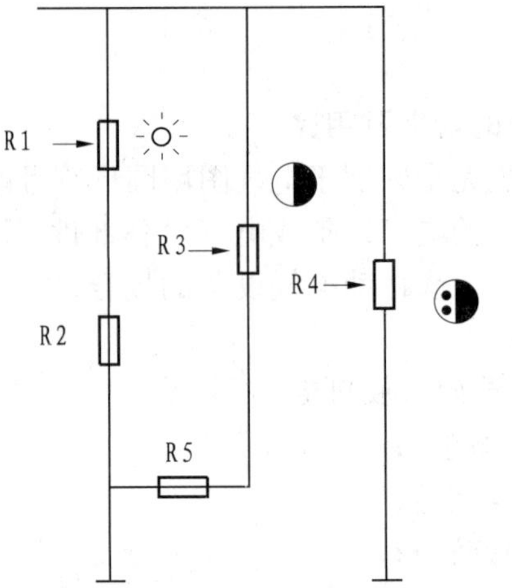

图 5-15　附有电气设备用图形符号的电气图示例

表 5-10　常用电气设备用图形符号

序号	名称	符号	应用范围
1	直流电		用在直流电设备铭牌上,表示直流端子
2	交流电		用在交流电设备铭牌上,表示交流端子
3	正极	+	表示使用或产生直流电设备的正端
4	负极	-	表示使用或产生直流电设备的负端
5	电池检测	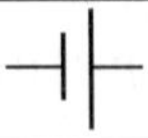	电池测试按钮和表明电池情况的灯
6	电池定位	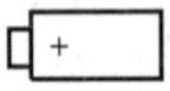	表示电池盒本身及电池的极性和位置
7	整流器	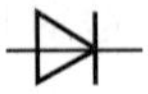	表示整流设备及其有关接线端
8	变压器		可用于变压器包封或外壳上
9	熔断器	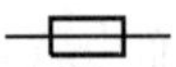	表示熔断器盒及其位置
10	测试电压		表示该设备能承受 500 V 的电压
11	危险电压		表示危险电压引起的危险
12	接地	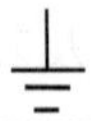	表示接地端子
13	保护接地		表示与保护接地相连接的端子
14	接机壳		表示连接机壳或机架的端子

续表 5-10

序号	名称	符号	应用范围
15	输入	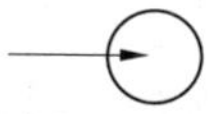	表示输入端子
16	输出	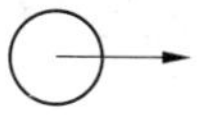	表示输出端子
17	过载保护	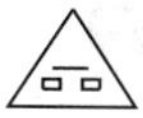	表示一个设备装有过载保护装置
18	通		表示已接通电源,必须标在开关的位置
19	断		表示已断开电源,必须标在开关的位置
20	可调性	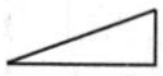	被控量随图形的宽度而增加
21	调到最小	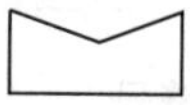	表示量值调到最小值的控制
22	调到最大	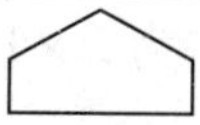	表示量值调到最大值的控制
23	亮度	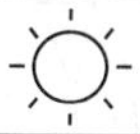	表示亮度调节器
24	对比度		表示电视机等的对比度控制
25	色彩饱和度		表示电视机等的色彩饱和度控制

(1)公共信息标志用图形符号:向公众提供不需要专业或职业训练就可以理解的信息;

(2)公共标志用图形符号:传递特定的安全信息;

(3)交通标志用图形符号:传递特定的交通管理信息;

(4)包装储运标志用图形符号:用于货物外包装,以提示与运输有关的信息。

与某些电气图关系较密切的公共信息标志用图形符号如图 5-16 所示。

6.3.2 标注用图形符号

标注用图形符号表示产品的设计、制造、测量和质量保证整个过程中所涉及的几何特性(如尺寸、距离、角度、形状、位置、定向、外观表面)和制造工艺等。

电气图上常用的标注用图形符号主要有以下几种。

6.3.2.1 安装标高和等高线符号

标高有绝对标高和相对标高两种表示方法。

电气位置图均采用相对标高。这一标高称为安装标高或敷设标高。安装标高的符号及标高尺寸标注示例如图 5-17 所示。图 5-17(a)用于室内平面、剖面图上,表示高出某一基准面 3.00 m;图 5-17(b)用于总平面图上的室外地面,表示高出室外某一基准面 5.00 m。

等高线是在平面图上显示地貌特征的专业图线。由于相邻两线之间的距离是相等

图 5-16 公共信息标志用图形符号

的，例如为 10 m，故图 5-17(c)表示的 A、B 两点的高度差为 2×10 m=20 m。

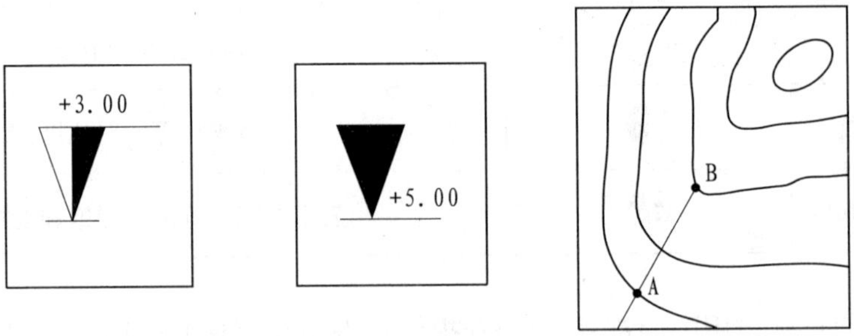

(a)　　(b)　　(c)

图 5-17 安装标高与等高线图形符号示例

6.3.2.2 方位和风向频率标记符号

电力、照明和电信布置图等类图样一般按照上北下南、左西右东表示电气设备或构筑物的位置与朝向，但在许多情况下需用方位标记表示其朝向。方位标记如图 5-18(a)所示，其箭头方向表示正北方向(N)。

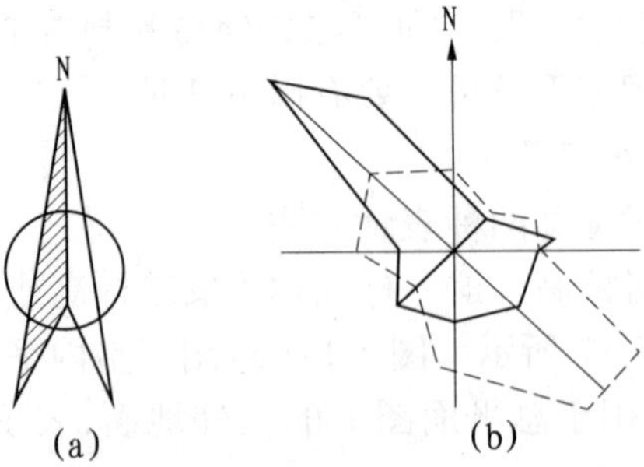

(a)　　(b)

图 5-18 方位与风向频率标记

为了表示设备安装地区一年四季风向情况，在电气布置图上往往还标有风向频率标记。图5-18(b)是某地区的风向频率标记，其箭头表示正北方向，实线表示全年的风向频率，虚线表示夏季(6~8月)的风向频率。

6.3.2.3 建筑物定位轴线符号

电力、照明和电信布置图通常是在建筑物平面图上完成的。在这类图上一般标有建筑物定位轴线。建筑物定位轴线标注样式如图5-19所示，其定位轴线分别是A、B、C和1、2、3、4、5。

一般而言，各相邻定位轴线间的距离是相等的，所以定位轴线相当于地图上的经纬线，也类似于图幅分区，有助于制图和读图时确定设备的位置，计算电气管线的长度。

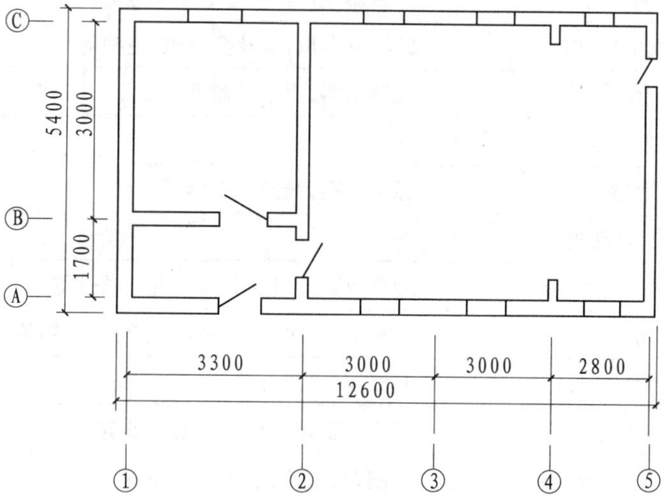

图5-19 建筑物定位轴线示例

第三节 电气技术中的文字符号和项目代号

一个电气系统或一种电气设备通常是由各种基本件、部件、组件等组成的，为了表示这些基本件、部件、组件，除采用各种图形符号外，还须标注一些文字符号和项目代号，以区别不同功能、状态和特征等。

1 文字符号

文字符号通常可由基本文字符号、辅助文字符号和数字等组成，用于提供电气设备、装置和元器件的种类字母代号和功能字母代号。

1.1 基本文字符号

基本文字符号可分为单字母符号和双字母符号两种。

1.1.1 单字母符号

单字母符号是用英文字母将各种电气设备等进行分类，如表5-11所示。

表5-11　电气设备常用的单字母符号

符号	项目种类	举例
A	组件,部件	分离元件放大器,磁放大器,激光器,微波激光器,印制电路板等
B	变换器	热电传感器,热电偶
C	电容器	—
D	二进制存储器	数字集成电路及器件,双稳态元件,存储器,盘式记录器等
E	杂项	光器件,热器件等
F	保护器件	熔断器,避雷器,过电压发电器件等
G	发电机,电源	旋转发电机,旋转变频机,电池等
H	信号器件	光指示器,声指示器等
K	继电器,接触器	—
L	电感,电抗	感应线圈,线路陷波器等
M	电动机	—
N	模拟集成电路	运算放大器,模拟/数字混合器件等
P	测量试验设备	指示器,记录器,计算器,信号发生器等
Q	电力电路开关	断路器,隔离开关等
R	电阻器	可变电阻器,电位器,变阻器等
S	开关选择器	控制开关,按钮,限制开关等
T	变压器	电压互感器,电流互感器等
U	调制器,变换器	变频器,逆变器等
V	半导体器件	电子管,气体放电管,晶体管,晶闸管,二极管等
W	传输导线,天线	导线,电缆,母线,波导等
X	端子,插头	插头,端子板,连接片等
Y	电气机械装置	制动器,离合器,气阀等
Z	终端设备,滤波器,限幅器	电缆平衡网络,压缩扩展器,网络等

1.1.2　双字母符号

双字母符号是由表5-11中一个表示种类的单字母符号与另一个字母组成的,其组合形式为:单字母符号在前,另一个字母在后。双字母符号中的另一个字母通常选用该类设备、装置和元器件的英文名词的首位字母,或常用缩略语,或约定俗成的习惯用字母。例如,“G”为电源的单字母符号,“Synchronous Generator”为同步发电机的英文名,则同步发电机的双字母符号为“GS”。

电气图中常用的双字母符号如表5-12所示。

表 5-12　电气图中常用的双字母符号

单字母符号	双字母符号	元器件种类	名　称
A	AA	组件和部件	天线放大器
	AC		控制屏
	AD		晶体管放大器
	AE		应急配电箱
	AV		电子管放大器
	AM		磁放大器
	AP		印制电路板
	AS		仪表柜或稳压器
B	BP	电量到电量变换器或电量到非电量变换器	压力变换器
	BQ		位置变换器
	BV		速度变换器
	BR		旋转变换器
	BT		温度变换器
C	CP	电容器	电力电容器
E	EH	其他元器件	发热器件
	EL		发光器件
	EV		空气调节器
F	FL	保护器件	避雷器
	FD		放电器
	FA		瞬时动作的限流保护器件
	FR		延时动作的限流保护器件
	FS		瞬时和延时限流保护器件
	FU		熔断器
	FV		限压保护器件

续表 5-12

单字母符号	双字母符号	元器件种类	名　称
G	GS	信号发生器和发电机电源	同步发电机或信号发生器
	GA		异步发电机或交流发电机
	GB		蓄电池
	GD		直流发电机
	GM		永磁发电机
	GH		水轮发电机
	GT		汽轮发电机
	GW		风力发电机
H	HA	信号器件	声响指示器
	HL		光指示器或指示灯
	HZ		蜂鸣器
	HE		电铃
K	KV	继电器和接触器	电压继电器
	KA		电流继电器
	KT		时间继电器
	KF		频率继电器
	KP		压力继电器
	KC		控制继电器
	KS		信号继电器
	KE		接地继电器
	KM		接触器
L	LC	电感器和电抗器	扼流线圈
	LE		励磁线圈
	LP		消弧线圈
	LT		陷波器

续表 5-12

单字母符号	双字母符号	元器件种类	名称
M	MD	电动机	直流电动机
	MT		力矩电动机
	MA		交流电动机
	MS		同步电动机
	MM		绕线转子异步电动机
	MV		伺服电动机
P	PA	测量设备和试验设备	电流表
	PV		电压表
	PC		脉冲计数器
	PF		频率表
	PJ		电能表
	PH		温度计
	PT		电钟
	PW		功率表
Q	QF	电力电路的开关	断路器
	QS		隔离开关
	QL		负荷开关
	QA		自动开关
	QC		转换开关
	QK		刀开关
	QT		转换(组合)开关
R	RA	电阻器	附加电阻器
	RB		制动电阻器
	RF		频敏变阻器
	RV		压敏电阻器
	RT		热敏电阻器
	RS		启动电阻器(分流器)
	RL		光敏电阻器
	RP		电位器

续表 5-12

单字母符号	双字母符号	元器件种类	名　称
S	SA	控制电路的开关选择器	控制开关或选择开关
	SB		按钮开关
	SE		终点开关
	SL		限位开关
	SP		接近开关或压力传感器
	ST		行程开关或温度传感器
	SQ		位置传感器
	SV		电压表转换开关
T	TA	变压器	自耦变压器或电流互感器
	TC		控制电路电源用变压器
	TF		电炉变压器
	TV		电压互感器
	TM		电力变压器
	TR		整流变压器
U	UD	调制变换器	解调器
	UF		频率变换器
	UV		逆变器
	UM		调制器或混频器
V	VC	电子管、晶体管	控制电路用电源整流器
	VD		二极管
	VE		电子管
	VL		发光二极管
	VP		光敏二极管
	VR		晶体管
	VT		晶体三极管
	VV		稳压二极管

续表 5-12

单字母符号	双字母符号	元器件种类	名　称
W	WA	传输通道、波导和天线	电枢绕组
	WC		定子绕组
	WE		转子绕组
	WR		励磁绕组
	WS		控制绕组
X	XA	端子、插头、插座	输出口
	XB		连接片
	XC		分支器
	XP		插头
	XS		插座
	XT		端子板
Y	YA	电器操作的机械器件	电磁铁
	YB		电磁制动器
	YC		电磁离合器
	YF		防火阀
	YH		电磁吸盘
	YM		电动阀
	YV		电磁阀
	YT		牵引电磁铁
Z	ZA	终端设备、滤波器、均衡器、限幅器	衰减器
	ZD		定向耦合器
	ZF		滤波器
	ZL		终端负载
	ZQ		均衡器
	ZS		分配器

1.2　辅助文字符号

辅助文字符号是用以表示电气设备、装置和元器件以及线路的功能、状态和特征的。如“ACC”表示加速，“BRK”表示制动等。辅助文字符号也可以放在表示种类的单字母符号后边组成双字母符号，例如“SP”表示压力传感器。若辅助文字符号由两个以上字母组成，为简化文字符号，只允许采用第一位字母进行组合，如“MS”表示同步电动机。辅助文字符号还可以单独使用,如“OFF”表示断开,“DC”表示直流等。辅助文字符号一般不超过3个字母。

电气图中常用的辅助文字符号如表5-13所示。

表5-13 电气图中常用的辅助文字符号

序号	符号	名称	序号	符号	名称
1	A	电流	29	L	低,左,限制
2	AC	交流	30	LA	闭锁
3	AUT	自动	31	M	主,中,手动
4	ACC	加速	32	MAN	手动
5	ADD	附加	33	N	中性线
6	ADJ	可调	34	OFF	断开
7	AUX	辅助	35	ON	闭合
8	ASY	异步	36	OUT	输出
9	BRK	制动	37	P	保护
10	BK	黑	38	PE	保护接地
11	BL	蓝	39	PEN	保护接地与中性线
12	BW	向后	40	PU	不保护接地
13	C	控制	41	R	反,右,记录
14	CW	顺时针	42	RD	红
15	CCW	逆时针	43	RST	复位
16	D	降	44	TES	备用
17	DC	直流	45	RUN	运转
18	DEC	减	46	S	信号
19	E	接地	47	ST	启动
20	EM	紧急	48	SET	置位,定位
21	F	快速	49	SAT	饱和
22	FB	反馈	50	STE	步进
23	FW	向前	51	STP	停止
24	GN	绿	52	SYN	同步
25	H	高	53	T	温度,时间
26	IN	输入	54	V	真空,速度,电压
27	ING	增	55	WH	白
28	IND	感应	56	YE	黄

1.3　文字符号的组合

文字符号的组合形式一般为:基本文字符号 + 辅助文字符号 + 数字序号。

例如,第一台电动机,其文字符号为 M1;第一个接触器,其文字符号为 KM1。

1.4　特殊用途文字符号

在电气图中,一些特殊用途的接线端子、导线等通常采用一些专用的文字符号。例如,三相交流系统的电源分别用“L1、L2、L3”表示,三相交流系统的设备分别用“U、V、W”表示。

2　项目代号

2.1　项目代号的组成

项目代号是用以识别图、图表、表格中和设备上的项目种类,并提供项目的层次关系、实际位置等信息的一种特定的代码。每个表示元件或其组成部分的符号都必须标注项目代号。在不同的图、图表、表格、说明书中的项目和设备中的该项目均可通过项目代号相互联系。

完整的项目代号包括 4 个相关信息的代号段。每个代号段都用特定的前缀符号加以区别。

完整项目代号的组成如表 5-14 所示。

表 5-14　完整项目代号的组成

代号段	名称	定义	前缀符号	示例
第一段	高层代号	一个完整的系统或成套设备中任何较高层次项目的代号	=	= S2
第二段	位置代号	项目在组件、设备、系统或建筑物中实际位置的代号	+	+ C15
第三段	种类代号	用以识别项目种类的代号	-	- G6
第四段	端子代号	用以同外电路进行电气连接的电器导电件的代号	:	:11

2.2　高层代号的构成

一个完整的系统或成套设备中任何较高层次项目的代号,称为高层代号。例如,S1 系统中的开关 Q2,可表示为 = S1 - Q2,其中“S1”为高层代号。X 系统中的第 2 个子系统中的第 3 个电动机,可表示为 = X = 2 - M3,简化为 = X2 - M3。

2.3　种类代号的构成

用以识别项目种类的代号,称为种类代号。通常,在绘制电路图或逻辑图等电气图时就要确定项目的种类代号。确定项目的种类代号的方法有 3 种。

第一种方法，也是最常用的方法，由字母代号和图中每个项目规定的数字种类代号组成。按这种方法选用的种类代号还可以补充一个后缀，即代表特征动作或作用的字母代号，称为功能代号，可在图上或其他文件中说明该字母代号及其表示的含义。例如 - K2M 表示具有功能 M、序号为 2 的继电器。一般情况下，不必增加功能代号。如需增加，为了避免混淆，位于项目种类代号中间的前缀符号可以省略。图 5-20 为有前后缀的种类代号。

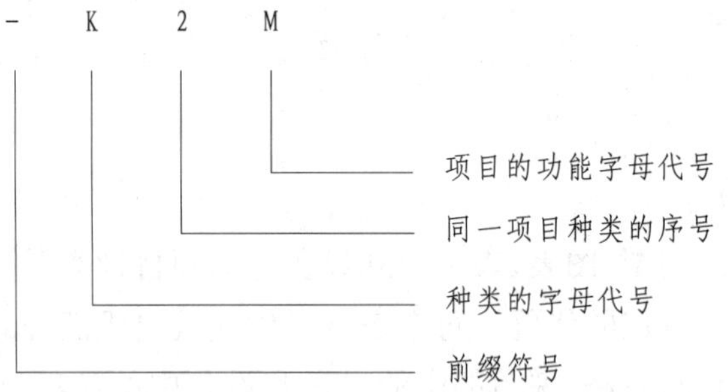

图 5-20　有前后缀的种类代号

第二种方法，是仅用数字序号表示。给每个项目规定一个数字序号，将这些数字序号和它代表的项目排列成表放在图中或附在另外的说明中。例如，-2、-6 等。

第三种方法，是仅用数字组表示。按不同种类的项目分组编号，将这些编号和它代表的项目排列成表置于图中或附在图后。例如，在具有多种继电器的图中，时间继电器用 11、12、13 等表示，速度继电器用 21、22、23 等表示。

2.4　位置代号的构成

项目在组件、设备、系统或建筑物中实际位置的代号，称为位置代号。通常，位置代号由自行规定的英文字母或数字组成。在使用位置代号时，应给出表示该项目位置的示意图。如图 5-21 所示为一个包括 4 列开关柜的控制室的位置代号示意图，其中每列均由几个机柜组成。在该位置代号中，各列用字母表示，各机柜用数字表示。例如，B 列柜的第 3 机柜的位置代号为 + B + 3。必要时，可在位置代号中增加更多的内容，例如以上设备是安装在 106 室的，则其位置代号可表示为 + 106 + B + 3。为不至于引起混淆，代号中间的前缀符号可以省略，即表示为 + 106B3。

开关设备或控制设备还可以用网格定位系统绘出其位置代号。如图 5-22 所示，每个垂直和水平安装板都在各自板上给出具有相同原点（参考点）的网格而形成模数定位系统，如垂直模数 0 ~ 50，水平模数 0 ~ 72 和 0 ~ 30。项目的位置参照该项目上离安装板的网格定位系统原点最近的一点确定。图中标出了 B、C、D 等安装板的安装位置，其位置代号就可相应地确定。

例如，+ B2541 表示该项目在安装板 B 的垂直模数为 25，水平模数为 41 的这点上，如果该项目安装在机柜 + 106 + C + 3 上，则其位置代号为 + 106 + C + 3 + B2541，或简写为 + 106C3B2541。

2.5　端子代号的构成

端子代号是完整的项目代号的一部分。当项目具有接线端子标记时，端子代号必须

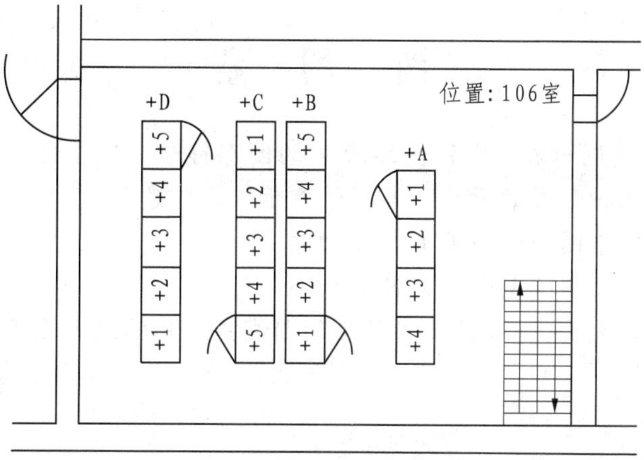

图 5-21　设备的位置代号

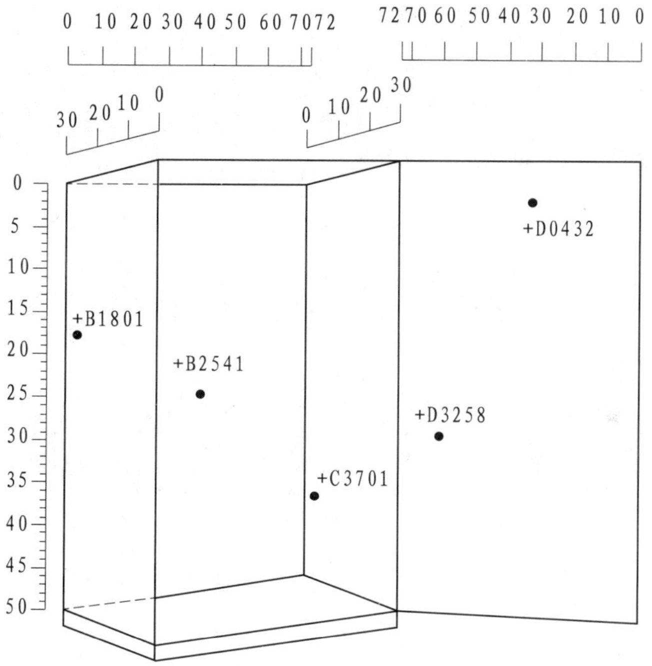

图 5-22　网格定位系统示意图

与项目上端子的标记相一致。端子代号通常采用数字或大写字母,特殊情况下也可用小写字母表示。例如 - Q3:B,表示隔离开关 Q3 的 B 号端子。

2.6　项目代号的组合

项目代号由代号段组成。一个项目可以由一个代号段组成,也可以由几个代号段组成。通常项目代号可由高层代号和种类代号进行组合,设备中的任一项目均可用高层代号和种类代号组成一个项目代号,例如 = 2 - G3;也可由位置代号和种类代号进行组合,例如 + 5 - G2;还可先将高层代号和种类代号进行组合,用以识别项目,再加上位置代号,以提供项目的实际安装位置,例如 = P1 - Q2 + C5S6M10,表示 P1 系统中的开关 Q2,位置在 C5 室 S6 列控制柜 M10 中。

练　习　题

1. 用 AutoCAD 绘制出表 5-9 和表 5-10 中的图形符号。
2. 电气图中有几种形式的箭头？各用于表示什么信息？
3. 电气简图绘制中图线的布局有哪几种方法？
4. 电路图需要按比例绘制吗？为什么？
5. 根据电气图的需要，一般只使用哪几种图线？每种图线的应用范围是什么？

第六章　绘制电气工程图

【教学目标】

1. 详细介绍电气工程图的定义、分类及其特点。

2. 介绍各种电气元件、各类电气工程图的绘制方法。

【学习要点】

1. 熟悉电气图的基本知识等。

2. 熟练掌握用 AutoCAD 绘制各类电气工程图的方法。

第一节　电气工程图的种类

1　电气工程图定义

电气工程图是用电气图形符号、带注释的围框或简化外形表示电气系统或设备中组成部分之间相互关系及其连接关系的一种图，简称电气图。广义地说，表明两个或两个以上变量之间关系的曲线，用以说明系统、成套装置或设备中各组成部分的相互关系或连接关系，或者用以提供工作参数的表格、文字等，也属于电气图之列。

2　电气工程图分类

电气工程图的种类很多，例如系统简图、电气主接线图、逻辑图、功能表图、程序图、电路图与电气位置图等。

2.1　系统简图

系统简图是用符号或带注释的框，大概表示系统或分系统的基本组成、相互关系及其主要特征的一种简图。

图 6-1 是典型的系统简图。

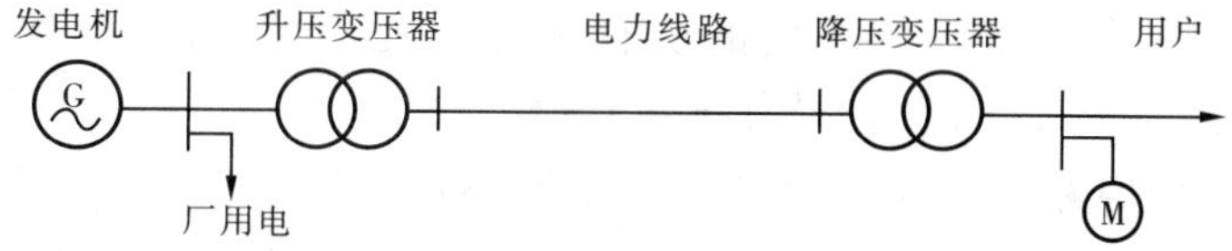

图 6-1　典型的系统简图

2.2　电气主接线图

电气主接线图根据电能输送和分配的要求，表示主要电气设备相互之间的连接关系，以及变电所(发电厂)与电力系统的电气连接关系。如发电厂、变电所的主接线图，还有发电厂中某部分接线图等。

电气主接线是发电厂、变电所电气部分的主体。主接线的拟定和设备的选择、配电装置的布置、继电保护和自动装置的确定是非常重要的。在电气图纸当中严格认真地绘制好各种电气设备符号,对施工运行和维护人员来说是很重要的。常见的电气主接线形式很多,按照有无母线分为两类:一类是有母线接线形式,另一类是无母线接线形式。有母线形式分为单母线、双母线、一台半断路器接线。无母线形式分为单元接线、桥形接线和角形接线。

图 6-2 是典型的电气主接线图。

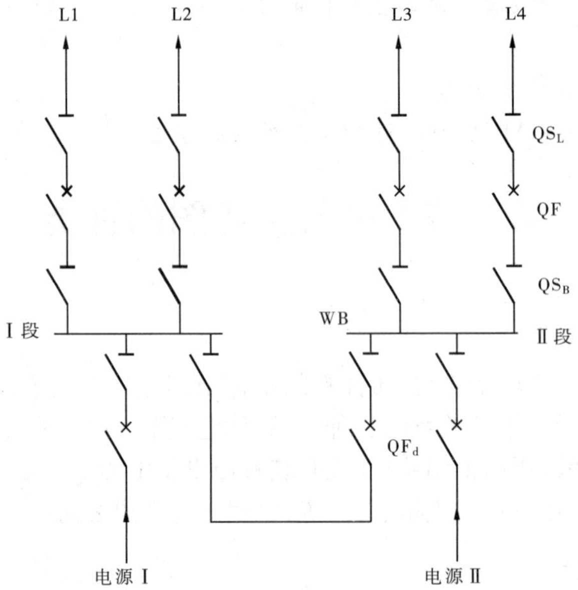

图 6-2　典型的电气主接线图

2.3　逻辑图

逻辑图是主要用二进制逻辑(与、或、非、异或等)单元图形符号绘制的一种简图,其中只表示功能而不涉及实现方法的逻辑图叫纯逻辑图。逻辑图包含“与或非”门。

“与”门又称“与电路”,是执行“与”运算的基本门电路。它有几个输入端,只有 1 个输出端。当所有的输入同时为“1”电平时,输出才为“1”电平,否则输出为“0”电平。“与”的含义是:只有当决定一件事情的所有条件都具备时,这个事件才会发生。逻辑“与”也称逻辑“乘”。“与”门表达式为:$F = A \cdot B$。

“或”门又称“或电路”,是执行“或”运算的基本门电路。它有几个输入端,只有 1 个输出端。只要输入中有 1 个为“1”电平,输出就为“1”电平,只有当所有的输入全为“0”电平时,输出才为“0”电平。逻辑“或”也称为逻辑“加”。“或”门表达式为:$F = A + B$。

“非”门又称“反相器”,是逻辑电路的重要基本单元。“非”门有输入和输出两个端,其输出端的圆圈代表反相的意思,当其输入端为高电平时输出端为低电平,当其输入端为低电平时输出端为高电平。也就是说,输入端和输出端的电平状态总是反相的。

图 6-3 是典型的“与或非”逻辑图。

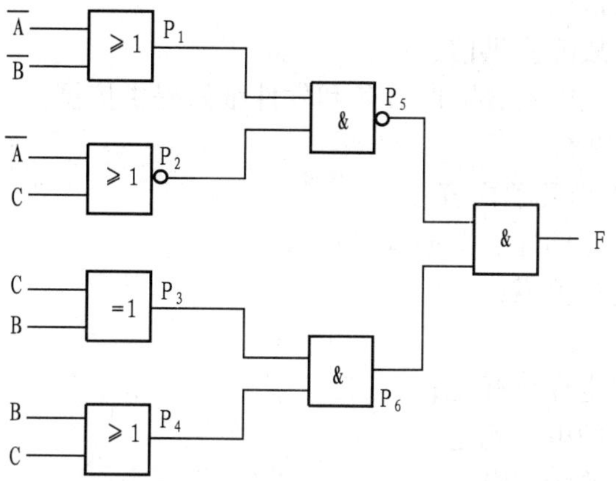

图 6-3　典型的"与或非"逻辑图

2.4　功能表图

功能表图是表示控制系统的功能和状态的一种图。图 6-4 是 PLC 功能表图。

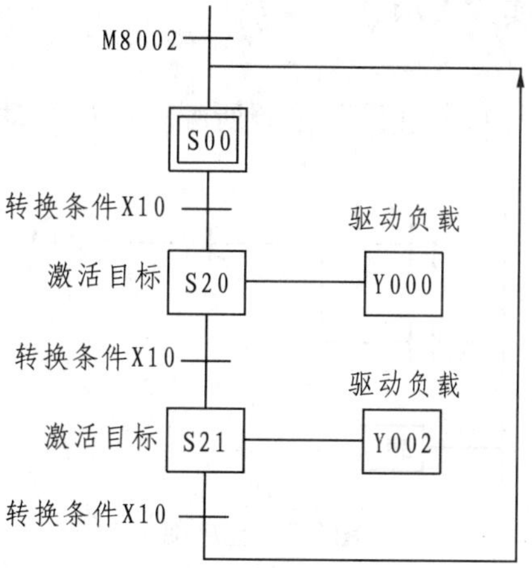

图 6-4　PLC 功能表图

2.5　电路图

电路图是表示理论的元件(如 R、L、C)及其连接关系的一种图。图 6-5 表示一种简单的电路图。

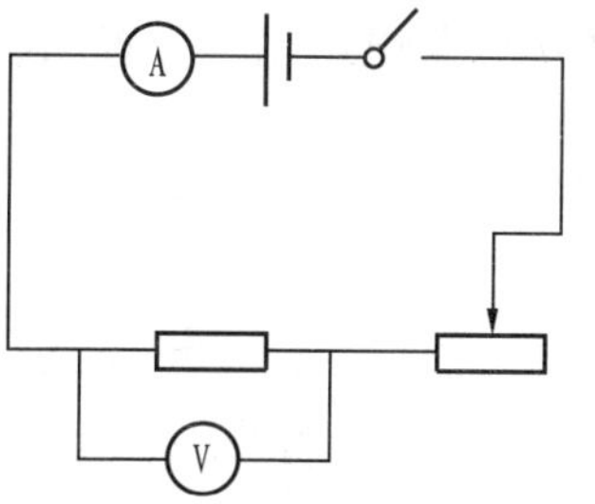

图 6-5　电路图

2.5.1　电路图的基本特点

用电气图形符号按工作顺序排列,详细表示系统、分系统、电器、设备或成套装置的全部基本组成和连接关系,而不考虑其组成项目的实体尺寸、形状或实际位置的一种简图,称为电路图。

2.5.2　电路图的主要用途

(1)表明电路、设备或成套装置及其组成部分的工作原理;

(2)表明电路所起的作用;

(3)编制接线图的依据;

(4)为测试和寻找故障提供信息;

(5)为系统、分系统、电器、部件、设备和软件维修提供依据。

2.5.3 电路图的主要内容

电路图应该包括下面几项内容:

(1)电路元件或功能部件的图形符号;

(2)符号之间的连接关系;

(3)项目代号;

(4)端子标记和特定导线标记;

(5)用于逻辑信号的电平约定;

(6)追踪路径或电路的信息;

(7)理解功能部件的辅助信息。

控制系统电路图还给出相应的一次回路。一次回路可以采用单线表示法。在某些情况下,如表示测量互感器的连接关系,也可以采用多线表示法。电路图二次回路宜用细实线表示,一次回路可以用粗实线表示。

2.6 程序图

程序图表示在电气控制中,电气设备按照所编程序进行动作,如图 6-6 所示。

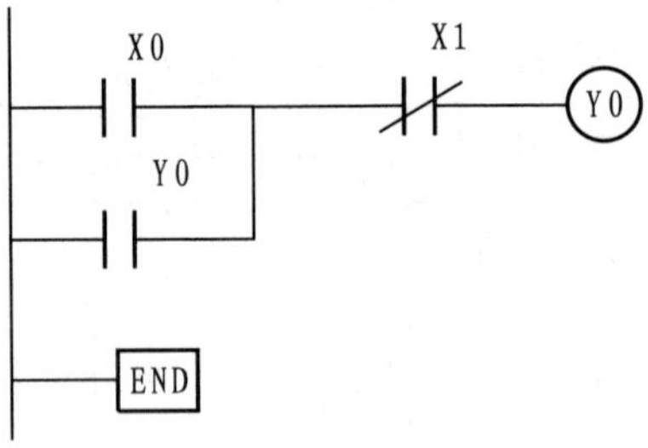

图 6-6 程序图

2.7 电气位置图

表示成套装置、设备或电路中各个项目的位置的一种简图,叫电气位置图。它用图形符号绘制,用来表示一个区域或一个建筑物内成套装置中的元件位置和连接布线。图 6-7 为某电站电气位置图。

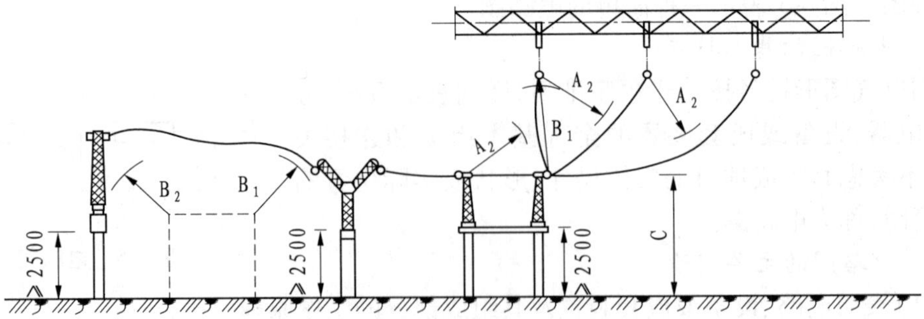

图 6-7 某电站电气位置图

3　电气图的特点

电气图的作用是:阐述电路的工作原理,描述产品的构成和功能,提供装接和使用信息。

简图是电气图的主要表达方式。

元件和连接线是电气图的主要表达内容。一个电路通常由电源、开关设备、用电设备和连接线 4 个部分组成,如果将电源、开关设备和用电设备看成元件,则电路由元件与连接线组成,或者说各种元件按照一定的次序用连接线连起来就构成一个电路。

图形符号、文字符号(或项目代号)是电气图的主要组成部分。一个电气系统或一种电气装置由各种元器件组成,在主要以简图形式表达的电气图中,无论是表示构成、表示功能,还是表示电气接线等,通常都用简单的图形符号。

对能量流、信息流、逻辑流、功能流的不同描述构成了电气图的多样性。在一个电气系统中,各种电气设备和装置之间,在不同角度、不同侧面存在着不同的关系。

第二节　电气元件的画法

1　常用电气元件

电气图中常用的电气元件有发电机、变压器、断路器、隔离开关、电感、互感器等。

2　常用电气元件画法

2.1　发电机画法

发电机按发出电流方向分为交流发电机和直流发电机,如图 6-8 所示。

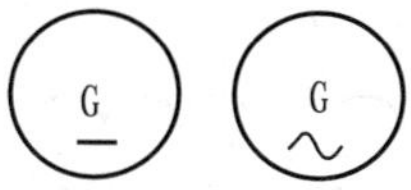

图 6-8　直流发电机和交流发电机

绘图步骤如下:

(1)使用圆命令绘制圆,设置好线宽;

(2)使用文字命令写出文字“G”;

(3)使用直线命令与样条曲线命令绘制出直流、交流符号;

(4)修改所画图案,设置文字高度、线宽、对齐等。

2.2　变压器画法

绘图步骤如下:

(1)使用圆命令绘制圆,用复制命令得到另一个圆,设置好线宽;

(2)使用阵列命令绘制星形绕组;

(3)使用正多边形命令绘制等边三角形;

(4)修改所画图案,设置线宽、对齐、居中等。

结果如图 6-9 所示。

2.3 断路器画法

绘图步骤如下:

(1)使用直线命令与极轴绘制 45°直线,用镜像命令绘制 135°直线;

(2)打开对象追踪,使用直线命令追踪到两直线交叉点正下方一定距离并绘制竖直直线;

(3)使用直线命令绘制出 125°直线,直到与交叉点水平对齐;

(4)修改所绘制图案,调整,使其对齐、居中等。

结果如图 6-10 所示。

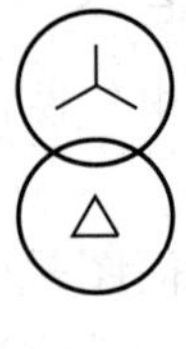

图 6-9 变压器

图 6-10 断路器

图 6-11 隔离开关

2.4 隔离开关画法

绘图步骤如下:

(1)使用直线命令绘制水平直线;

(2)打开对象追踪,使用直线命令追踪到直线中点,绘制竖直直线;

(3)使用直线命令绘制出 125°直线,直到与水平直线对齐;

(4)修改所绘制图案,调整,使其对齐、居中等。

结果如图 6-11 所示。

2.5 电感画法

绘图步骤如下:

(1)使用圆命令绘制一个圆;

(2)设置对象捕捉与追踪,使用复制命令复制其余 5 个圆;

(3)使用修剪命令修剪出 6 个半圆;

(4)使用直线命令绘制出两边直线;

(5)修改所绘制图案,调整,使其对齐、居中等。

结果如图 6-12 所示。

图 6-12 电感

2.6 互感器画法

电流互感器绘图步骤如下:

(1)使用圆命令绘制一个圆;

(2)设置好阵列的水平竖直距离,使用阵列命令绘制出其余 8 个圆;

(3)使用直线命令绘制出一条直线;

(4)使用复制命令复制出其余两条直线;

(5)修改所绘制图案,调整,使其对齐、居中等。

结果如图 6-13(a)所示。

电压互感器绘图步骤如下:

(1)使用圆命令绘制一个圆;

(2)使用复制命令复制出其余两个圆;

(3)使用直线命令绘制出一条直线;
(4)使用阵列命令复制出其余两条直线,并将星形图案复制到下面的圆里;
(5)使用正多边形命令与修剪命令绘制开口三角形;
(6)修改所绘制图案,调整,使其对齐、居中等。
结果如图 6-13(b)所示。

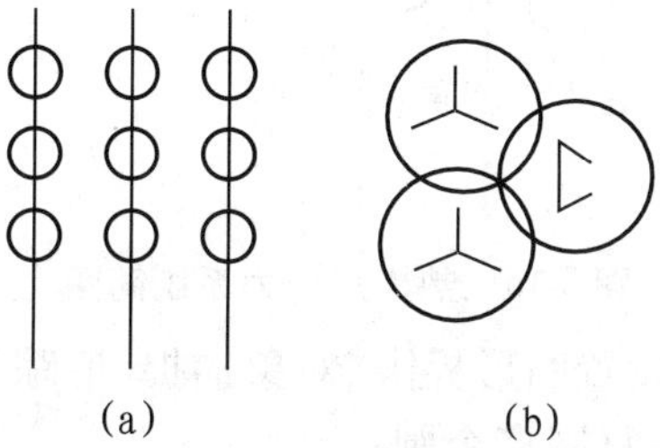

图 6-13　互感器

3　控制电路画法

绘图步骤如下(绘图前先设置图形界限、对象捕捉、追踪、极轴等):
(1)使用圆命令绘制一个圆,并复制下方的圆;
(2)追踪圆心,使用直线命令画出直线、热继电器等;
(3)使用矩形命令绘制接触器的线圈;
(4)使用圆环命令绘制出两直线的交点;
(5)修改所绘制图案,调整,使其对齐、居中等。
结果如图 6-14 所示。

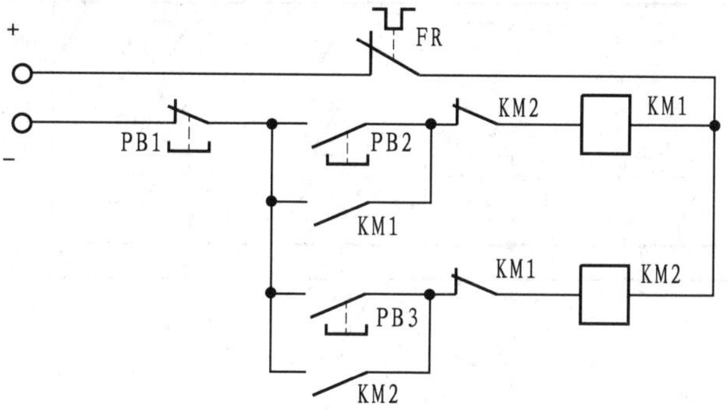

图 6-14　控制电路

第三节　各种电气工程图的绘制

电气工程图有系统简图、电气主接线图、逻辑图、功能表图、电路图、程序图与电气位置图等。下面介绍各种电气图的绘制方法。

1 系统简图

图6-15是热电厂电力系统简图,该图表示火力发电的一个完整过程。

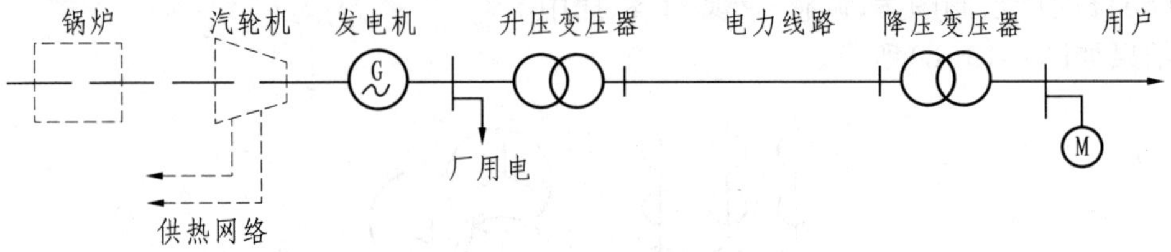

图6-15 热电厂电力系统简图

绘图步骤如下(绘图前先设置图形界限、对象捕捉、追踪、极轴等):

(1)使用圆命令绘制圆,并复制多个圆;

(2)使用矩形命令绘制图中矩形;

(3)使用直线命令绘制图中直线;

(4)使用多段线命令绘制图中箭头,并复制箭头;

(5)调整图中线型,并写出图中文字;

(6)修改所绘制图案,调整,使其对齐、居中等。

2 电气主接线图

图6-16为双母线带旁路母线电气主接线图。

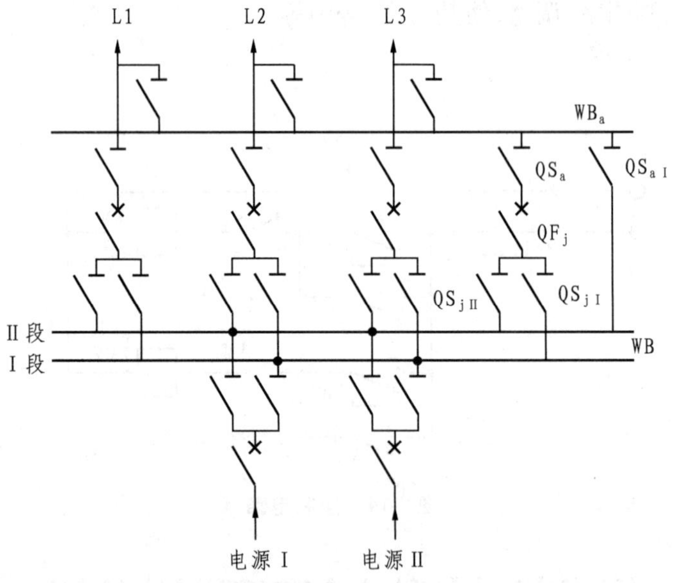

图6-16 双母线带旁路母线电气主接线图

绘图步骤如下(绘图前先设置图形界限、对象捕捉、追踪、极轴等):

(1)使用直线命令绘制母线,并复制另外两条母线;

(2)绘制出断路器(参考本章第二节);

(3)绘制隔离开关(参考本章第二节);
(4)使用多段线命令绘制箭头,并复制多个箭头;
(5)使用文字命令写出图中文字,并修改图案,调整,使其居中、对齐。

3 逻辑图

绘制如图 6-17 所示的逻辑图。

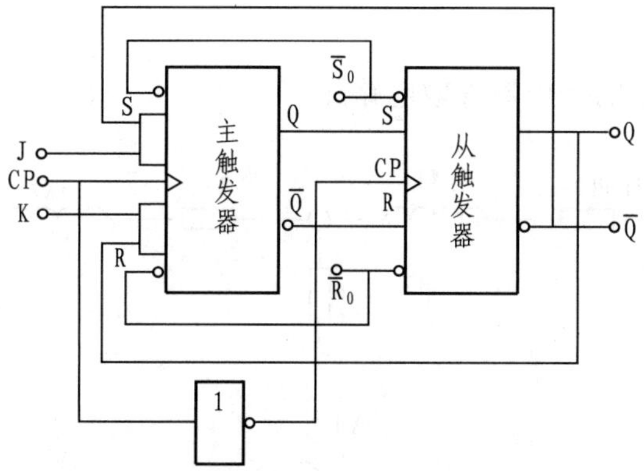

图 6-17 逻辑图

绘图步骤如下(绘图前先设置图形界限、对象捕捉、追踪、极轴等):
(1)使用矩形命令绘制图中矩形;
(2)使用直线命令绘制图中直线;
(3)使用圆命令绘制图中小圆;
(4)使用文字命令写出图中文字;
(5)修改所绘制图案,调整,使其对齐、居中等。

4 功能表图

绘制如图 6-18 所示的功能表图。

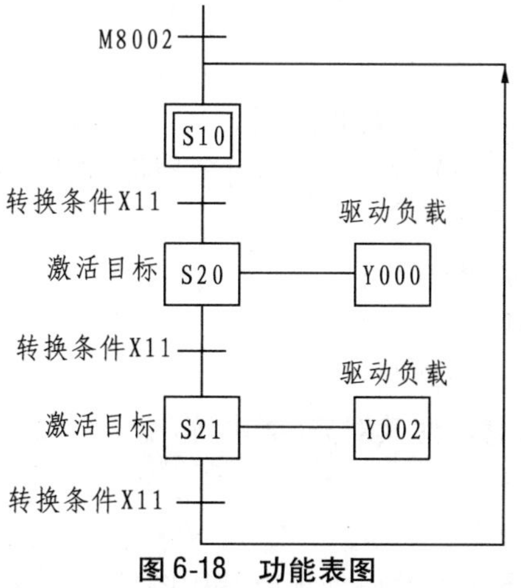

图 6-18 功能表图

绘图步骤如下(绘图前先设置图形界限、对象捕捉、追踪、极轴等):
(1)使用矩形命令绘制图中矩形;
(2)使用直线命令绘制图中直线;
(3)使用文字命令写出图中文字;
(4)使用多段线命令绘制箭头;
(5)修改所绘制图案,调整,使其对齐、居中等。

5 电路图

绘制如图 6-19 所示的变压器等效电路图。

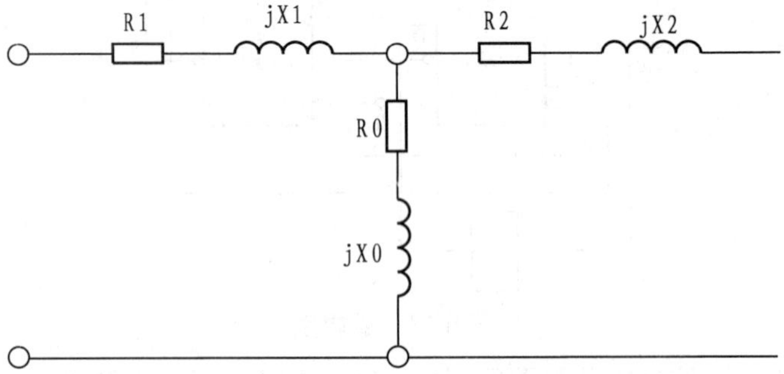

图 6-19 变压器等效电路图

绘图步骤如下(绘图前先设置图形界限、对象捕捉、追踪、极轴等):
(1)使用矩形命令绘制图中矩形;
(2)使用直线命令绘制图中直线;
(3)使用圆命令绘制图中电感(参考本章第二节);
(4)使用文字命令写出图中文字;
(5)修改所绘制图案,调整,使其对齐、居中等。

6 程序图

绘制如图 6-20 所示的电机正反转程序图。
绘图步骤如下(绘图前先设置图形界限、对象捕捉、追踪、极轴等):
(1)使用矩形命令绘制图中矩形;
(2)使用直线命令绘制图中直线;
(3)使用文字命令写出图中文字;
(4)使用椭圆命令绘制图中椭圆;
(5)修改所绘制图案,调整,使其对齐、居中等。

7 电气位置图

绘制如图 6-21 所示的某水电站屋外配电装置图。

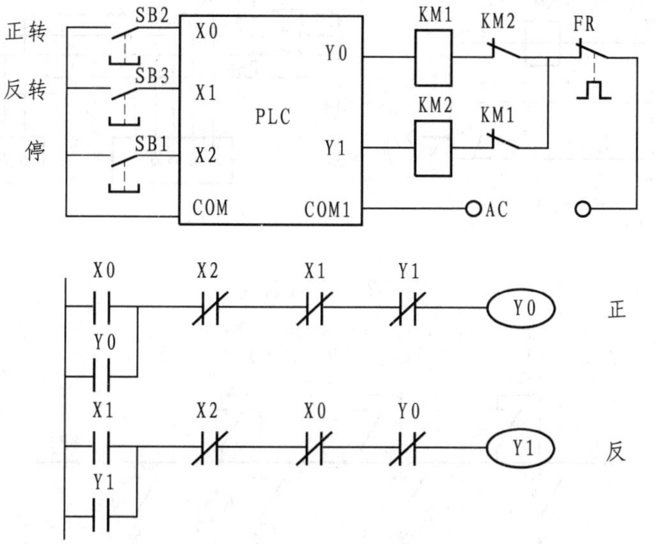

图 6-20　电机正反转程序图

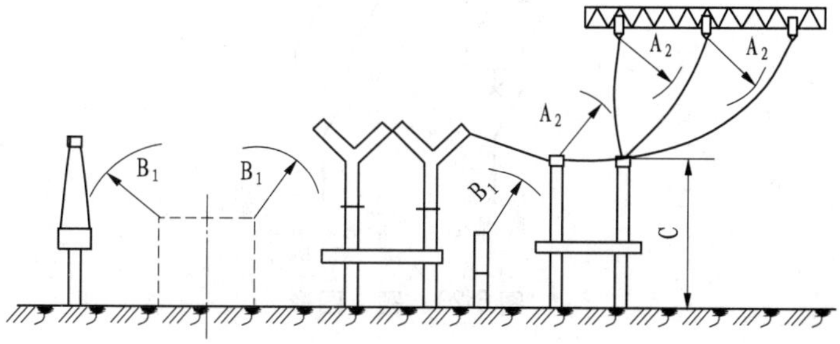

图 6-21　某水电站屋外配电装置图

绘图步骤如下(绘图前先设置图形界限、对象捕捉、追踪、极轴等):

(1)使用直线命令绘制图中直线;

(2)使用直线命令绘制图中斜阴影;

(3)使用文字命令写出图中文字;

(4)使用多段线命令绘制箭头;

(5)修改所绘制图案,调整,使其对齐、居中等。

练　习　题

1. 绘制如图 6-22 所示的图形。

2. 绘制如图 6-23 所示的图形。

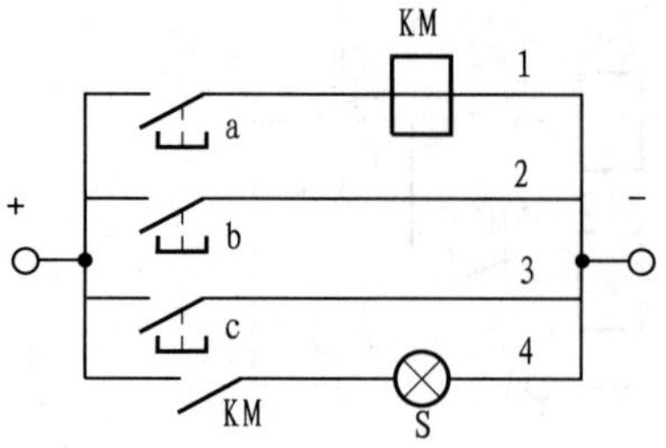

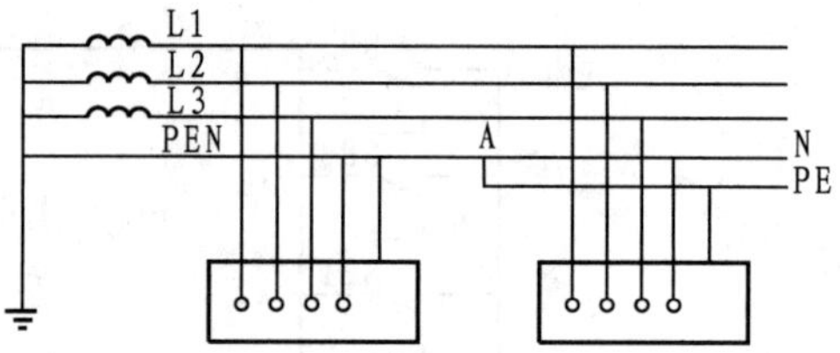

图 6-22　题 1 图形

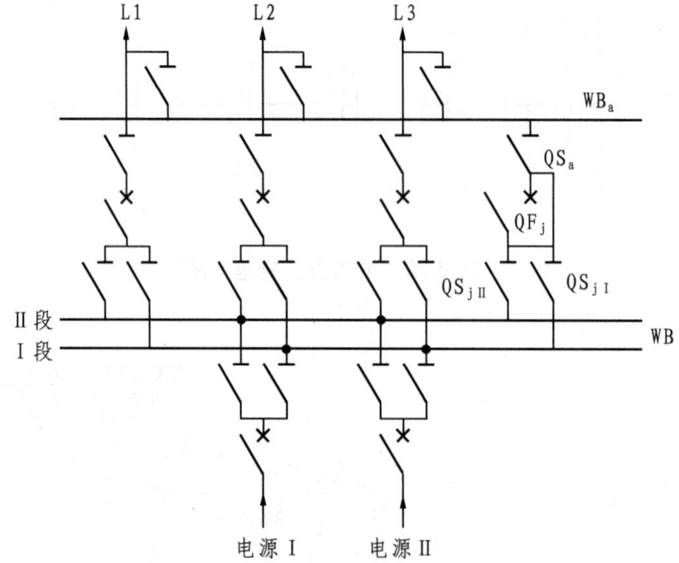

图 6-23　题 2 图形

3. 绘制如图 6-24 所示的电气设备元件图。

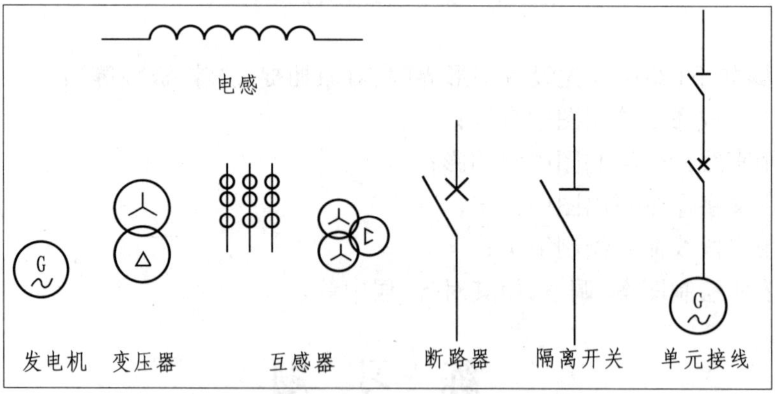

图 6-24　题 3 图形

4. 绘制如图 6-25 所示的出线电缆接线图。

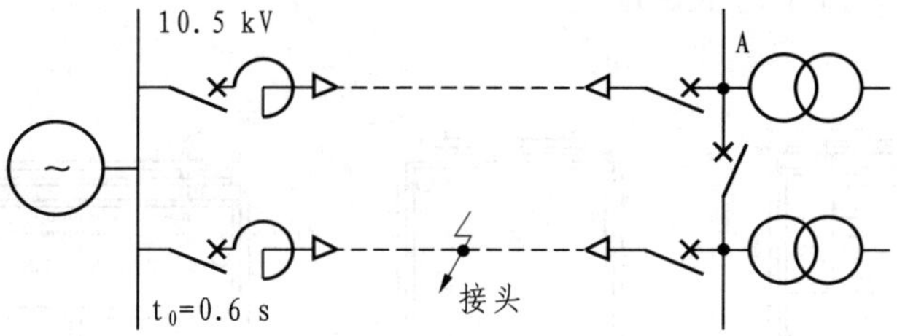

图 6-25　题 4 图形

5. 绘制如图 6-26 所示的图形。

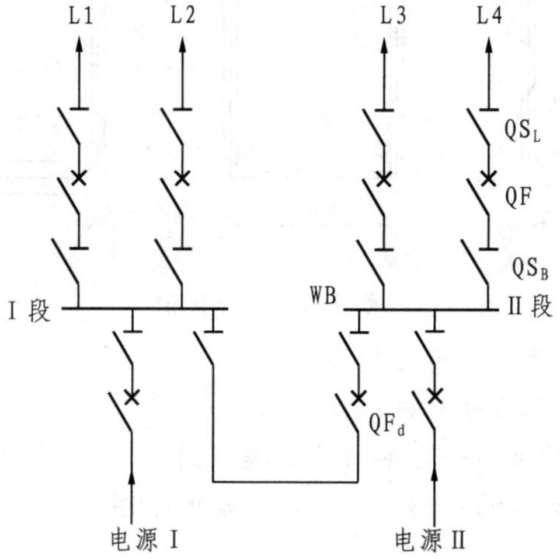

图 6-26　题 5 图形

6. 绘制如图 6-27 所示的变压器绕组图。

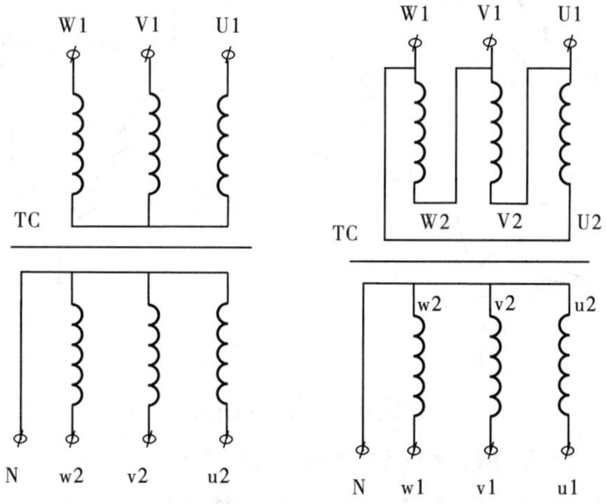

图 6-27　题 6 图形

7. 绘制如图 6-28 所示的低压配电柜图。

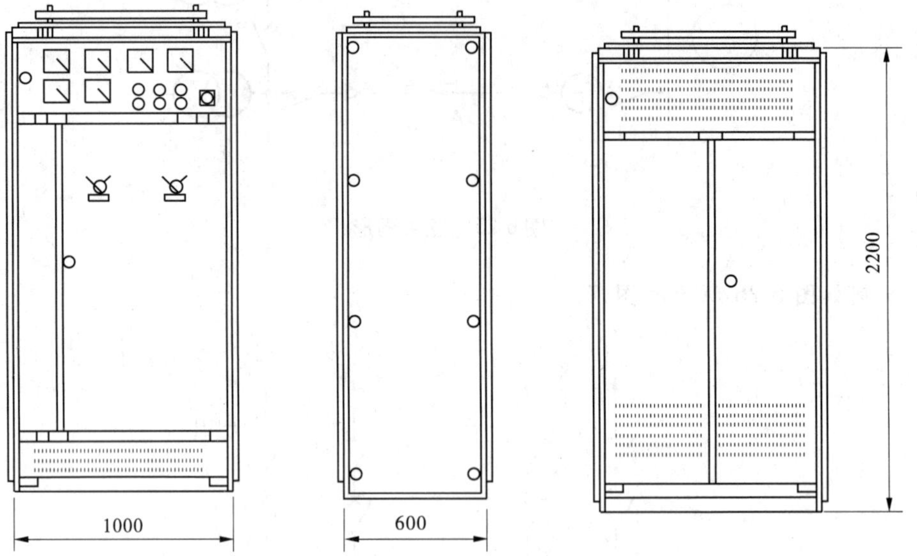

图 6-28　题 7 图形

8. 绘制如图 6-29 所示的多角形接线图。

9. 绘制如图 6-30 所示的电动机正反转图。

10. 绘制如图 6-31 所示的一台半断路器接线图。

11. 绘制如图 6-32 所示的星形–三角形启动电路图。

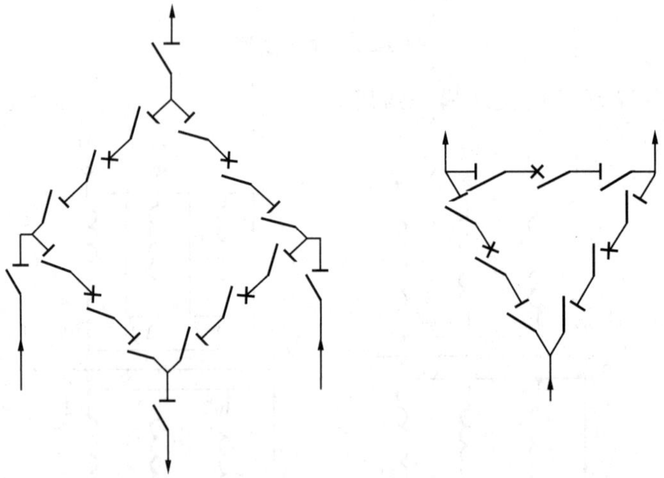

图 6-29　题 8 图形

12. 绘制如图 6-33 所示的某电气接线图。

13. 绘制如图 6-34 所示的某直流输电系统主接线图。

14. 绘制如图 6-35 所示的某小型水电站屋外配电装置平面布置图。

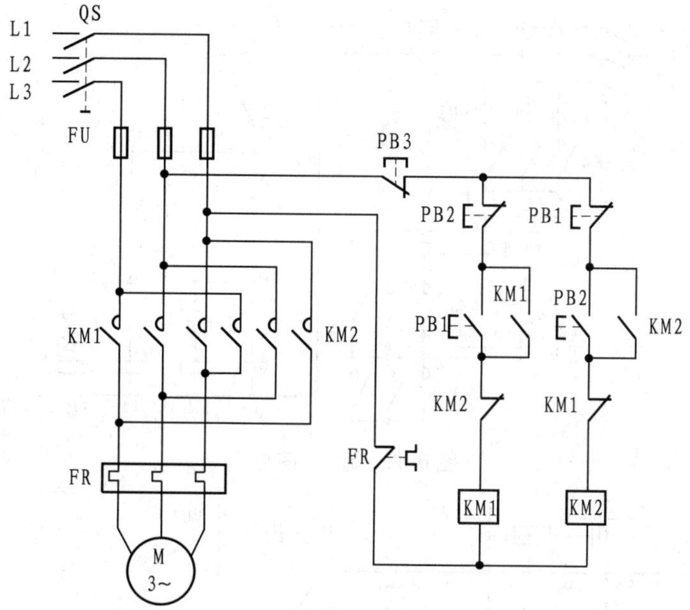

图 6-30　题 9 图形

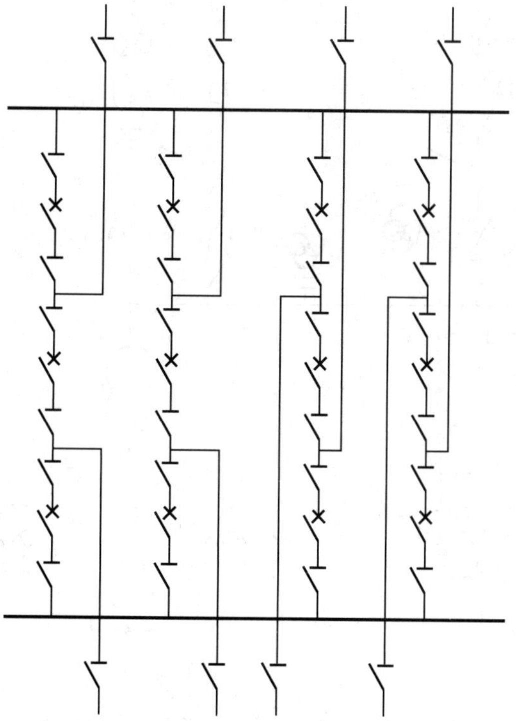

图 6-31　题 10 图形

15. 绘制如图 6-36 所示的某小型企业供电电气系统概略图。

16. 绘制如图 6-37 所示的电气系统图。

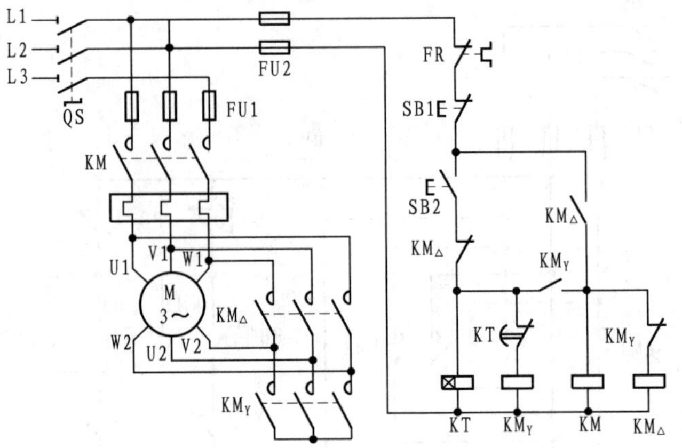

图 6-32　题 11 图形

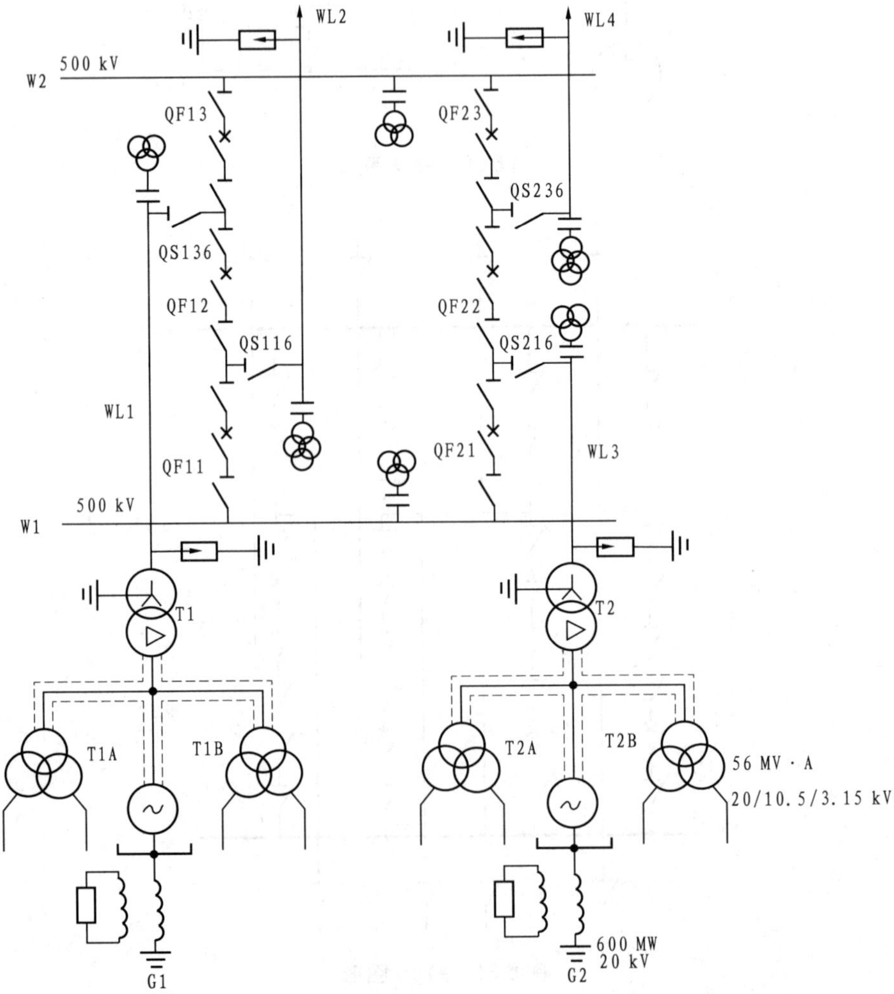

图 6-33　题 12 图形

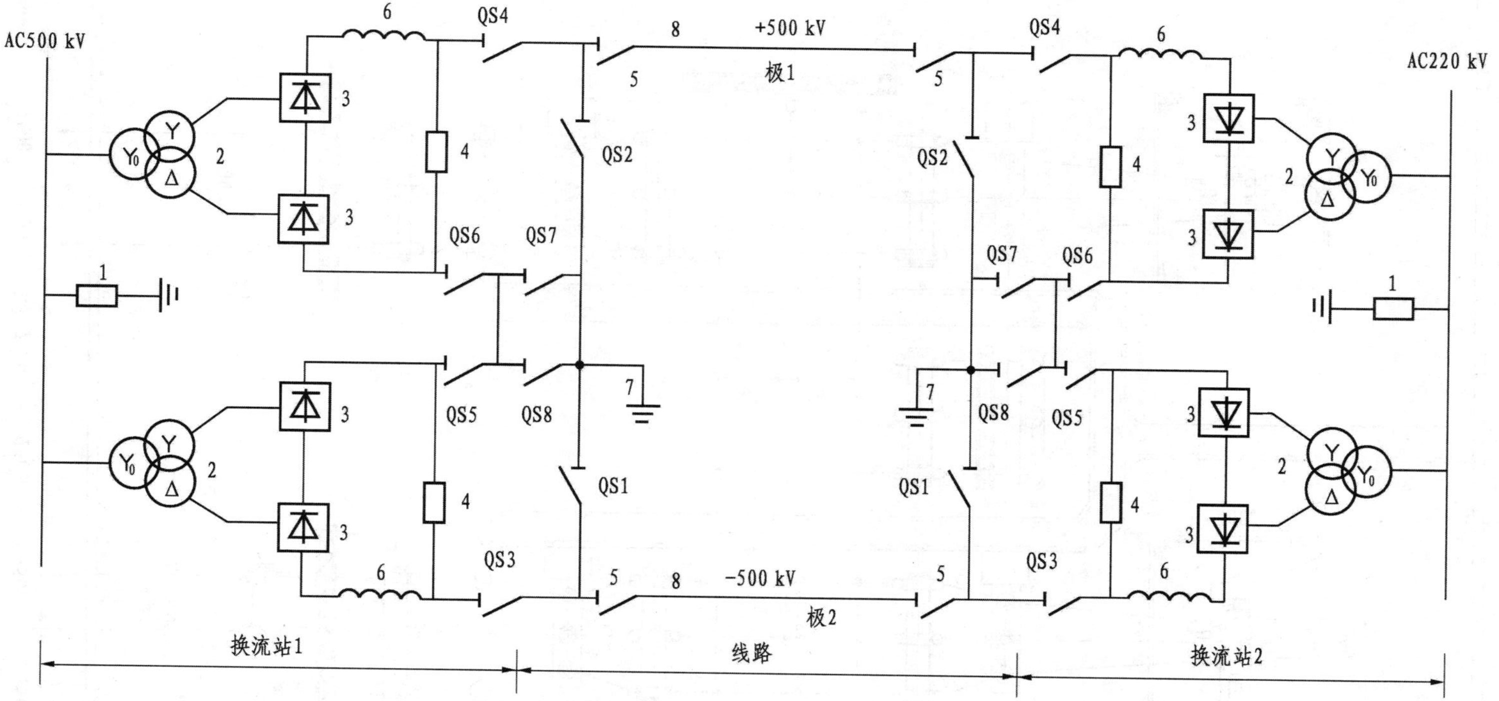
AC500 kV
AC220 kV
+500 kV
极1
-500 kV
极2
QS1
QS2
QS3
QS4
QS5
QS6
QS7
QS8
换流站1
线路
换流站2

图 6-34　题 13 图形

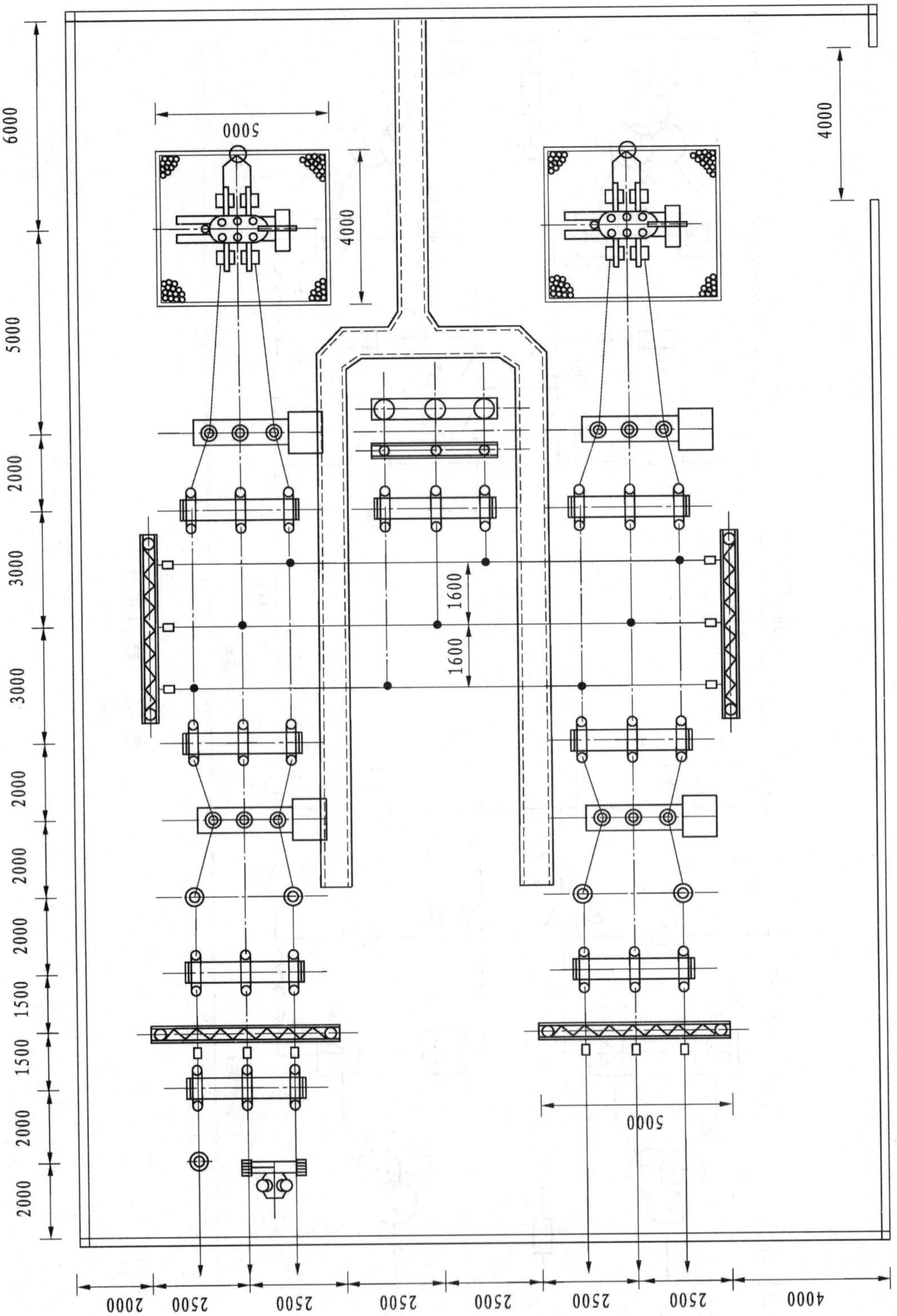
6000
5000
2000
3000
3000
2000
2000
2000
1500
1500
2000
2000
5000
4000
4000
1600
1600
5000
2000
2500
2500
2500
2500
2500
2500
4000

图 6-35 题 14 图形

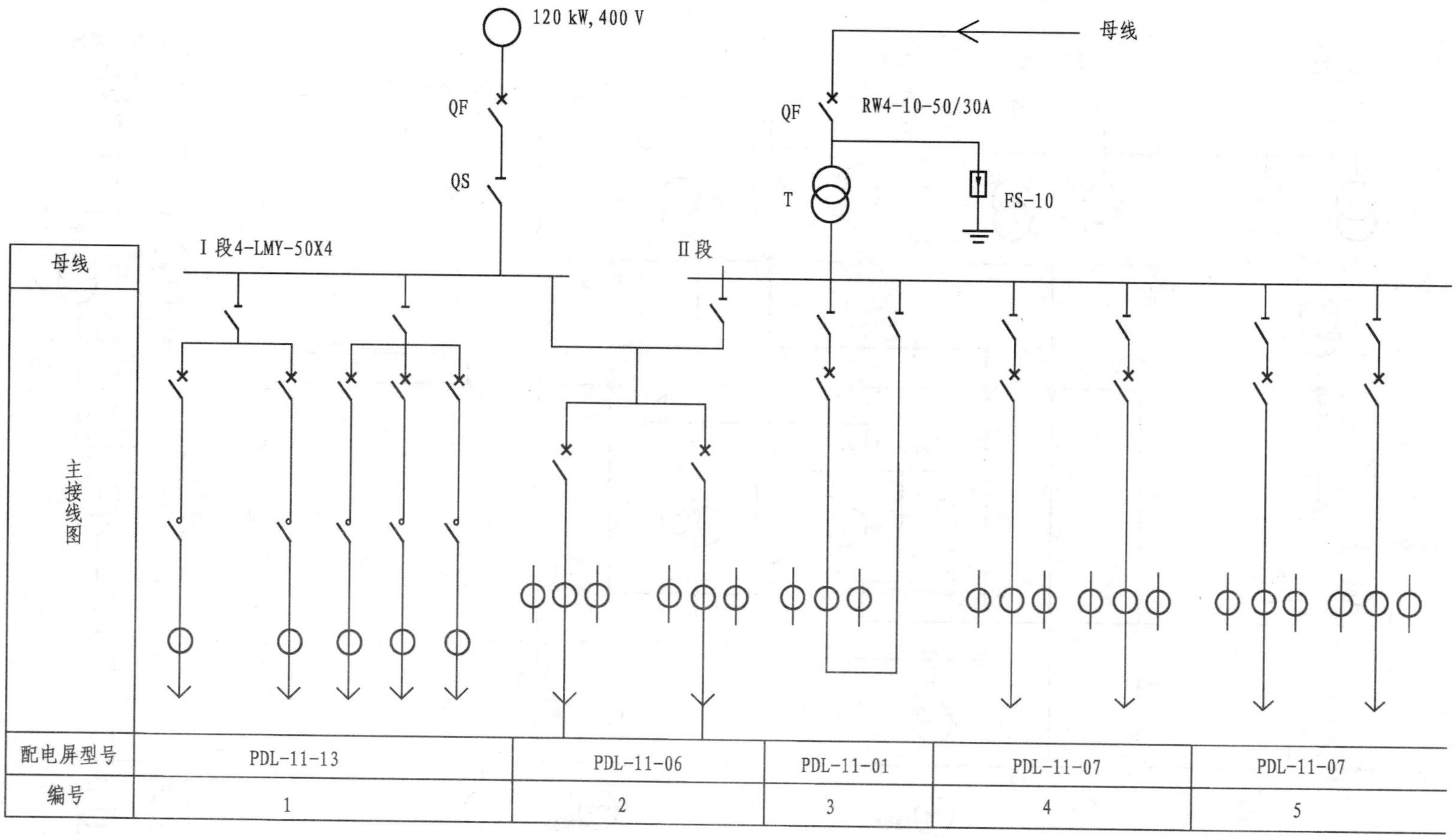
120 kW, 400 V
QF
QS
母线
QF
RW4-10-50/30A
T
FS-10
I 段4-LMY-50X4
II 段
母线
主接线图
配电屏型号
PDL-11-13
PDL-11-06
PDL-11-01
PDL-11-07
PDL-11-07
编号
1
2
3
4
5

图 6-36　题 15 图形

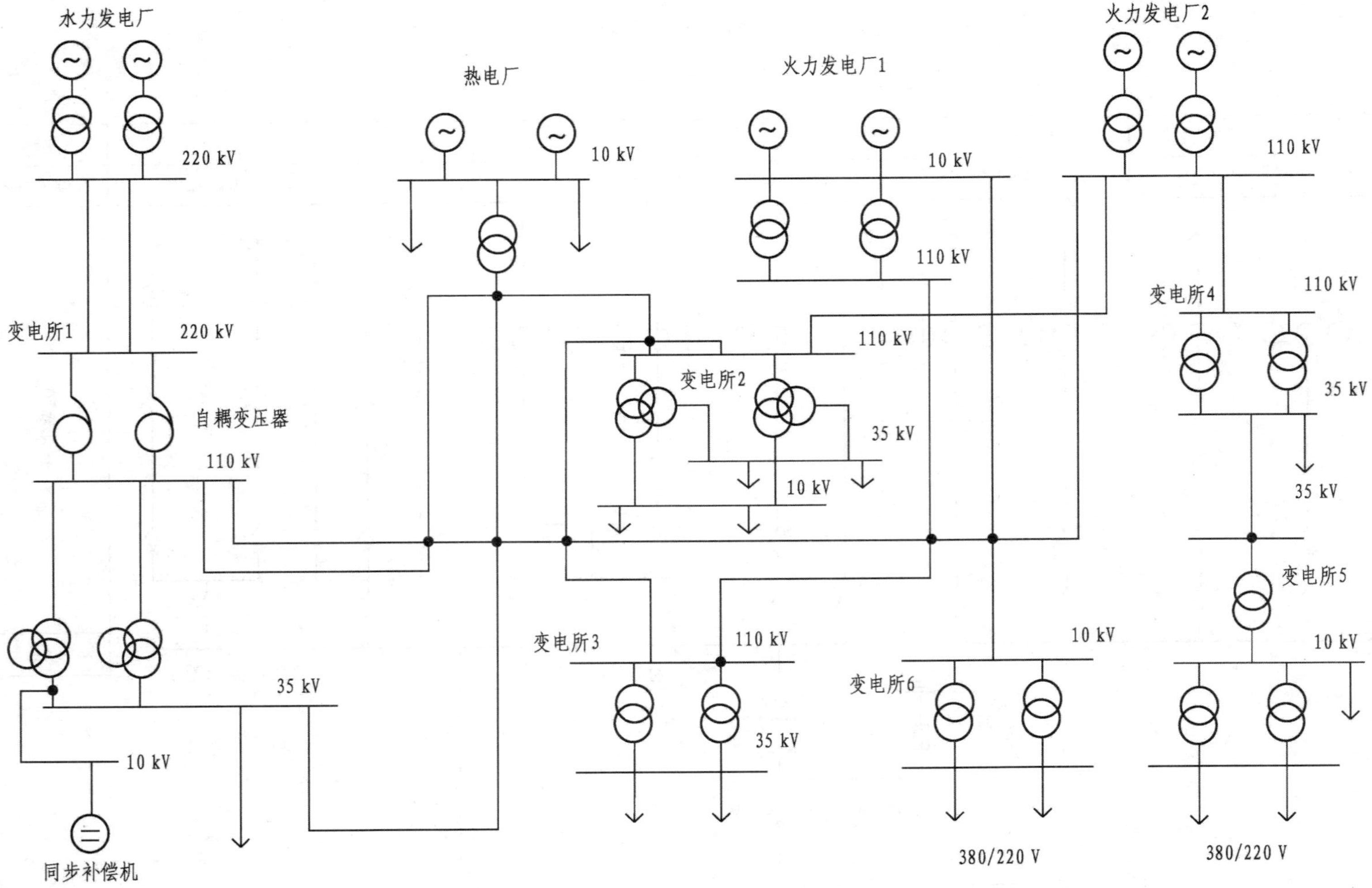
水力发电厂
220 kV
热电厂
10 kV
火力发电厂1
10 kV
110 kV
火力发电厂2
110 kV
变电所4
110 kV
35 kV
35 kV
变电所1
220 kV
110 kV
变电所2
35 kV
10 kV
自耦变压器
110 kV
变电所5
变电所3
110 kV
10 kV
10 kV
35 kV
变电所6
35 kV
10 kV
同步补偿机
380/220 V
380/220 V

图 6-37　题 16 图形

第七章　AutoCAD 图纸集与图纸打印

【教学目标】

1. 详细介绍图纸集的概念。
2. 讲解如何创建图纸集和图纸集的管理与运用。
3. 讲解图纸打印。

【学习要点】

1. 掌握图纸集的概念及创建图纸集的方法。
2. 熟悉图纸集的管理与运用。
3. 掌握图纸的页面设置及图纸的打印方法。

第一节　图纸集

1　图纸集的概述

在现代生产和建设工程中,有很多工程项目。每个工程项目往往需要绘制很多图纸。以前对图纸的管理是采用纯手工进行归类整理,但是手工整理图纸是非常耗时且辛苦的。AutoCAD 自 2005 版本开始,新增了图纸集管理器,图纸管理便有了质的飞跃。图纸集管理器是一个协助用户将多个图形文件组织为一个图纸集的新工具。整理图纸集是大多数设计项目的主体部分。

图纸集就是一系列图形文件按照规定顺序的有序集合。它可以从任何图形中将布局作为图纸编号输入到图纸集中,在图纸一览表和图纸之间建立一种链接关系,如图 7-1 所示。图纸集可以作为一个整体进行管理、传递、发布和归档。这样可以让设计项目负责人快捷地将各专业和设计人员的图纸完整地组织起来。

在 AutoCAD 中,管理图纸是利用图纸集管理器进行操作的。通过图纸集管理器,可以将已有的图纸布局输入到图纸集中,还可以在图纸集中创建新图纸,同时也可以在图纸集中建立子集,对输入到图纸集的图纸进行分类管理。也可以为收集到图纸集中的图纸建立图纸一览表,图纸一览表与图形文件也存在一种链接关系。通过图纸一览表不但可以一目了然地管理图形文件,还能方便地打开图形文件。

利用图纸集管理器,可以将图纸集中的全部图纸压缩归档,更能批量打印图纸或者发布图纸,使图纸管理不再是一种累赘。

2　图纸集管理器

2.1　打开图纸集管理器的方法

(1)在菜单栏中点击:工具→图纸集管理器;

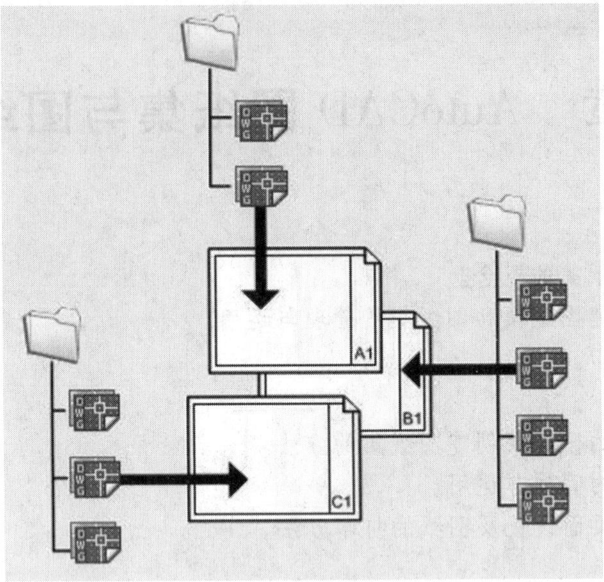

图 7-1　图纸集示意图

(2)单击标准工具栏上的“图纸集管理器”按钮；

(3)在命令行中用键盘输入:Sheetset；

(4)按下快捷键 Ctrl +4。

通过上述方法打开图纸集管理器后,出现如图 7-2 所示的“图纸集管理器”对话框。

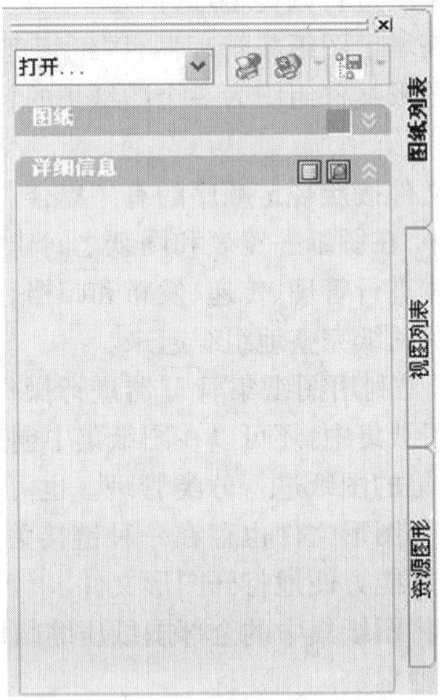

图 7-2　“图纸集管理器”对话框

2.2　图纸集管理器的内容

图纸集管理器的左边为标题栏,点击标题栏内三角可以隐藏与展开图纸集管理器界面。在图纸集管理器上面有一个窗口，当第一次打开图纸集管理器时，窗口内默认为“打开”，如果已打开过图纸集管理器中的图纸集，则默认为上次打开的最后一项图纸集名称。点击窗口内的三角，出现如图 7-3 所示的下拉列表，点击下拉列表“最近使用的文件”后的三角，则显示用户最近使用过的图纸集名称。

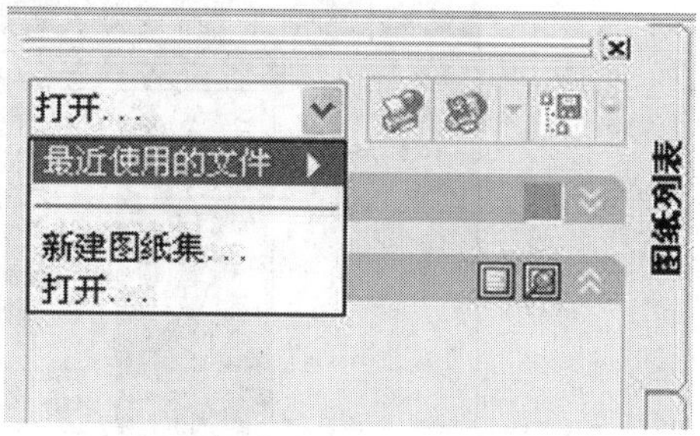

图 7-3　下拉列表

在图纸集管理器的右边，由上至下是图纸列表、视图列表和资源图形，点击它们则在界面中间出现不同的管理内容。

3　创建图纸集

3.1　创建图纸集的命令

(1)在命令行中用键盘输入：Newsheetset；

(2)在菜单栏中点击：文件→新建图纸集；

(3)打开图纸集管理器，点击窗口内的三角，选择“新建图纸集”。

3.2　创建图纸集

通过以上创建图纸集的方法，打开如图 7-4 所示的对话框。在此对话框中有两种创建图纸集的方法：一种是通过“样例图纸集”创建；另一种是通过“现有图形”创建。

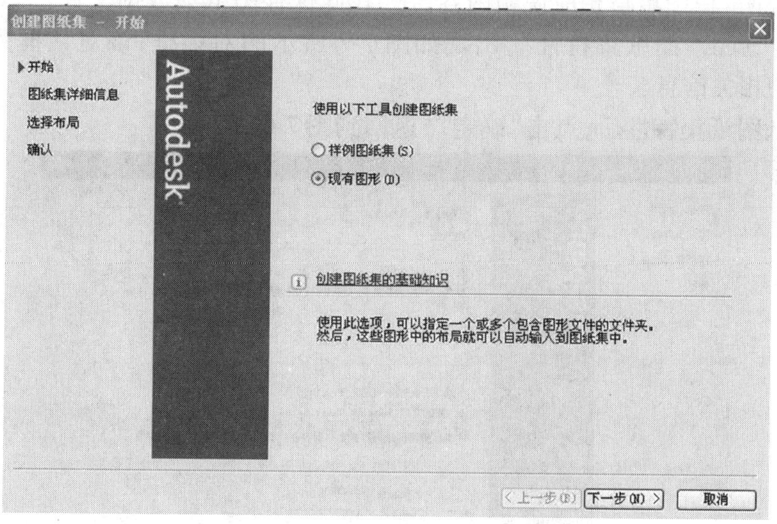

图 7-4　“创建图纸集 - 开始”对话框

3.2.1　使用“样例图纸集”创建图纸集

即在还没有图纸或图纸很少的情况下创建图纸集。以创建“电气图”图纸集为例，步骤如下：

(1)在如图 7-4 所示的对话框中选择“样例图纸集”，点击“下一步”，出现如图 7-5 所示的对话框。

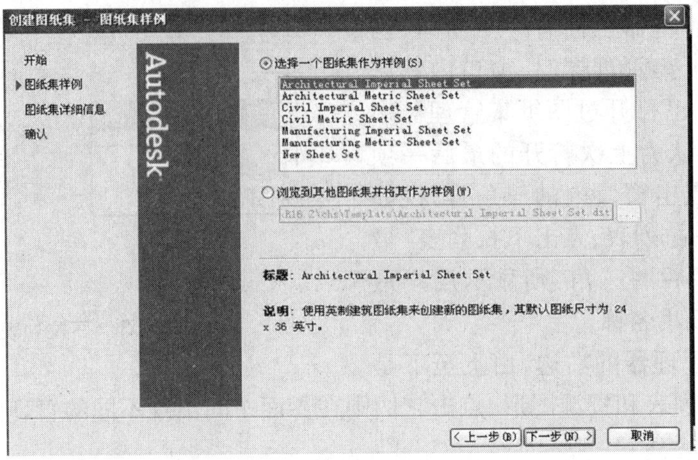

图 7-5 “创建图纸集 - 图纸集样例”对话框

(2)在“选择一个图纸集作为样例”下的选项中，AutoCAD 提供了英制建筑图纸集、公制建筑图纸集、英制土木工程图纸集、公制土木工程图纸集、英制制造图纸集、公制制造图纸集及 New Sheet Set 的图纸样例。我们选择公制建筑图纸集，创建一个名为“电气图”的图纸集。

(3)点击“下一步”，进入图 7-6。在“新图纸集的名称”栏中填写新图纸集名，如“电气图”，在“说明”栏中填写相应说明内容，在“在此保存图纸集数据文件”后点击“…”，进入保存路径。点击“图纸集特性”，出现如图 7-7 所示的对话框，该对话框列出了“电气图”图纸集的相关信息。

(4)确认图纸集特性后，点击“确定”，返回到图 7-6。

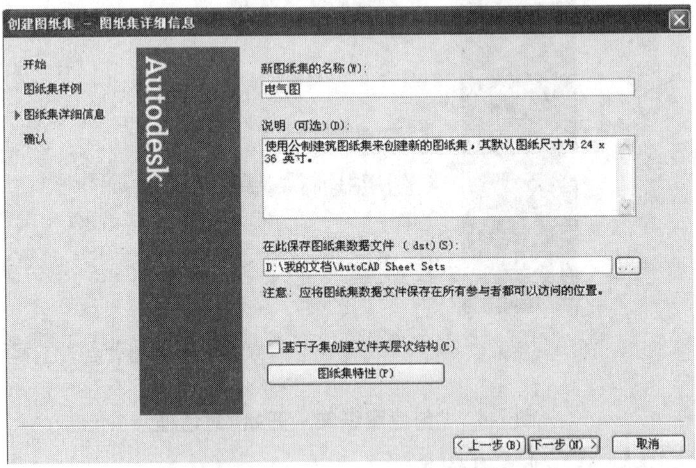

图 7-6 “创建图纸集 - 图纸集详细信息”对话框

(5)点击“下一步”，进入图 7-8。在图 7-8 中已创建了“电气图”图纸集内容，其中包含了常规、建筑、结构、电力、机械等子集。

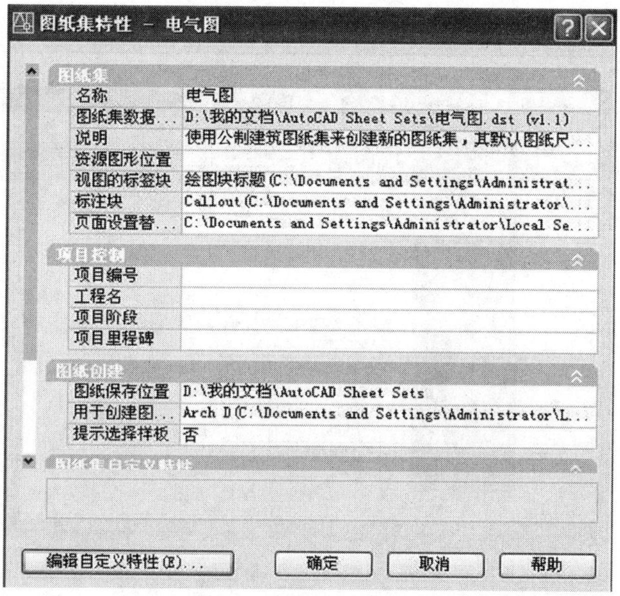

图 7-7 “图纸集特性 - 电气图”对话框

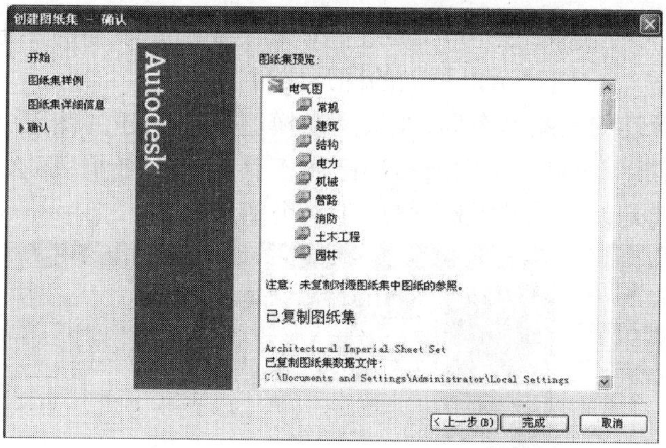

图 7-8 “创建图纸集 - 确认”对话框

(6)点击“完成”，则在图纸集管理器中出现名为“电气图”的图纸集，如图 7-9 所示。

图 7-9 “电气图”图纸集

3.2.2 利用“现有图形”创建图纸集

即利用已经画好的图纸创建图纸集。以创建“电气工程图”图纸集为例，步骤如下：

(1)在图 7-4 所示的对话框中选择“现有图形”，点击“下一步”，出现如图 7-10 所示的对话框。

(2)在“新图纸集的名称”栏中填写新图纸集名，如“电气工程图”，在“说明”栏中填写相应说明内容，在“在此保存图纸集数据文件”后点击

"…",进入保存路径。在这里我们把"电气图"和"电气工程图"两个图纸集保存在同一目录下。

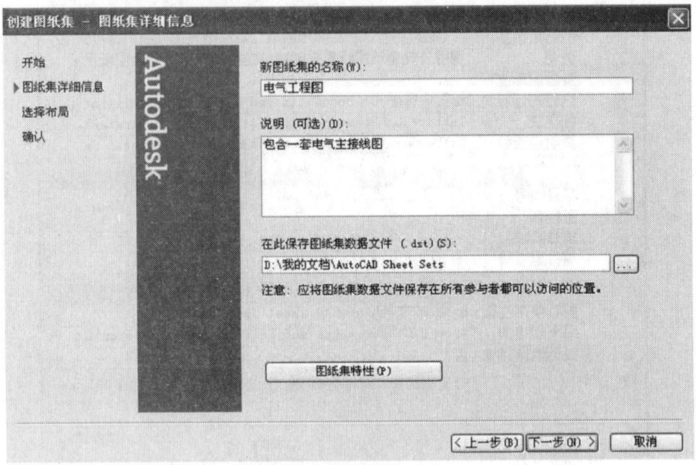

图 7-10 "创建图纸集 - 图纸集详细信息"对话框

(3)点击"下一步",进入图 7-11。点击"浏览",找到要添加的图形文件或文件夹,确定后,在图 7-11 的窗口内则显示出添加的图形文件。

注意:图纸集管理的是图形布局,如果是在模型空间创建的图形,没有使用布局则无法将图形导入图纸集。如果一个图纸布局已属于某一个图纸集,那么也无法将其导入新创建的图纸集,也就是说,一个图纸只能属于一个图纸集。

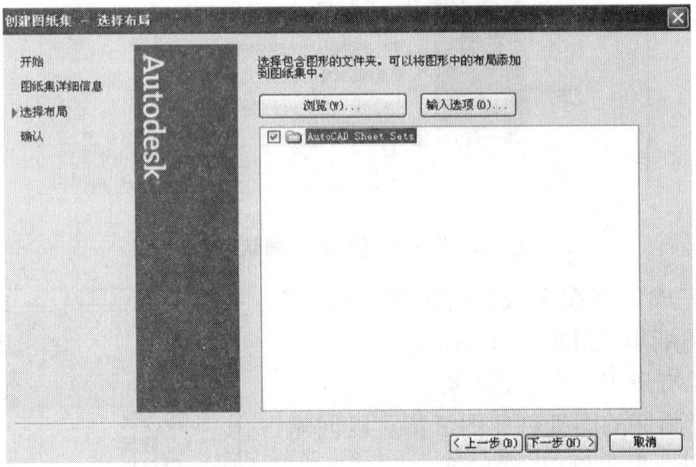

图 7-11 "创建图纸集 - 选择布局"对话框

(4)点击"下一步",进入图 7-12。在图 7-12 中显示出已经导入"电气工程图"图纸集中的图形布局。点击"完成",则在图纸集管理器中出现名为"电气工程图"的图纸集,如图 7-13 所示。

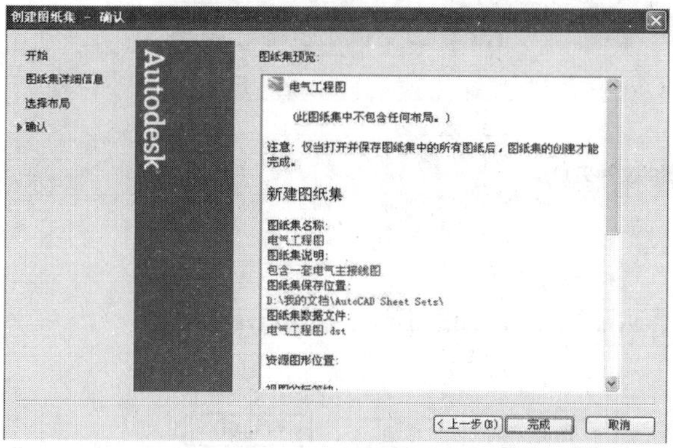

图 7-12 “创建图纸集 - 确认”对话框

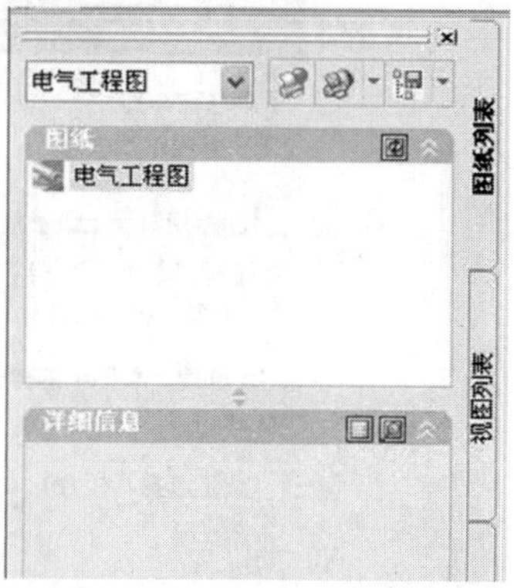

图 7-13 “电气工程图”图纸集

4 管理图纸集

4.1 创建新子集

在图 7-13 中，将光标放置在“电气工程图”图纸集上，单击右键，出现如图 7-14 所示的快捷菜单，点击“新建子集”，出现如图 7-15 所示的对话框。在“子集名称”中填写子集名称，如“龙羊峡电站接线图”，再点击“确定”，则如图 7-16 所示，“电气工程图”图纸集中增加了一个新子集“龙羊峡电站接线图”。

此时添加的图纸集中没有图纸，是一个空架，需要为其添加图纸才有意义。

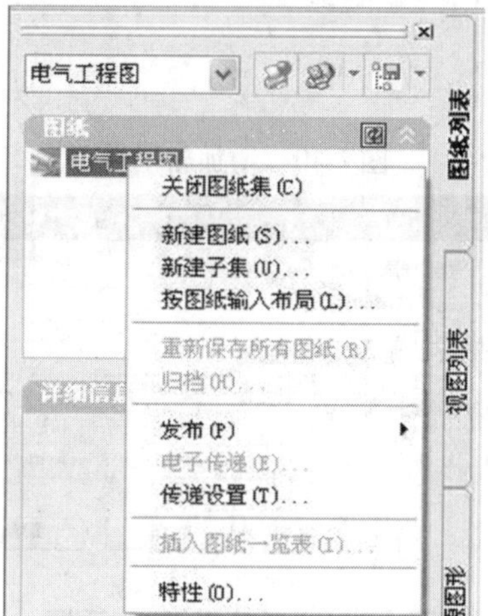

图 7-14 图纸集快捷菜单

4.2 为图纸集添加图纸

4.2.1 在图纸集中创建新图纸

(1)在图 7-14 中，点击“新建图纸”，出现如图 7-17 所示的对话框。在“编号”中填写图纸编号，如“LY - 1”，在“图纸标题”中填写图纸标题，如“龙羊峡电站接线图”，在“文件名”中自动生成“LY - 1 龙羊峡电站接线图”。

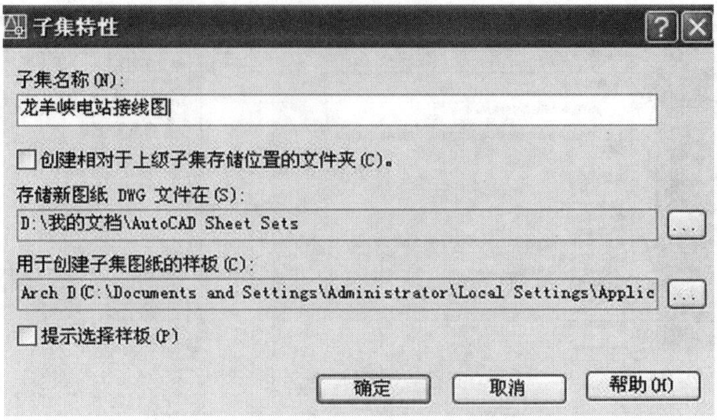

图 7-15 “子集特性”对话框

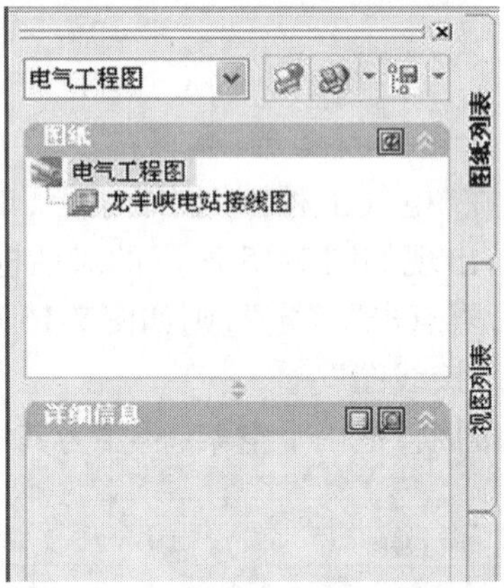

图 7-16 增加新子集

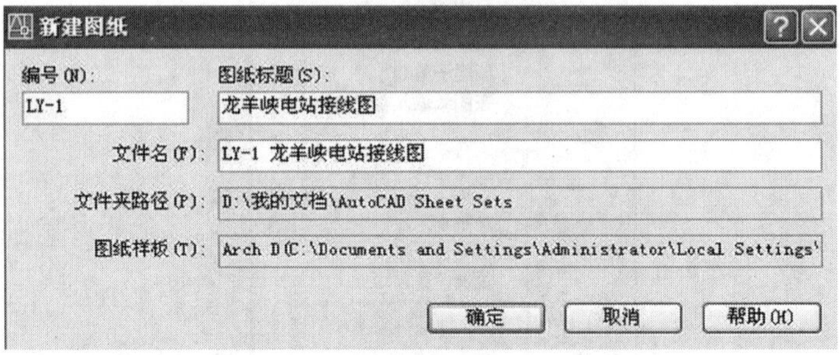

图 7-17 “新建图纸”对话框

(2)点击“确定”,如图 7-18 所示,在“电气工程图”图纸集中增加一张新图纸“LY－1 龙羊峡电站接线图”。

4.2.2 将现有图纸布局添加到图纸集

(1)在图 7-14 中,点击“按图纸输入布局”,出现如图 7-19 所示的对话框。点击“浏览图形”,进入“选择图形”对话框,根据需要找到所要添加的图纸布局(注意:图纸必须已经进行初始化布局)。

(2)在“选择图形”对话框中点击“打开”,则返回到图 7-19,在图 7-19 窗口内增加了

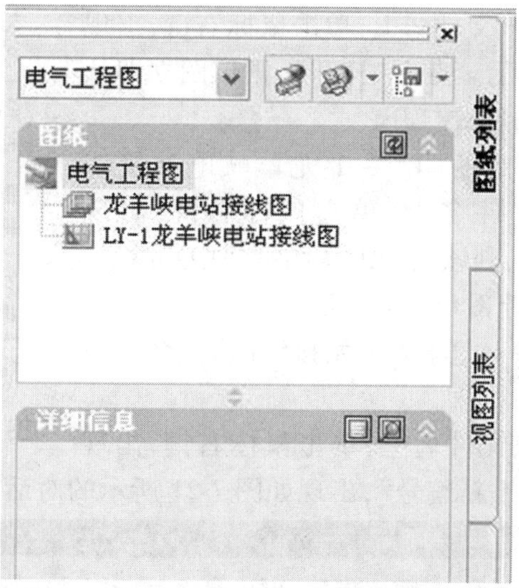

图 7-18 创建新图纸

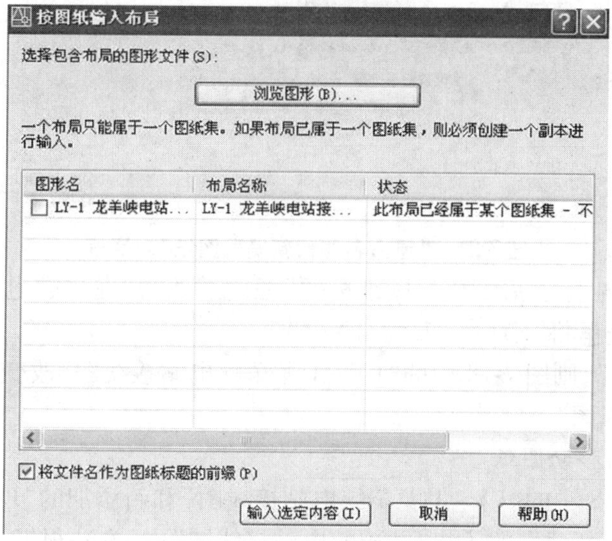

图 7-19 “按图纸输入布局”对话框

一个图纸布局。如此，将所有需要添加的图纸布局一一添加到此，并在每个图纸布局前的方框内打“√”。

(3)点击“输入选定内容”，在“电气工程图”图纸集中就增加了一张图纸“龙羊峡电站接线图”，并在该图纸布局前的图标上加了一把锁。

4.3 管理图纸集内的已有图纸

4.3.1 保存图纸

通过上述过程为图纸集添加了新图纸，在图 7-14 中点击“重新保存所有图纸”，则新建立的所有图纸立即保存完毕。

4.3.2 打开与删除图纸

要打开图 7-18 中的“LY－1 龙羊峡电站接线图”，有两种方法：一是双击该图纸布局名称;二是将光标放置在该文件名上,单击鼠标右键,出现一快捷菜单,如图 7-20 所示。点击“打开”,则该图立即从屏幕绘图区以图纸布局的形式打开。

比如要删除图 7-18 中的“LY－1 龙羊峡电站接线图”,将光标放置在该文件名上,单击鼠标右键,出现图 7-20,点击“删除图纸”,则该图立即从图纸集中删除。

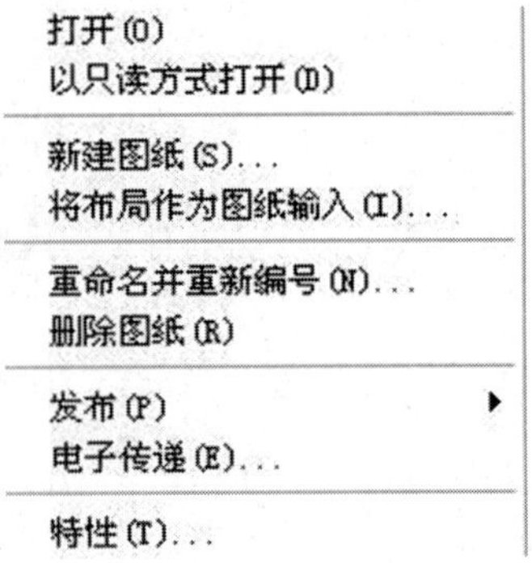

图 7-20　图纸布局快捷菜单

4.3.3　*重命名并重新编号图纸*

给图 7-18 中的“LY－1 龙羊峡电站接线图”重命名并重新编号图纸,步骤如下:

(1)将光标放置在该文件名上,单击鼠标右键,出现图 7-20。点击“重命名并重新编号”,出现如图 7-21 所示的对话框。

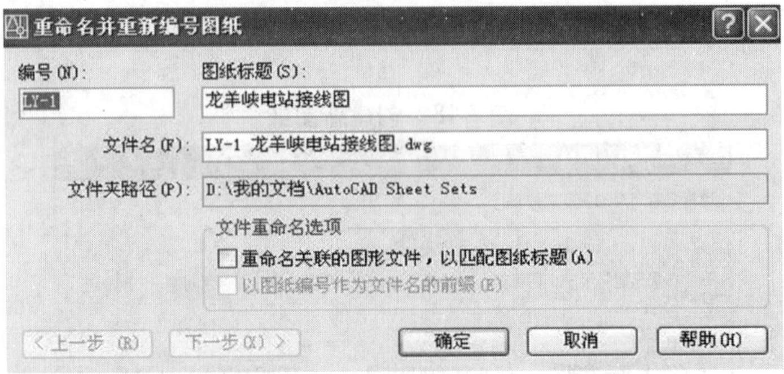

图 7-21　“重命名并重新编号图纸”对话框

(2)在“编号”内填写新编号,“图纸标题”栏内默认为“龙羊峡电站接线图”,可以修改,也可以不变。这里将“LY－1”改为“LY(1)”。

(3)点击“确定”,则图 7-18 中的“LY－1 龙羊峡电站接线图”改变为图 7-22 中的“LY(1)龙羊峡电站接线图”。

4.3.4　*在子集之间移动图纸*

比如要将图 7-18 中的“LY－1 龙羊峡电站接线图”和新添加的“LY－2 龙羊峡水电站厂用电接线图”移至新建立的子集“龙羊峡电站接线图”中,方法很简单,我们只需要用鼠标左键分别单击这两个图纸布局名称,然后拖到子集“龙羊峡电站接线图”下即可,如图 7-23 所示。如果我们要移动很多图纸,可以用鼠标左键加 Shift 键和 Ctrl 键来完成。

5　图纸一览表

5.1　生成图纸一览表

以生成一张“电气工程图”图纸集的图纸一览表为例,说明生成图纸一览表的过程。

(1)按照上述图纸集的创建过程,完整地创建一套“电气工程图”图纸集,内容如图 7-24 所示。在此图纸集中有两个子集:“龙羊峡电站接线图”和“宿鸭湖水电站”,每个子集中有若干图纸布局。

(2)打开一个图纸布局,如打开“LY－1 龙羊峡电站接线图”。

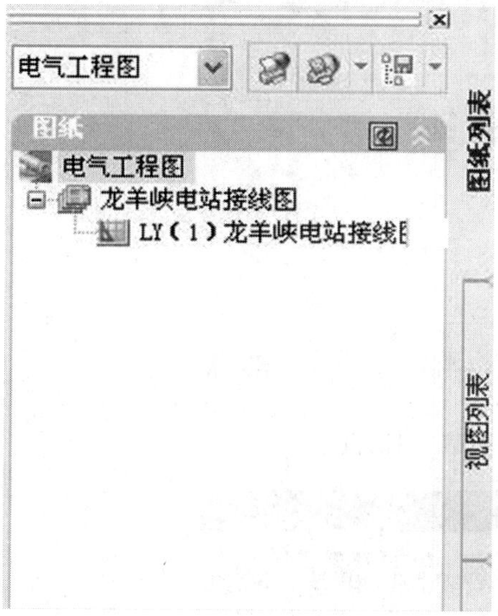

图 7-22　重命名并重新编号图纸

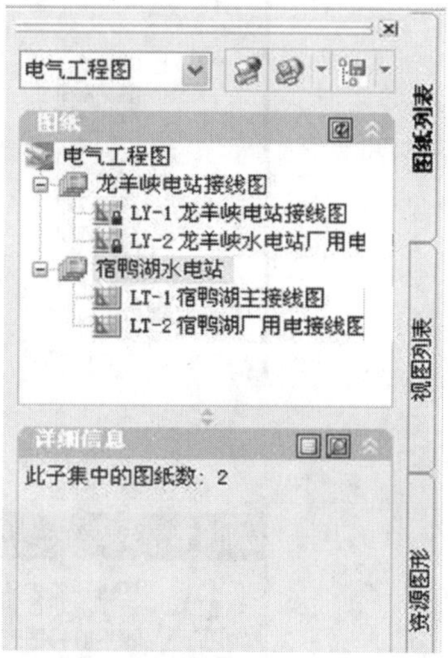

图 7-23　移动图纸

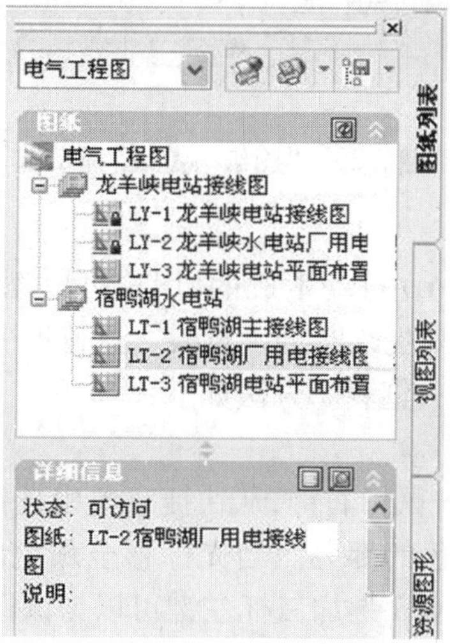

图 7-24　“电气工程图”图纸集

（3）在打开的图纸适当空白处选择插入图纸一览表的位置，用 Zoom 动态放大命令局部放大。

（4）在图纸集名称上单击鼠标右键，在快捷菜单中点击“插入图纸一览表”，出现如图 7-25所示的对话框。在此对话框内通过“添加”和“删除”，修改“表格数据设置”，直至达到要求。图 7-25 即为我们所需要的内容。

（5）点击“确定”，进入图 7-26。

（6）点击“确定”，则进入插入图纸一览表的状态。将光标移到合适位置，单击右键结束。如图 7-27 所示，图纸一览表就建成了。

图 7-25 “插入图纸一览表”对话框

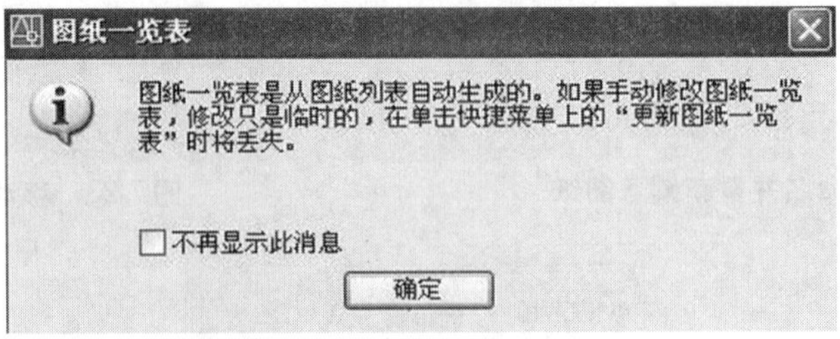

图 7-26 “图纸一览表”提示框

5.2 更新图纸一览表

由于图纸一览表是 AutoCAD 自动生成的，用户可以添加和修改图纸集的图纸内容，如通过修改图纸编号和标题，来更改图纸一览表。当修改完图纸集后，可以利用“更新图纸一览表”命令自动更新图纸一览表。方法如下：

(1)修改图纸集。

(2)选择图纸一览表，单击鼠标右键，从快捷菜单中选择“更新图纸一览表”。

在图纸一览表中，有加灰色的部分。当光标移至灰色内容时，自动产生如图 7-28 所示的内容，此部分内容通过用 Ctrl 键加鼠标左键可以与该图纸布局产生链接。

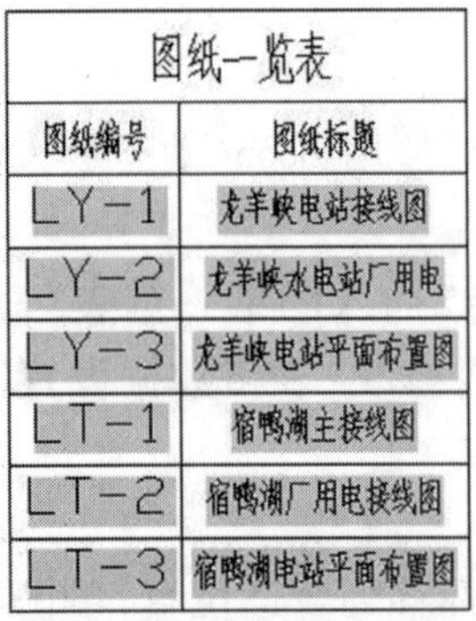

图纸一览表	
图纸编号	图纸标题
LY-1	龙羊峡电站接线图
LY-2	龙羊峡水电站厂用电
LY-3	龙羊峡电站平面布置图
LT-1	宿鸭湖主接线图
LT-2	宿鸭湖厂用电接线图
LT-3	宿鸭湖电站平面布置图

图 7-27 生成图纸一览表

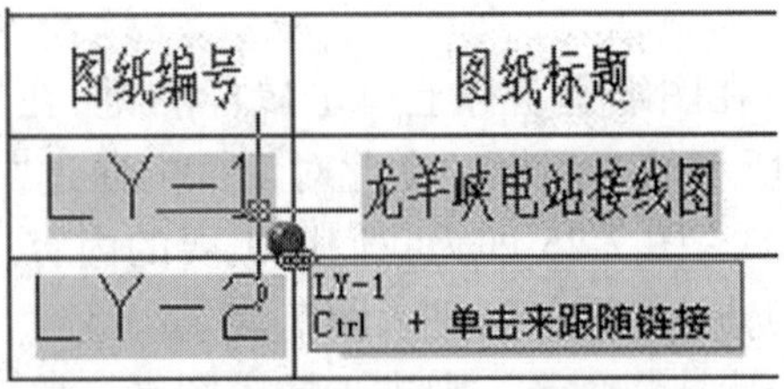

图 7-28 图纸布局链接

6　图纸集归档

当项目完成后，图纸集可以自动将全部图纸进行归档。一般情况下，图纸归档常常是将所有的图纸集中到同一个目录或放到一个压缩包内。归档方法如下：

（1）在图纸集管理器中选择要归档的图纸、子集或整个图纸集，单击右键，在快捷菜单中选择“归档”。AutoCAD 自动收集有关归档信息，然后出现如图 7-29 所示的“归档图纸集”对话框。

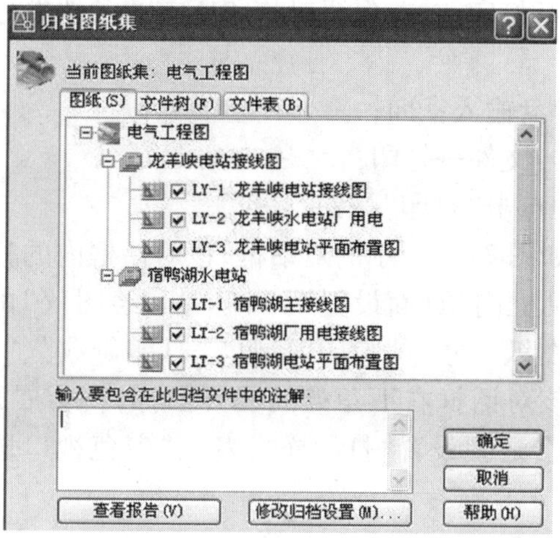

图 7-29　“归档图纸集”对话框

（2）点击“确定”，出现如图 7-30 所示的“指定 Zip 文件”对话框。指定保存路径，输入文件名，点击“保存”。

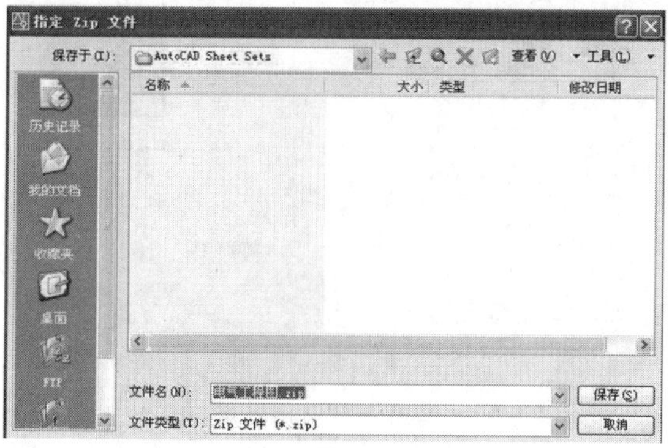

图 7-30　“指定 Zip 文件”对话框

归档后的文件就可以通过 Internet 发送了。发送的文件为压缩文件，接收方必须先解压才能观看。如果不想采用压缩方式归档，也可以在图 7-29 所示的对话框中选择“修改归档设置”来修改归档文件的类型。

第二节　图纸打印

1　在模型空间中打印图纸

当一套图纸绘制完成后，作为电子文稿保存起来是很有必要的。但我们画图的最终目的还是要将图打印到图纸上，用纸质图纸来指导工程建设。

用 AutoCAD 进行图纸打印前，首先要对打印所需的条件进行设置。

启动打印命令：

(1)在命令行中用键盘输入：Plot；

(2)在菜单栏中点击：文件→打印；

(3)在标准工具栏中点击“打印”按钮。

通过以上方式打开如图 7-31 所示的对话框，该对话框内的打印是在模型空间中打印图纸。我们看到在该对话框内“页面设置”、“打印机/绘图仪”的选项都是“无”，这两项需要设置，同时还要对“图纸尺寸”、“打印区域”、“打印份数”、“打印比例”、“打印偏移”的内容进行设置。点击该对话框右下角处的展开图标，将会展开对话框的另一部分，如图 7-32 所示。在这一部分还要设置“打印样式表”、“着色视口选项”、“打印选项”和“图形方向”。

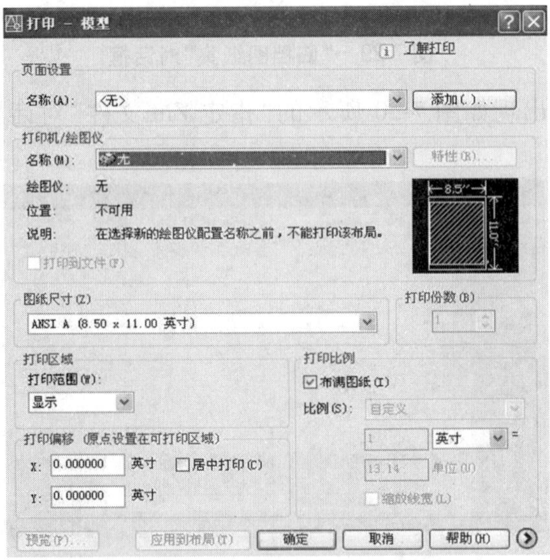

图 7-31　“打印 - 模型”对话框(1)

由此可以看出，我们在打印前要对“打印机/绘图仪”、“打印样式表”、“页面设置”等进行设置，其他选项可以在相应栏内选择。

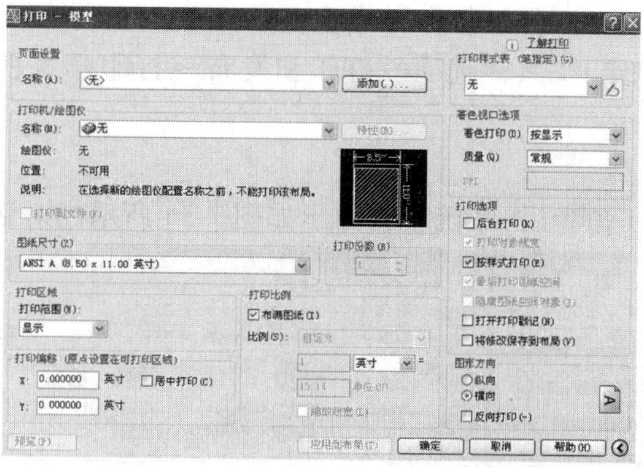

图 7-32 “打印 - 模型”对话框(2)

1.1 “打印机/绘图仪”的设置

1.1.1 启动命令的方法

（1）在命令行中用键盘输入：Plottermanager；

（2）在菜单栏中点击：文件→绘图仪管理器；

（3）在菜单栏中点击：工具→选项→打印和发布→添加或配置绘图仪。

1.1.2 执行命令的过程

执行 Plottermanager 命令后，系统会弹出如图 7-33 所示的对话框。

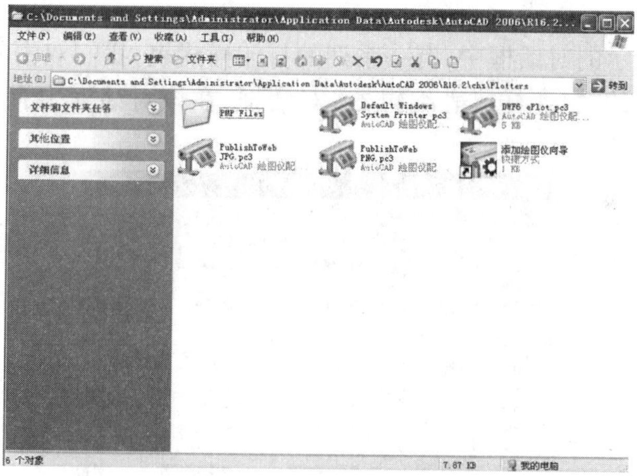

图 7-33 执行 Plottermanager 命令后弹出的对话框

在该对话框中，我们双击“添加绘图仪向导”图标，就可以根据系统的提示来进行打印机的设置了。

1.1.3 注意事项

在用 AutoCAD 进行打印时，打印机的设置方法有两种：一种是在 Windows 系统中进行设置，另一种是在 AutoCAD 中进行设置。

1.2 “打印样式表”的设置

1.2.1 启动命令的方法

（1）在命令行中用键盘输入：Stylesmanager；

（2）在菜单栏中点击：文件→打印样式管理器；

（3）在菜单栏中点击：工具→选项→打印和发布→打印样式表设置→添加或编辑打印样式表。

1.2.2　执行命令的过程

执行 Stylesmanager 命令后，系统就会弹出如图 7-34 所示的对话框。

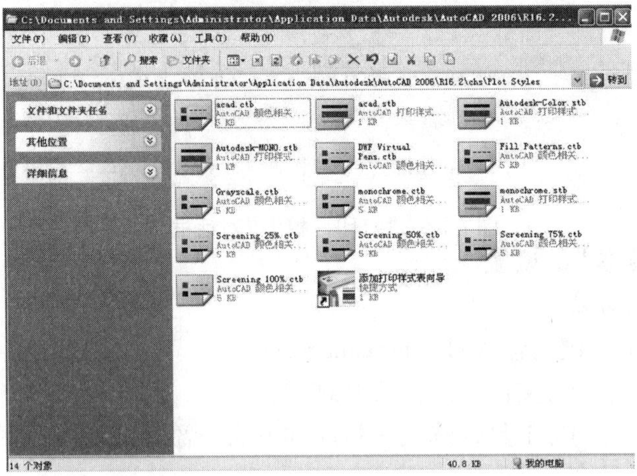

图 7-34　执行 Stylesmanager 命令后弹出的对话框

1.2.3　参数说明

在如图 7-34 所示的对话框中，有一系列的打印样式表，我们双击其中的一个，系统会弹出如图 7-35 所示的“打印样式表编辑器”对话框，在该对话框中有 3 个选项：“基本”、“表视图”、“格式视图”。

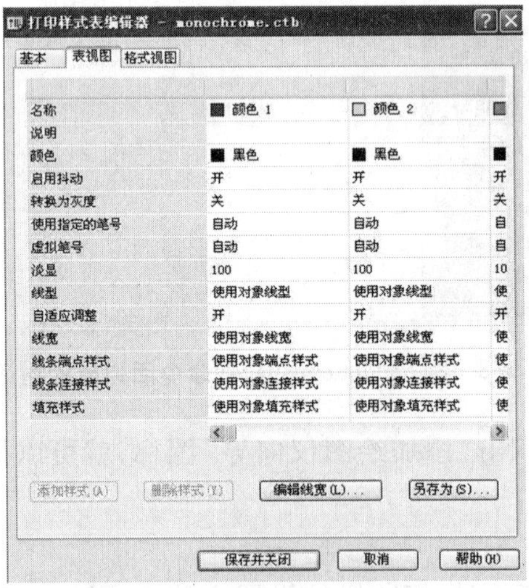

图 7-35　“打印样式表编辑器”对话框

这 3 个选项实际的含义是相同的，下面我们以“表视图”为例来说明其中各选项的含义。

（1）说明：对对象颜色的说明。

（2）颜色：点击其中的一种颜色时，系统有一个下拉列表框，用户可以根据此列表框对对象的颜色进行修改。

(3)启用抖动:指定在打印的过程中是否启用抖动。

(4)转换为灰度:指定是否将打印的线条转换为灰度。

(5)使用指定的笔号:指定使用的笔号。通过点击笔号内容来重新选择笔号。

(6)虚拟笔号:指定系统虚拟的一种笔号。

(7)淡显:调整系统打印线条颜色的深与浅。

(8)线型:修改系统所用的线型。

(9)自适应调整:指定系统是否采用自动适应调整。

(10)线宽:调整对象所采用的线型宽度。

(11)线条端点样式:选择线条端点的样式。

(12)线条连接样式:指定线条连接的样式。

(13)填充样式:指定线条填充的样式。

用户也可以双击"添加打印样式表向导"来设置自己所需要的打印样式表,获得自己的打印参数。

1.2.4 注意事项

在设置打印样式表时,"表视图"和"格式视图"两个选项卡设置的打印参数是一样的。但当采用不同的打印设备时,"表视图"的设置方式与"格式视图"有所不同。

1.3 "页面设置"的内容

1.3.1 启动命令的方法

(1)在命令行中用键盘输入:Pagesetup;

(2)在菜单栏中点击:文件→页面设置管理器。

1.3.2 执行命令的过程

执行 Pagesetup 命令后,系统会弹出如图 7-36 所示的"页面设置管理器"对话框。

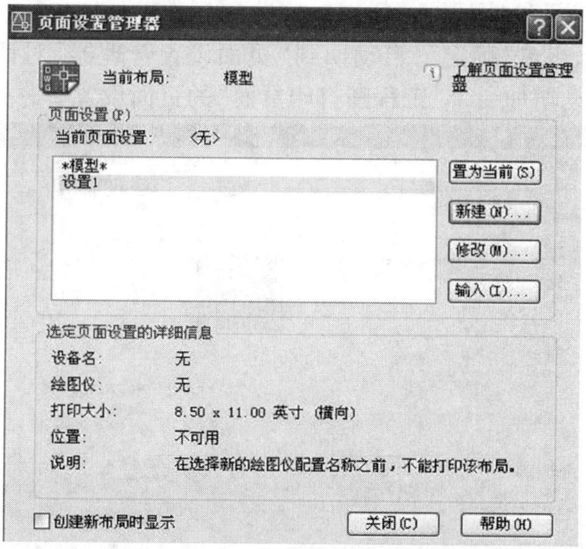

图 7-36 "页面设置管理器"对话框

1.3.3 选项说明

新建:新建一个页面设置。

修改:修改已有的页面设置。

输入:输入一个已设置好的页面设置。

例如我们设置一个名为“工程图打印页面”的页面,过程如下:

(1)在“页面设置管理器”对话框中选择“新建”,出现如图7-37所示的“新建页面设置”对话框。

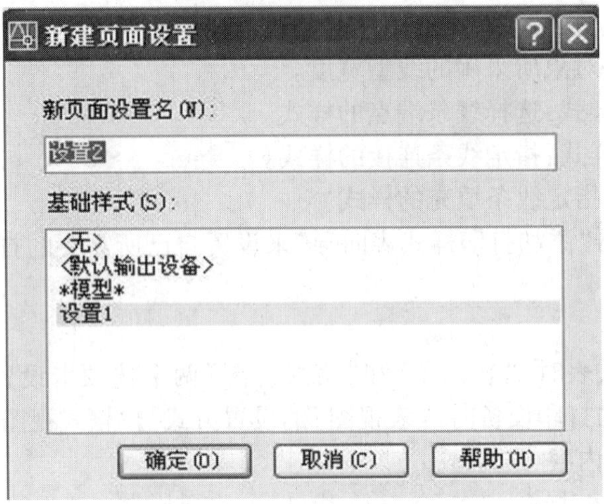

图7-37 “新建页面设置”对话框

(2)在“新页面设置名”中填写“工程图打印页面”字样,点击“确定”。自动转换到如图7-38所示的“页面设置-模型”对话框。在该对话框内,按照自己的要求配置“打印机/绘图仪”、“图纸尺寸”、“打印区域”、“打印比例”、“打印偏移”、“打印样式表”、“着色视口选项”、“打印选项”和“图形方向”。

(3)设置完成后,点击“确定”,自动回到“页面设置管理器”对话框,此时“页面设置管理器”对话框中自动增加一个“工程图打印页面”的页面设置。

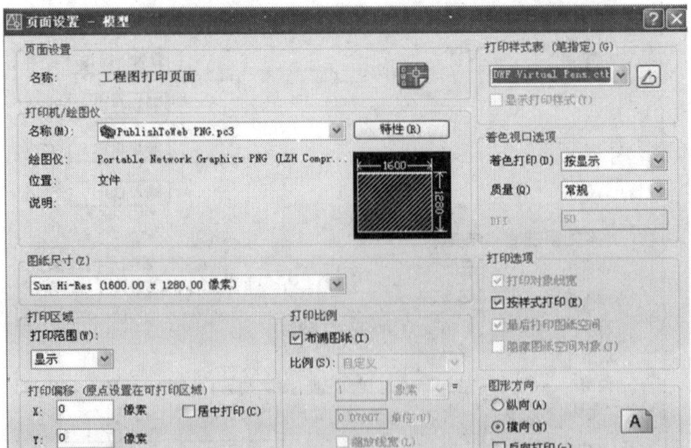

图7-38 “页面设置-模型”对话框

(4)点击“关闭”，退出页面设置。

1.4 绘图仪打印过程

(1)通过 Plottermanager 命令在 AutoCAD 中配置好绘图仪。

(2)通过 Stylesmanager 命令设置一个打印样式表。

(3)执行 Plot 命令，系统会弹出如图 7-39 所示的对话框。

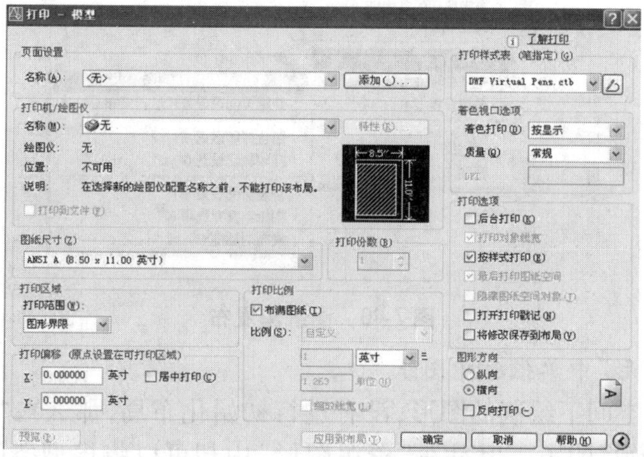

图 7-39 “打印 - 模型”对话框

我们只需每次在该对话框中，选择设置好的“页面设置”名称，则在该对话框中的其他选项将自动按照设置好的内容填充。

(4)点击“预览”，检查设置是否合适。

(5)点击“确定”，进行打印。

2 使用图纸集打印图纸

2.1 使用图纸集批量打印图纸

使用图纸集可以不用任何人工干预，整套图纸都会按顺序打印到绘图仪，省去了一张一张打印图纸的烦恼，大大提高了打印效率。其过程如下：

(1)打开图纸集管理器。

(2)打开创建的图纸集。

(3)在打开的图纸集名称上单击右键，选择：发布→发布到绘图仪，如图 7-40 所示。

(4)系统自动将整套图纸按顺序打印到绘图仪中，并开始打印。打印结束，可以单击绘图仪小图标来检查该打印作业的详细信息。

注意：上述打印是在图纸布局下的打印。

2.2 使用图纸集单张打印图纸

2.2.1 在“图纸列表”中单张打印图纸

方法同上述的批量打印，只不过是在图纸集上选择的不是图纸集名称，而是要打印的单张图纸。具体操作过程这里不再重述。

注意：在此列表下也是对图纸布局进行打印。

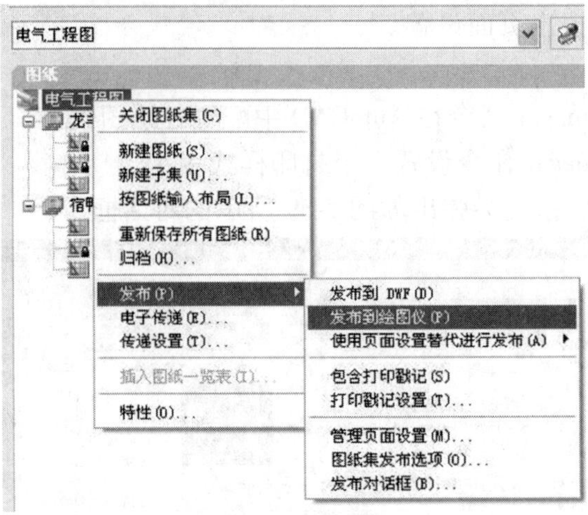

图 7-40　图纸集发布

2.2.2　在"资源图形"中单张打印图纸

如果是在模型空间下绘制的图形,没有进行初始化布局,那么在"图纸列表"中就不能添加,更加不用说打印了。但是在"资源图形"中却可以将模型空间下的图纸添加进来,并且可以打开,进而可以单张打印。

具体操作过程如下:

(1)打开图纸集管理器。

(2)打开相应图纸集。

(3)选择"资源图形"。

(4)在"位置"栏内单击右键,选择"添加新位置"。

(5)单击"添加新位置",进入"浏览文件夹"。

(6)通过"搜索"找到要添加的文件或文件夹。

(7)点击"打开",则在"资源图形"的位置内就添加了选中的所有文件或文件夹。

(8)双击要打开的图纸文件,则在模型空间内就打开了该文件。

(9)按照"在模型空间中打印图纸"的方法就能将该图打印出来。

在"资源图形"中单张打印图纸的好处是不仅能在图纸集下打印模型空间的图纸,而且省去了每打印一张图纸就要查找一次图纸位置的麻烦。"资源图形"管理下的图纸一览无余,随时可以找到所要查找的图纸并打开。

第八章　计算机辅助设计试题集

试题说明：

本章包含部分全国计算机信息高新技术考试计算机辅助设计模块 CAD(操作员级)的试题,可作为 CAD 绘图人员的练习题。

本章共分为 8 个部分,练习的时候可以选择性地做题。

第一部分　文件操作

第一题

(1)在硬盘的指定分区上建立考生自己的子目录。目录名为考生准考证号的后 7 位数。

(2)正确启动 CAD 软件。

(3)打开 C:\CADTK 中的 Scad1 -1. dwg 文件。

(4)删除图形中所有的圆,然后将其改名并存盘到考生自己的子目录中,名称为 Tcad1 -1. dwg。

第二题

(1)在硬盘的指定分区上建立考生自己的子目录,目录名为考生准考证号的后 7 位数。

(2)正确启动 CAD 软件。

(3)打开 C:\CADTK 中的 Scad1 -2. dwg 文件。

(4)删除图形中所有的弧形线段,然后将其改名并存盘到考生自己的子目录中,名称为 Tcad1 -2. dwg。

第二部分　基本图形的绘制

第一题

(1)在 CAD 环境下将 C:\CADTK 中的 Scad2 -1. dwg 文件拷入考生自己的子目录中,并以该文件作原型图或打开该文件,再完成后面的工作。

(2)按图中给出的坐标,绘制三角形。

(3)绘出该三角形的内切圆和外接圆。

(4)用文本命令完成如图 8-1 所示的文字,文本字高 10 个单位。

(5)将完成的图形存入考生自己的子目录中,名称为 Tcad2 -1. dwg。

第二题

(1)在 CAD 环境下将 C:\CADTK 中的 Scad2 -2. dwg 文件拷入考生自己的子目录

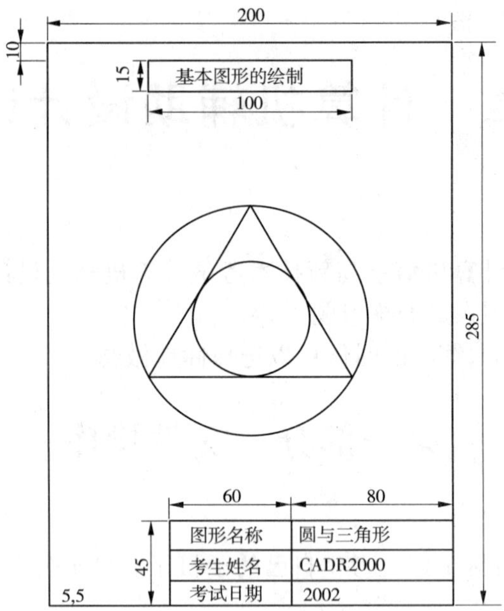

图 8-1　基本图形的绘制

中,并以该文件作原型图或打开该文件,再完成后面的工作。

(2)按图中给出的圆心点的坐标和半径,分别绘制出两个圆。

(3)绘制出两圆的两条外公切线。

(4)用文本命令完成如图 8-2 所示的文字,文本字高 10 个单位。

(5)将完成的图形存入考生自己的子目录中,名称为 Tcad2 -2. dwg。

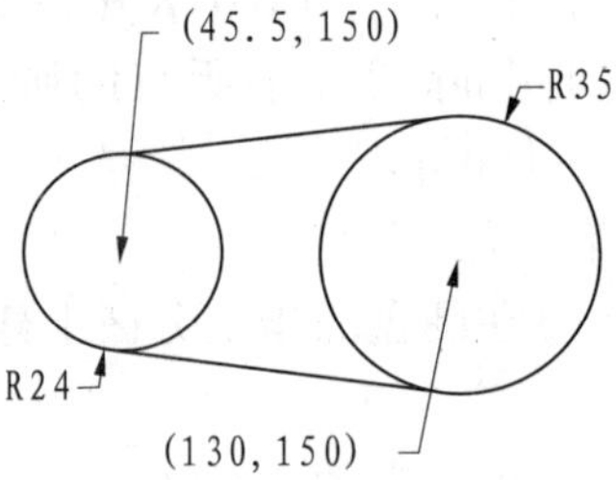

图 8-2　绘制圆外公切线

第三题

(1)在 CAD 环境下将 C:\CADTK 中的 Scad2 -3. dwg 文件拷入考生自己的子目录中,并以该文件作原型图或打开该文件,再完成后面的工作。

(2)如图 8-3 所示,直线 BC 分别是弧 AB 和弧 CD 的切线,且 AB 角度为 180°,BC 长为 50。

(3)按图中给出的 A、B、D 三点的坐标作图。

(4)用文本命令完成如图 8-3 所示的文字,文本字高 9 个单位。

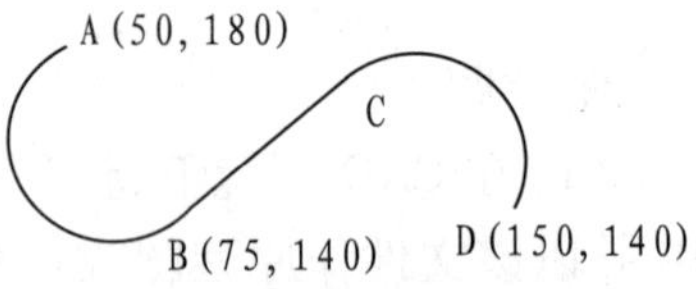

图 8-3　绘制圆弧线

(5)将完成的图形存入考生自己的子目录中,名称为 Tcad2 -3. dwg。

第四题

(1)在 CAD 环境下将 C:\CADTK 中的 Scad2 -4 . dwg 文件拷入考生自己的子目录中,并以该文件作原型图或打开该文件,再完成后面的工作。

(2)以点 O（130,145）为圆心作一半径为 50 的圆,过点 A(30,145)分别作出切线 AB 和 AC。

(3)作圆分别相切于 AB 和 AC,且半径为 20。

(4)用文本命令完成如图 8-4 所示的文字,文本字高 8 个单位。

(5)将完成的图形存入考生自己的子目录中,名称为 Tcad2 -4. dwg。

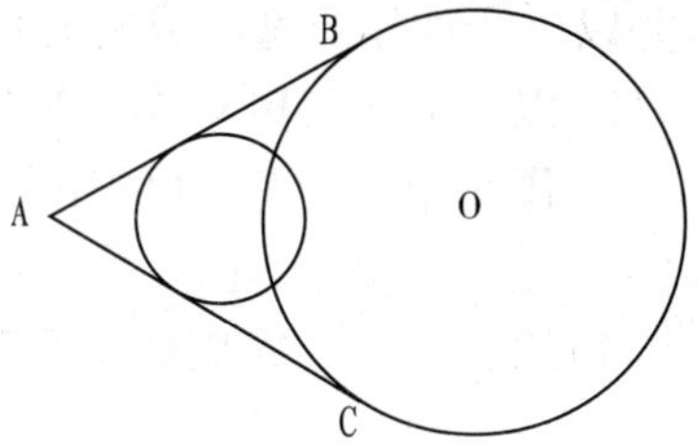

图 8-4　绘制两个相交圆

第五题

(1)在 CAD 环境下将 C:\CADTK 中的 Scad2 -5. dwg 文件拷入考生自己的子目录中,并以该文件作原型图或打开该文件,再完成后面的工作。

(2)过点 A(45,155)和点 B(130,195)作一条直线,过点 A 作直线 AC,已知直线 AB = AC,∠BAC =45°。

(3)过点 B 和点 C 作一圆分别相切于直线 AB 和 AC。

(4)用文本命令完成如图 8-5 所示的文字,文本字高 10 个单位。

(5)将完成的图形存入考生自己的子目录中,名称为 Tcad2 -5. dwg。

第六题

(1)在 CAD 环境下将 C:\CADTK 中的 Scad2 -6. dwg 文件拷入考生自己的子目录中,并以该文件作原型图或打开该文件,再完成后面的工作。

(2)过点 A(35,115)和点 B(165,210)作直线 AB,点 C 和点 D 将直线 AB 三等分。

(3)分别以 C、D 为圆心画圆,使两圆相切于直线 AB 的中点。

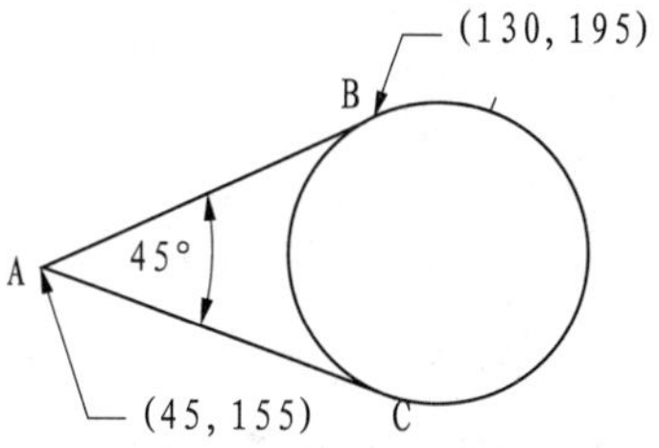

图 8-5　绘制内切圆

(4)用文本命令完成如图 8-6 所示的文字,文本字高 10 个单位。

(5)将完成的图形存入考生自己的子目录中,名称为 Tcad2 -6. dwg。

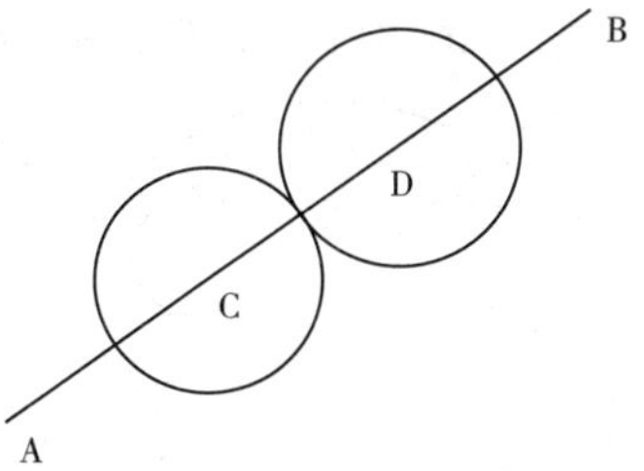

图 8-6　绘制两个相切圆

第七题

(1)在CAD环境下将C:\CADTK中的Scad2 -7. dwg文件拷入考生自己的子目录

中,并以该文件作原型图或打开该文件,再完成后面的工作。

(2)以点 C(95,145)作一半径为 50 的圆。

(3)作 5 个半径为 10 的小圆,将半径为 50 的大圆五等分。

(4)用文本命令完成如图 8-7 所示的文字,文本字高 10 个单位。

(5)将完成的图形存入考生自己的子目录中,名称为 Tcad2 -7. dwg。

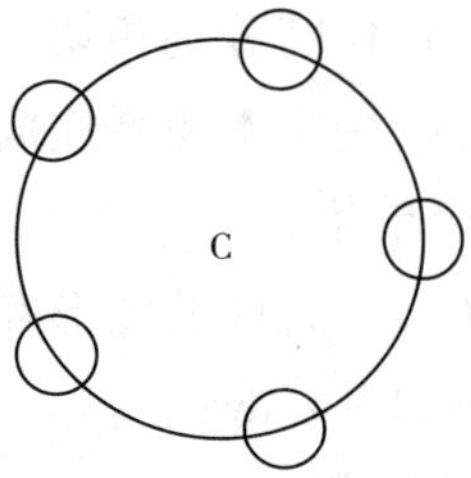

图 8-7　绘制多个圆

第八题

(1)在 CAD 环境下将 C:\CADTK 中的 Scad2 -8. dwg 文件拷入考生自己的子目录中,并以该文件作原型图或打开该文件,再完成后面的工作。

(2)过点 A(40,105)和点 B(165,190)两点作一矩形。

(3)以矩形的中心点为中心,以矩形的两边长为长短轴作一椭圆。

(4)用文本命令完成如图 8-8 所示的文字,文本字高 9 个单位。

(5)将完成的图形存入考生自己的子目录中,名称为 Tcad2 -8. dwg。

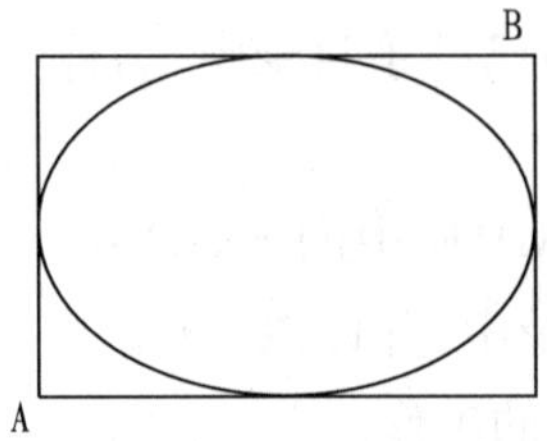

图 8-8　绘制椭圆

第九题

(1)在 CAD 环境下将 C:\CADTK 中的 Scad2 -9. dwg 文件拷入考生自己的子目录中,并以该文件作原型图或打开该文件,再完成后面的工作。

(2)以点(100,160)为圆心,作半径为 70 的圆。

(3)在该圆中作出 4 个呈环形均匀排列的小圆,小圆半径为 15,小圆圆心到大圆弧线的最短距离为 25。

(4)用文本命令完成如图 8-9 所示的文字,文本字高 10 个单位。

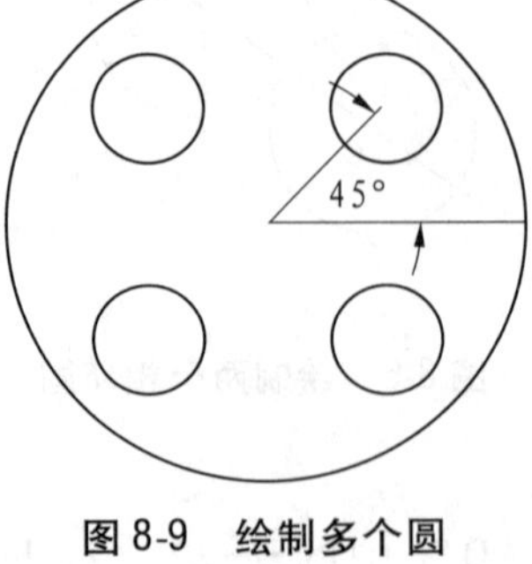

图 8-9　绘制多个圆

（5）将完成的图形存入考生自己的子目录中，名称为 Tcad2 – 9. dwg。

第十题

（1）在 CAD 环境下将 C:\CADTK 中的 Scad2 – 10. dwg 文件拷入考生自己的子目录中，并以该文件作原型图或打开该文件，再完成后面的工作。

（2）以点（90，160）为中心，作边长为 50 的三角形。

（3）分别以三角形三边的中点为圆心，三角形边长的一半为半径，作 3 个相交的圆（见图 8-10）。

（4）将完成的图形存入考生自己的子目录中，名称为 Tcad2 – 10 . dwg。

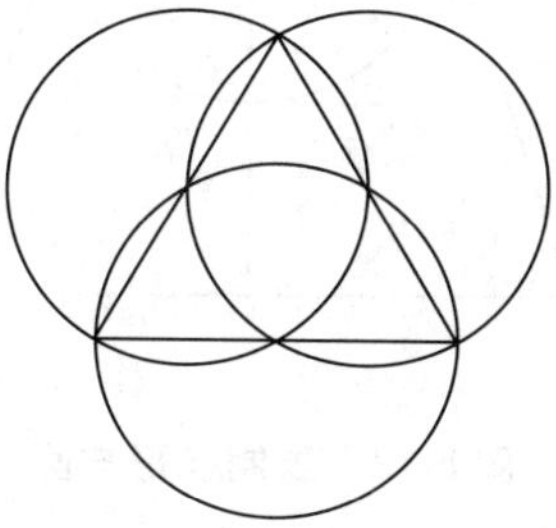

图 8-10　绘制 3 个圆

第三部分　属性设置

第一题

建立新文件，完成如图 8-11 所示的样图。

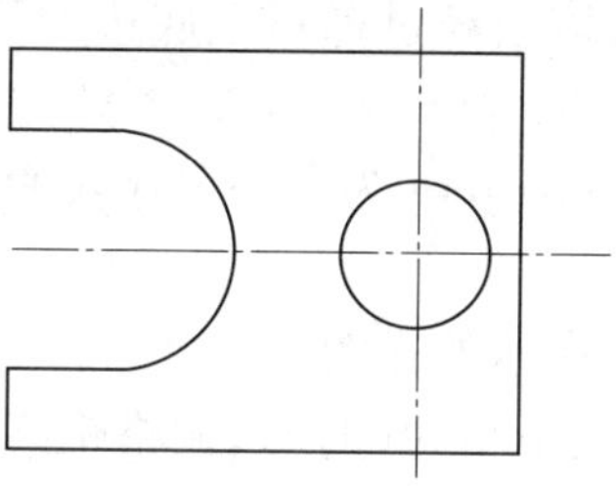

图 8-11　绘制矩形和圆

（1）设立图形范围 11.5 ×7.5，左下角为（0，0），栅格距离为 0.5，光标移动间距为 1，将显示范围设置得和图形范围相同。

（2）长度单位采用十进制，精度为小数点后 4 位，角度单位采用十进制，精度为小数点后 2 位。

（3）设立新层 A 和 B，A 层线型为 Center，颜色为红色，B 层线型为默认线型，颜色为蓝色。

（4）在 A 层上绘制红色的中心线，在 B 层上绘制蓝色的圆和弧。

（5）在 0 层上绘制图形的其他部分（图形中所有的直线均与 Y 轴或 X 轴平行，整个图形以水平中心线为对称轴）。

（6）将完成的图形以 Tcad3 －1 . dwg 为文件名存入考生自己的子目录中。

第二题

建立新文件，完成如图 8-12 所示的样图。

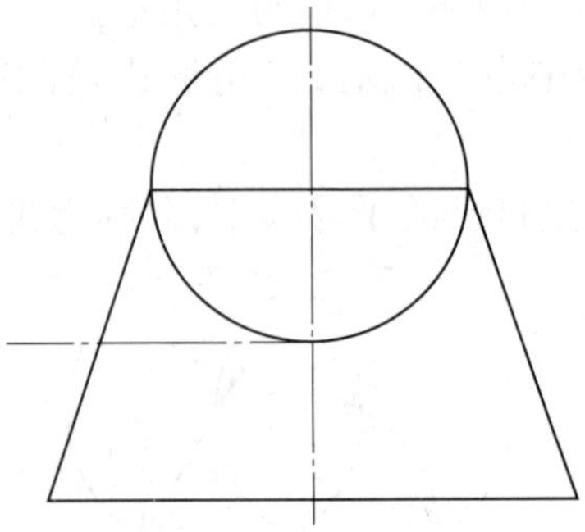

图 8-12 绘制梯形与圆

（1）设立图形范围 12 ×9，左下角为（0，0），栅格距离和光标移动间距均为 0.5，将显示范围设置得和图形范围相同。

（2）长度单位采用十进制，精度为小数点后 4 位，角度单位采用十进制，精度为小数点后 2 位。

（3）设立新层 L1 和 L2，L1 层线型为默认线型，颜色为绿色，L2 层线型为 Center，颜色为红色。

（4）在 L2 层上绘制红色的中心线，在 0 层上绘制一个等腰梯形。

（5）在 L1 层上绘制一个圆，该圆经过梯形上底边的两个端点和中心线的交叉点（整个图形以垂直中心线为对称轴）。

（6）将完成的图形以 Tcad3 －2 . dwg 为文件名存入考生自己的子目录中。

第三题

建立新文件，完成如图 8-13 所示的样图。

（1）设立图形范围 24 ×18，左下角为（0，0），栅格距离和光标移动间距均为默认值，将显示范围设置得和图形范围相同。

（2）长度单位采用十进制，精度为小数点后 3 位，角度采用十进制，精度为小数点后 2 位。

（3）设立新层 L1 和 L2，L1 层线型为 Center，颜色为红色，L2 层线型为连续线，颜色为绿色。

（4）在 L1 层上绘制中心线，在 0 层上绘制图中所有的圆，外圆半径比内圆半径大 0.5 个单位。

（5）在 L2 层上绘制外圆的公切线，且线宽不为 0，整个图形以水平中心线和垂直中心线为对称轴。注意调整线型比例。

（6）将完成的图形以 Tcad3 －3 . dwg 为文件名存入考生自己的子目录中。

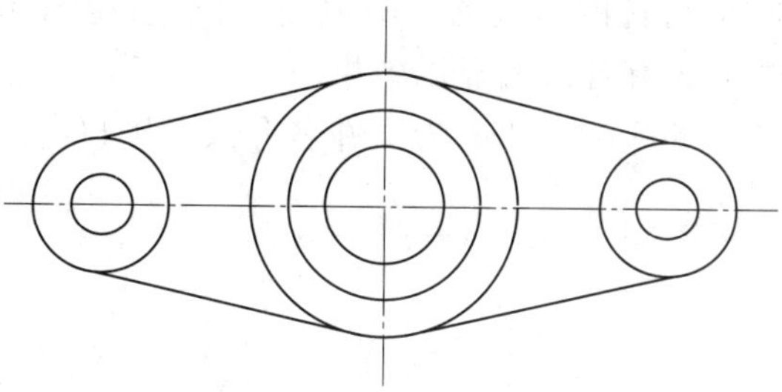

图 8-13　绘制多个圆

第四题

建立新文件，完成如图 8-14 所示的样图。

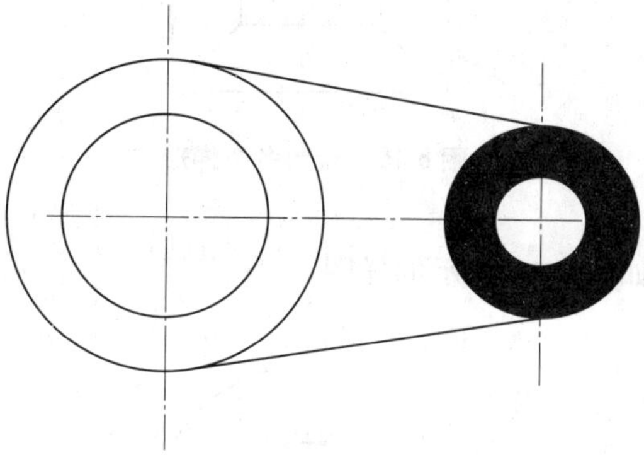

图 8-14　绘制圆和公切线

(1)设立图形范围 36×27，左下角为(2,4)，栅格距离和光标移动间距均为 1.5，将显示范围设置得和图形范围相同。

(2)长度单位和角度单位均采用十进制，精度为小数点后 4 位。

(3)设立新层 A 和 B，A 层线型为连续线，颜色为蓝色，B 层线型为连续线，颜色为绿色。

(4)在 B 层上绘制中心线，两垂直中心线间距为 8 个单位，在 0 层上绘制圆及圆环，且左边小圆的线型为 Dot2。

(5)在 A 层上绘制圆及圆环的公切线。注意调整线型比例，使线型 Dot2 有合适的显示效果。

(6)将完成的图形以 Tcad3 - 4 . dwg 为文件名存入考生自己的子目录中。

第五题

建立新文件，完成如图 8-15 所示的样图。

(1)设立图形范围 2970×2100，左下角为(0,0)，栅格距离为 100，光标移动间距为 50，将显示范围设置得和图形范围相同。

(2)长度单位和角度单位都采用十进制，精度为小数点后 2 位。

(3)设立新层 L1，线型为 Center，颜色为红色，0 层颜色为蓝色，线型为默认线型。

(4)在 L1 层上绘制中心线。

(5)在0层上绘出梯形台柱的主视图和俯视图,要求主视图和俯视图尺寸比例正确,注意调整线型比例,使中心线有合适的显示效果。

(6)将完成的图形以 Tcad3 - 5 . dwg 为文件名存入考生自己的子目录中。

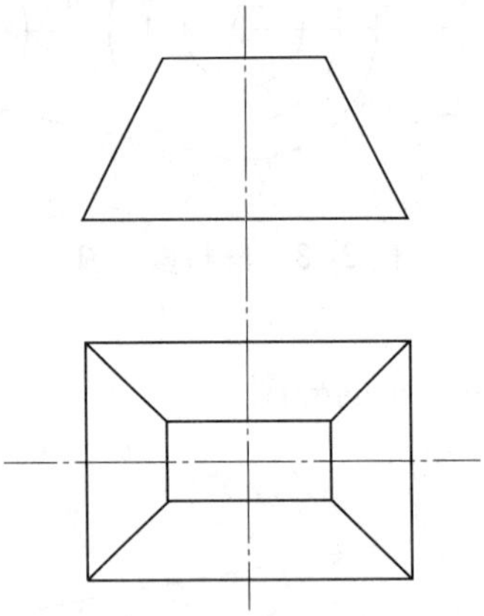

图 8-15　绘制多个梯形

第六题

建立新文件,完成如图 8-16 所示的样图。

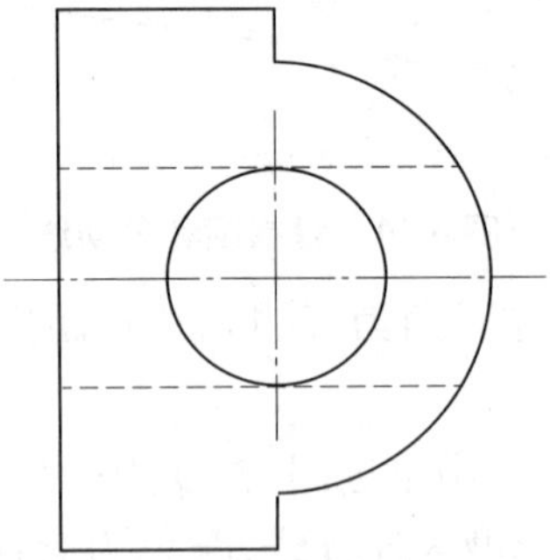

图 8-16　绘制线型(1)

(1)设立图形范围 198 ×285,左下角为(0,0),栅格距离为 20,光标移动间距为 10,将显示范围设置得和图形范围相同。

(2)长度单位和角度单位都采用 Decimal,精度为小数点后 2 位。

(3)设立新层 L1 和 L2,L1 层线型为 Center,颜色为红色,L2 层线型为 Dashed2,颜色为蓝色。

(4)在 L1 层上绘制中心线,在0层上绘制实线部分。

(5)在 L2 层上绘出图形的其他部分,注意调整线型比例,使线型 Center 和线型 Dashed2 有合适的显示效果。

(6)将完成的图形以 Tcad3 - 6. dwg 为文件名存入考生自己的子目录中。

第七题

建立新文件,完成如图 8-17 所示的样图。

(1)设立图形范围 48 ×36,左下角为(0,0),栅格距离为 0.5,光标移动间距为 0.5,将显示范围设置得和图形范围相同。

(2)长度单位为十进制,精确到小数点后 2 位,角度单位为十进制,精度为小数点后 2 位。

(3)设立新层 L1 和 L2,L1 层线型为 Center,颜色为红色,L2 层线型为 Dashed2,颜色为蓝色。

(4)在 L1 层上绘制中心线,在 0 层上绘制实线部分。

(5)在 L2 层上绘出图形的其他部分,注意调整线型比例。

(6)将完成的图形以 Tcad3 -7. dwg 为文件名存入考生自己的子目录中。

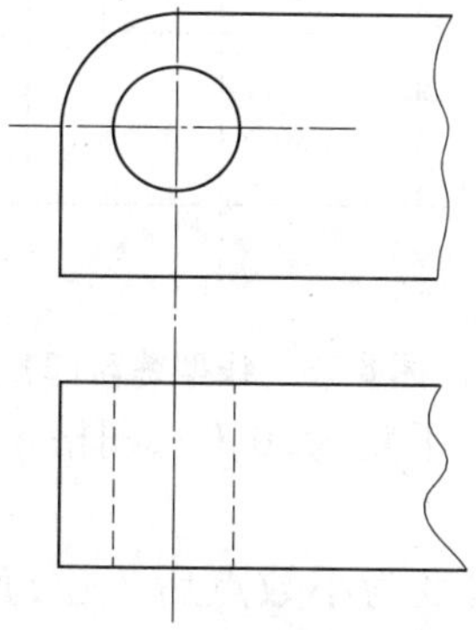

图 8-17　绘制线型(2)

第八题

建立新文件,完成如图 8-18 所示的样图。

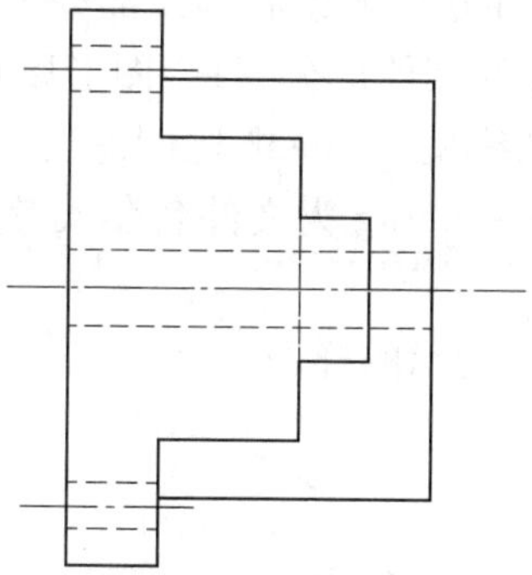

图 8-18　线型练习(1)

(1)设立图形范围 48 ×36,左下角为(2,3),栅格距离为 2,光标移动间距为 1,将显示范围设置得和图形范围相同。

(2)长度单位采用十进制,精度为小数点后 2 位,角度单位采用十进制,精度为小数点后 2 位。

(3)设立新层 L1 和 L2,L1 层线型为 Center,颜色为红色,L2 层线型为 Dashed2,颜色为绿色。

(4)在 L1 层上画中心线,在 0 层上绘制实线部分。

(5)在 L2 层上绘出图形的其他部分,整个图形以较长的一条中心线为轴上下对称。

(6)将完成的图形以 Tcad3 -8. dwg 为文件名存入考生自己的子目录中。

第九题

建立新图形，完成如图 8-19 所示的样图。

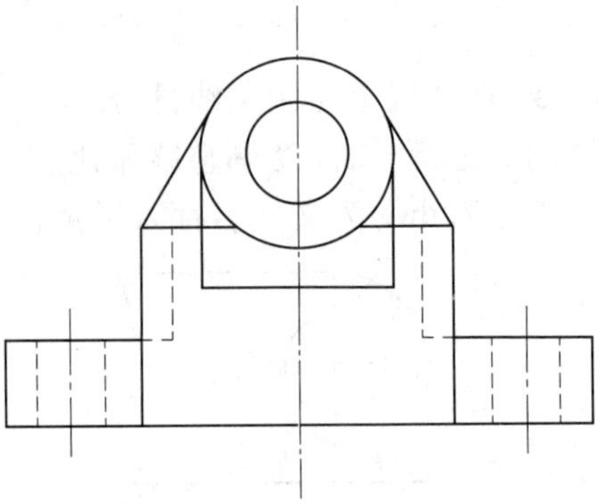

图 8-19　线型练习(2)

(1)设立图形范围 36×27，左下角为(0,0)，栅格距离和光标移动间距均为 1，将显示范围设置得和图形范围相同。

(2)长度单位采用十进制，精度为小数点后 3 位，角度单位采用十进制，精度为小数点后 2 位。

(3)设立新层 Red 和 Green，Red 层线型为 Center，颜色为红色，Green 层线型为 Dashed2，颜色为绿色。

(4)在 Red 层上画中心线，在 0 层上绘制实线部分。

(5)在 Green 层上绘制图形的其他部分，整个图形以垂直中心线为轴左右对称。注意调整线型比例，使线型 Center 和线型 Dashed2 比例适当。

(6)将完成的图形以 Tcad3－9. dwg 为文件名存入考生自己的子目录中。

第十题

建立新文件，完成如图 8-20 所示的样图。

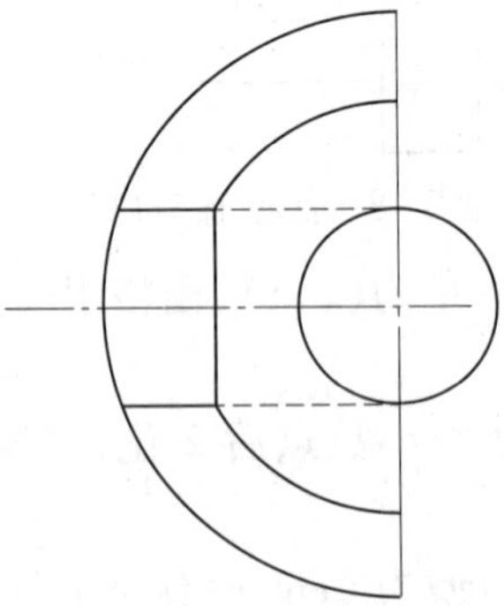

图 8-20　绘制半圆

(1)设立图形范围 198×210，左下角为(30,40)，栅格距离为 10，光标移动间距为 5，将显示范围设置得和图形范围相同。

(2)长度单位采用十进制，精度为小数点后 1 位，角度单位采用十进制，精度为小数点后 1 位。

(3)设立新层 L1 和 L2,L1 层线型为 Center,颜色为红色,L2 层线型为 Dashed2,颜色为绿色。

(4)在 L1 层上画中心线,在 0 层上绘制实线部分。

(5)在 L2 层上绘制图形的其他部分,整个图形以水平中心线为轴上下对称,注意调整线型比例。

(6)将完成的图形以 Tcad3 - 10. dwg 为文件名存入考生自己的子目录中。

第四部分　图形编辑

第一题

打开 C:\CADTK 中的图形文件 Scad4 - 1. dwg(见图 8-21(a)),要求通过使用 Array、Explode、Trim、Hatch、Erase 等命令将其编辑成如图 8-21(b)所示的图形。

将完成的图形以 Tcad4 - 1. dwg 为文件名存入考生自己的子目录中。

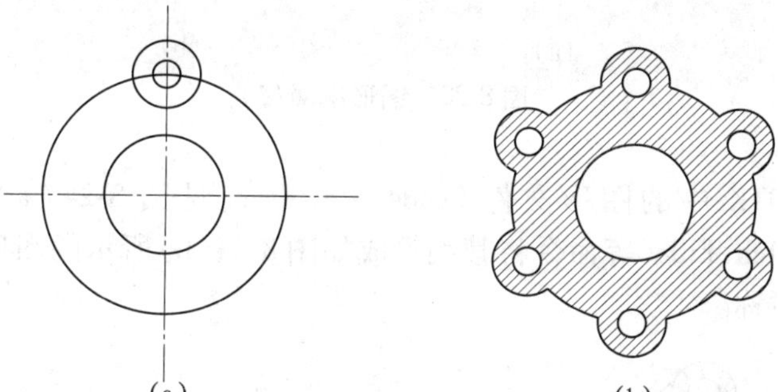

(a)　　　(b)

图 8-21　图形编辑(1)

第二题

打开 C:\CADTK 中的图形文件 Scad4 - 2. dwg(见图 8-22(a),图中所有三角形均为

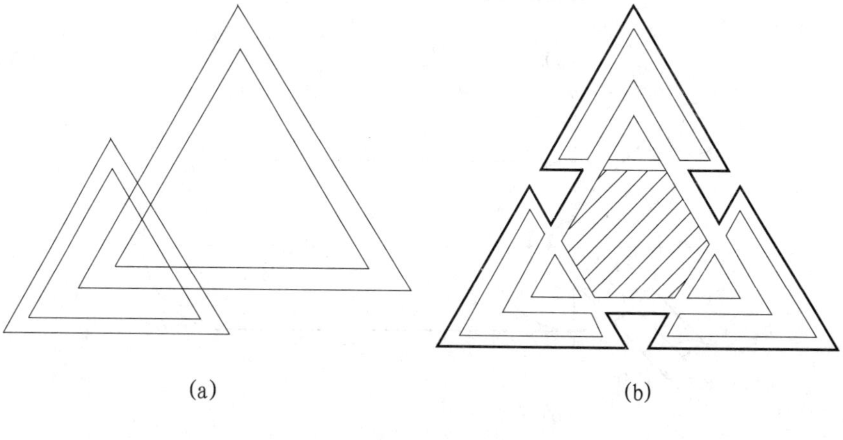

(a)　　　(b)

图 8-22　图形编辑(2)

等边三角形)，要求通过使用 Array、Trim、Hatch、Pedit 等命令将其编辑成如图 8-22(b)所示的图形(图中外围粗实线为线宽 0.05 的封闭多义线)。

将完成的图形以 Tcad4 - 2. dwg 为文件名存入考生自己的子目录中。

第三题

打开 C:\CADTK 中的图形文件 Scad4 - 3. dwg(见图 8-23(a))，要求通过使用 Array、Explode、Trim、Hatch、Erase 等命令将其编辑成如图 8-23(b)所示的图形。

将完成的图形以 Tcad4 - 3. dwg 为文件名存入考生自己的子目录中。

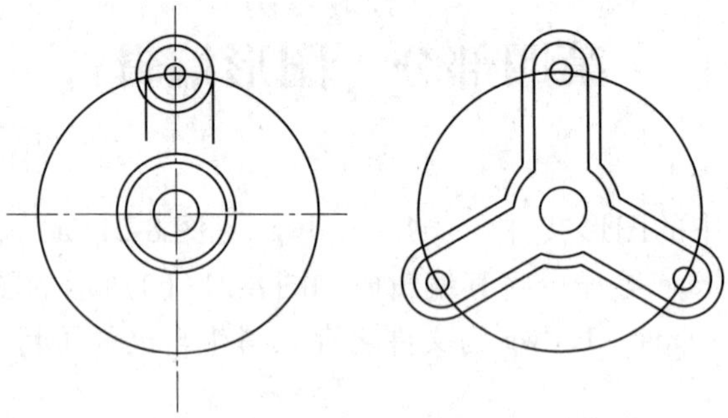

(a)　　(b)

图 8-23　图形编辑(3)

第四题

打开 C:\CADTK 中的图形文件 Scad4 - 4. dwg(见图 8-24(a))，要求通过使用 Extend、Mirror、Stretch、Fillet 等命令将其编辑成如图 8-24(b)所示的图形，整个图形以水平中心线为轴上下对称。

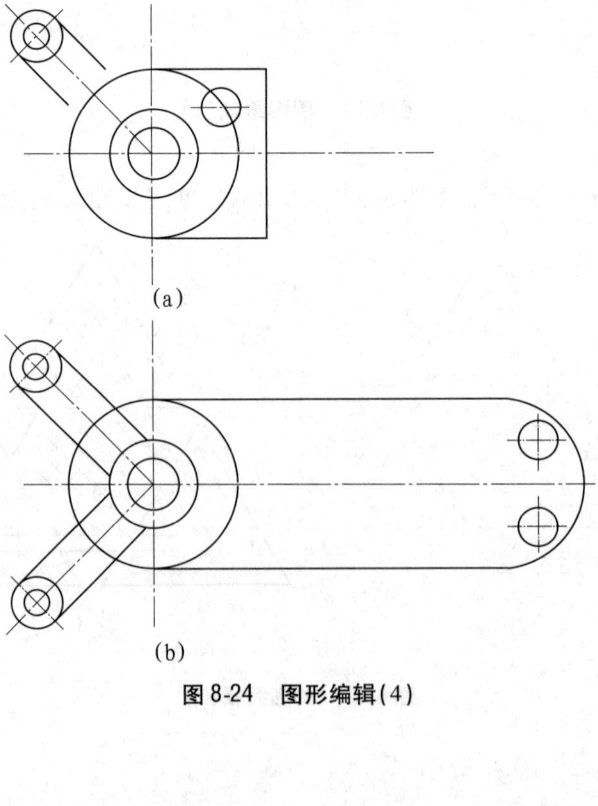

(a)

(b)

图 8-24　图形编辑(4)

将完成的图形以 Tcad4 - 4. dwg 为文件名存入考生自己的子目录中。

第五题

打开 C:\CADTK 中的图形文件 Scad4 - 5. dwg(见图 8-25(a)),要求通过使用 Array、Explode、Trim、Hatch、Erase、Scale 等命令将其编辑成如图 8-25(b)所示的图形(Scale = 1.5)。

将完成的图形以 Tcad4 - 5. dwg 为文件名存入考生自己的子目录中。

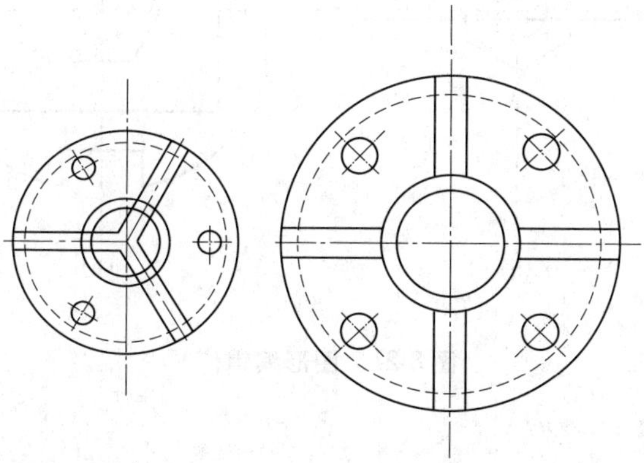

(a)　　　　(b)

图 8-25　图形编辑(5)

第六题

打开 C:\CADTK 中的图形文件 Scad4 - 6. dwg(见图 8-26(a)),要求通过使用 Array、Explode、Trim、Hatch、Erase、Scale 等命令将其编辑成如图 8-26(b)所示的图形。

将完成的图形以 Tcad4 - 6. dwg 为文件名存入考生自己的子目录中。

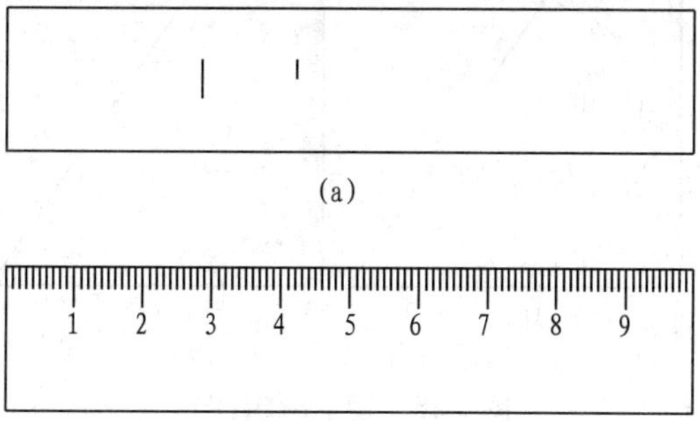

(a)

(b)

图 8-26　图形编辑(6)

第七题

打开 C:\CADTK 中的图形文件 Scad4 - 7. dwg(见图 8-27(a)),要求通过使用 Trim、Erase、Rotate、Mirror、Pedit 等命令将其编辑成如图 8-27(b)所示的图形(图中粗实线线宽为 0.1)。

将完成的图形以 Tcad4 -7. dwg 为文件名存入考生自己的子目录中。

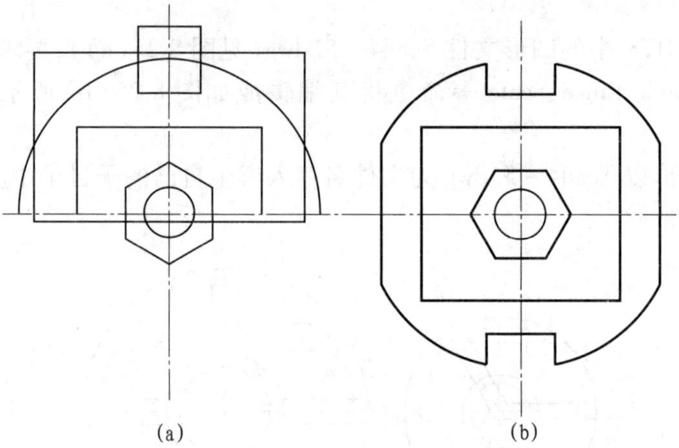

图 8-27　图形编辑(7)

第八题

打开 C:\CADTK 中的图形文件 Scad4 -8. dwg(见图 8-28(a)),要求通过使用 Trim、Erase、Rotate、Mirror、Pedit 等命令将其编辑成如图 8-28(b)所示的图形。

将完成的图形以 Tcad4 -8. dwg 为文件名存入考生自己的子目录中。

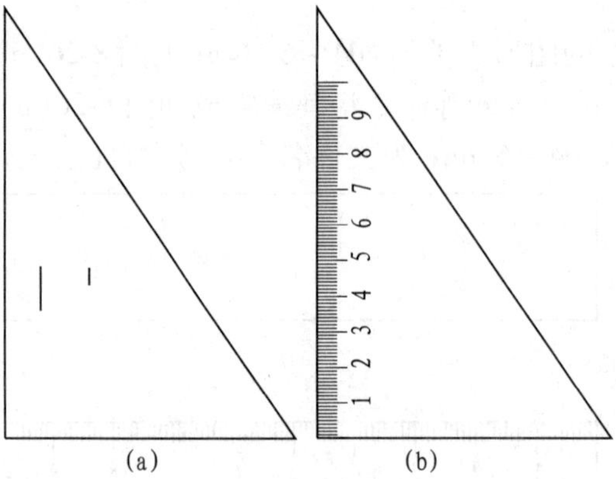

图 8-28　图形编辑(8)

第九题

打开 C:\CADTK 中的图形文件 Scad4 -9. dwg (见图 8-29(a)),要求通过使用 Trim、Erase、Rotate、Mirror、Pedit 等命令将其编辑成如图 8-29(b)所示的图形(多义线 1 及 2 的线宽均为 0. 03,整个图形以垂直中心线为轴左右对称)。

将完成的图形以 Tcad4 -9. dwg 为文件名存入考生自己的子目录中。

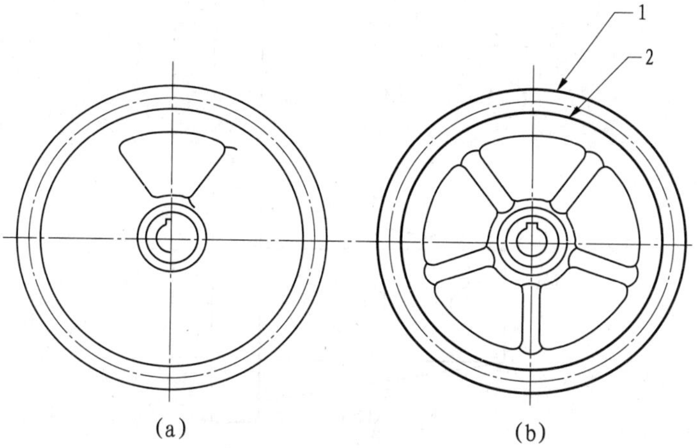

图 8-29　图形编辑(9)

第十题

打开 C:\CADTK 中的图形文件 Scad4－10. dwg(见图 8-30(a)),要求通过使用 Trim、Erase、Rotate、Mirror、Pedit 等命令将其编辑成如图 8-30(b)所示的图形(图中粗实线线宽为 0.03)。

将完成的图形以 Tcad4－10. dwg 为文件名存入考生自己的子目录中。

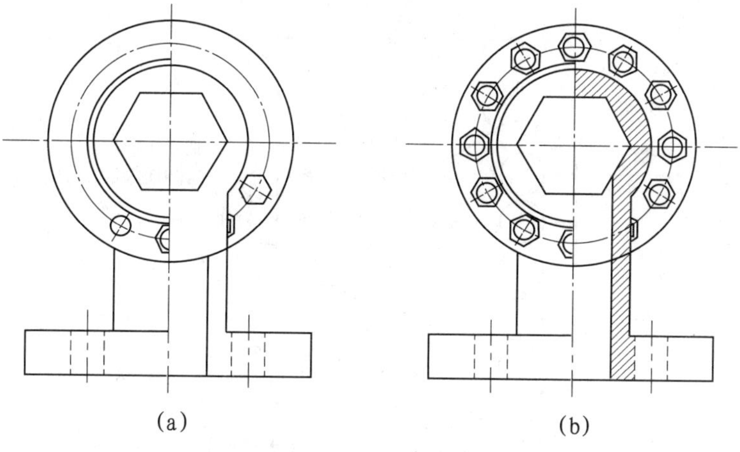

图 8-30　图形编辑(10)

第十一题

打开 C:\CADTK 中的图形文件 Scad4－11. dwg(见图 8-31(a)),要求通过使用 Stretch(使 a 点与 b 点重合,c 点与 b 点在同一水平线上)、Trim、Extend、Mirror、Pedit 等命令将其编辑成如图 8-31(b)所示的图形(整个图形以水平中心线为轴上下对称,图中的粗实线线宽为 0.05)。

将完成的图形以 Tcad4－11. dwg 为文件名存入考生自己的子目录中。

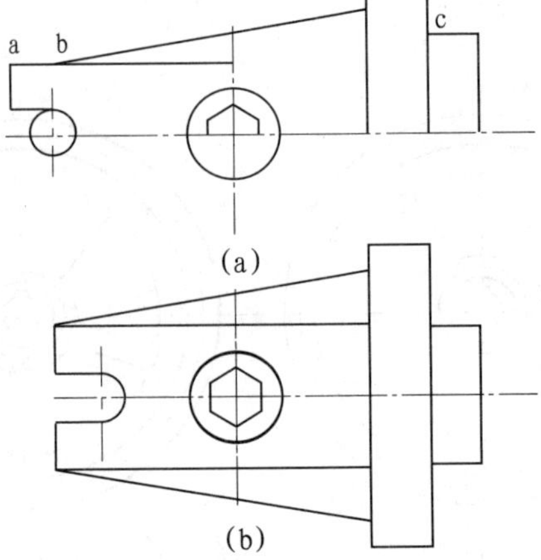

图 8-31　图形编辑(11)

第五部分　精确绘图

第一题

按图形尺寸精确绘图(见图 8-32,尺寸标注、文字注释不画),绘图方法、图形编辑方法不限,注意使用辅助线(用后删除),未明确要求线宽者,线宽为 0。

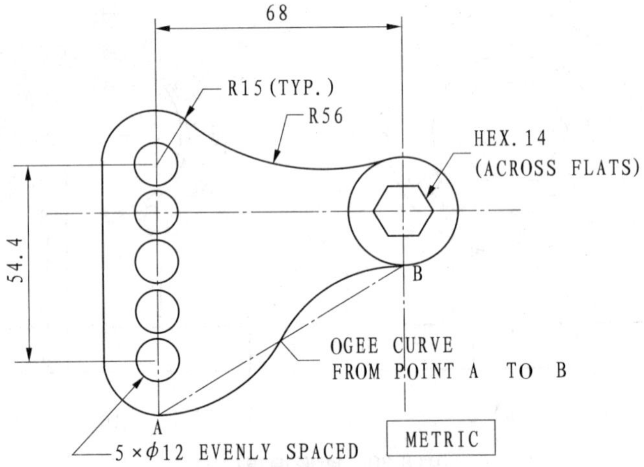

图 8-32　精确绘图(1)

(1)建立合适的模型空间及栅格距离,图形必须放置在模型空间范围内。

(2)图中的中心线应放在 L1 层上,线型为 Center,颜色为红色。

(3)图中的外轮廓线为封闭的多义线,线宽为 0.05,要求轮廓线连接平滑。

(4)将完成的图形以 Tcad5 - 1. dwg 为文件名存入考生自己的子目录中。

第二题

按图形尺寸精确绘图(见图 8-33,尺寸标注、文字注释不画),绘图方法、图形编辑方法不限,注意使用辅助线(用后删除),未明确要求线宽者,线宽为 0。

(1)建立合适的模型空间及栅格距离,图形必须放置在模型空间范围内。
(2)图中的中心线应放在 L1 层上,线型为 Center,颜色为红色。
(3)图中的外轮廓线为封闭的多义线,线宽为 0.05,要求轮廓线连接平滑。
(4)将完成的图形以 Tcad5 -2. dwg 为文件名存入考生自己的子目录中。

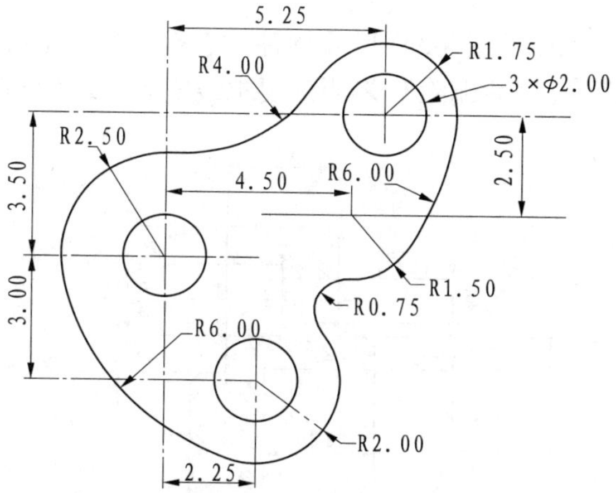

图 8-33　精确绘图(2)

第三题

按图形尺寸精确绘图(见图 8-34,尺寸标注、文字注释不画),绘图方法、图形编辑方法不限,注意使用辅助线(用后删除),未明确要求线宽者,线宽为 0。

(1)建立合适的模型空间及栅格距离,图形必须放置在模型空间范围内。

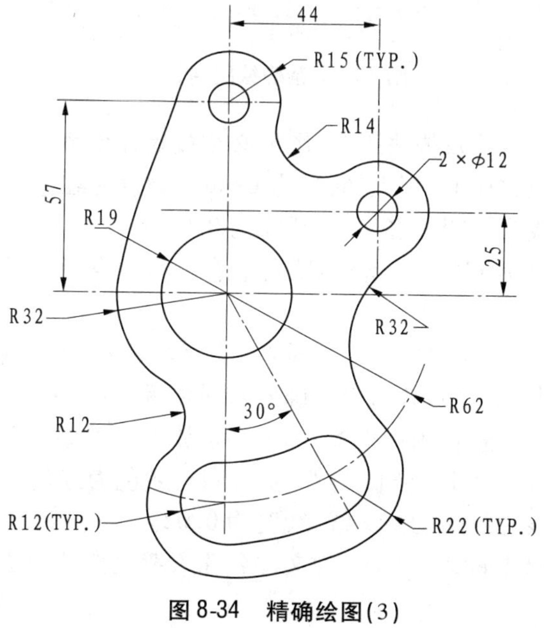

图 8-34　精确绘图(3)

(2)图中的中心线应放在 L1 层上,线型为 Center,颜色为红色。

(3)图中的外轮廓线为封闭的多义线,图中除圆之外所有线宽均为 0.03,要求轮廓线连接平滑。

(4)将完成的图形以 Tcad5 -3. dwg 为文件名存入考生自己的子目录中。

第四题

按图形尺寸精确绘图(见图 8-35,尺寸标注、文字注释不画),绘图方法、图形编辑方法不限,注意使用辅助线(用后删除),未明确要求线宽者,线宽为 0。

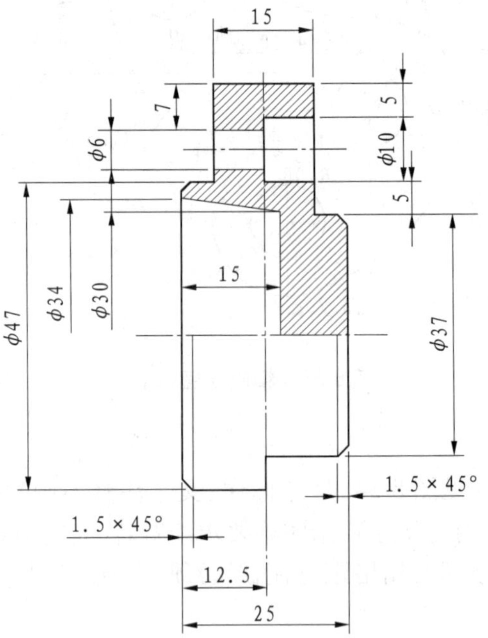

图 8-35 精确绘图(4)

(1)建立合适的模型空间及栅格距离,图形必须放置在模型空间范围内。

(2)图中的中心线应放在 L1 层上,线型为 Center,颜色为红色。

(3)图中的外轮廓线为封闭的多义线,线宽为 0.05。

(4)将完成的图形以 Tcad5 -4. dwg 为文件名存入考生自己的子目录中。

第五题

按图形尺寸精确绘图(见图 8-36,尺寸标注、文字注释不画),绘图方法、图形编辑方法不限,注意使用辅助线(用后删除),未明确要求线宽者,线宽为 0。

(1)建立合适的模型空间及栅格距离,图形必须放置在模型空间范围内。

(2)图中的中心线应放在 L1 层上,线型为 Center,颜色为红色。

(3)图中的外轮廓线为封闭的多义线,线宽为 0.02。

(4)将完成的图形以 Tcad5 -5. dwg 为文件名存入考生自己的子目录中。

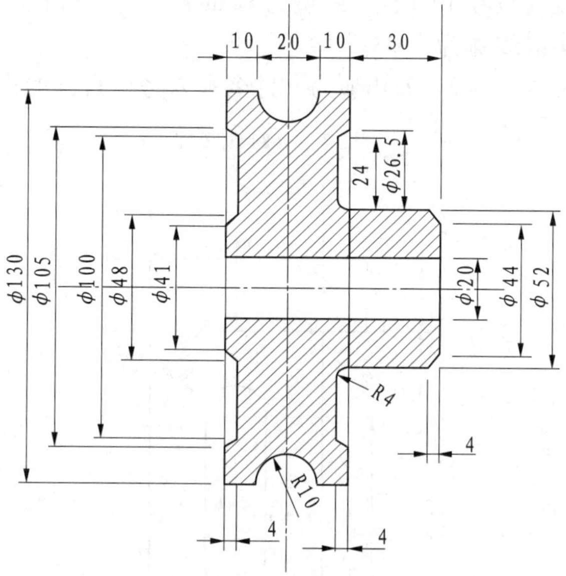

图 8-36　精确绘图(5)

第六题

按图形尺寸精确绘图(见图 8-37,尺寸标注、文字注释不画),绘图方法、图形编辑方法不限,注意使用辅助线(用后删除),未明确要求线宽者,线宽为 0。

(1)建立合适的模型空间及栅格距离,图形必须放置在模型空间范围内。

(2)图中的中心线应放在 L1 层上,线型为 Center,颜色为红色。

(3)图中的外轮廓线线宽为 0.03。

(4)将完成的图形以 Tcad5 –6. dwg 为文件名存入考生自己的子目录中。

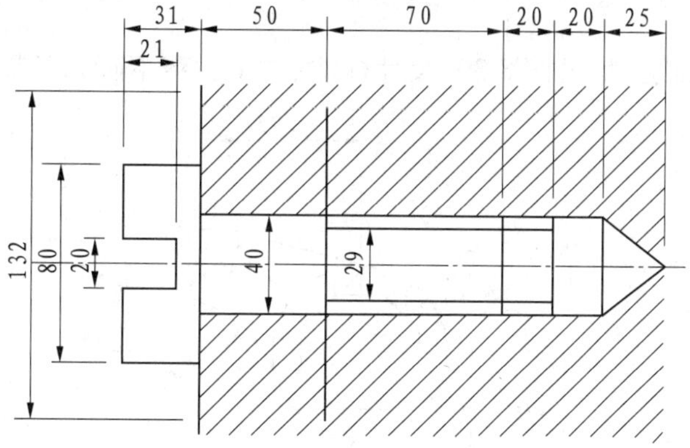

图 8-37　精确绘图(6)

第七题

按图形尺寸精确绘图(见图 8-38,尺寸标注、文字注释不画),绘图方法、图形编辑方法不限,注意使用辅助线(用后删除),未明确要求线宽者,线宽为 0。

(1)建立合适的模型空间及栅格距离,图形必须放置在模型空间范围内。

(2)图中的中心线应放在 L1 层上,线型为 Center,颜色为红色。
(3)图中的外轮廓线线宽为 0.03。
(4)将完成的图形以 Tcad5 -7. dwg 为文件名存入考生自己的子目录中。

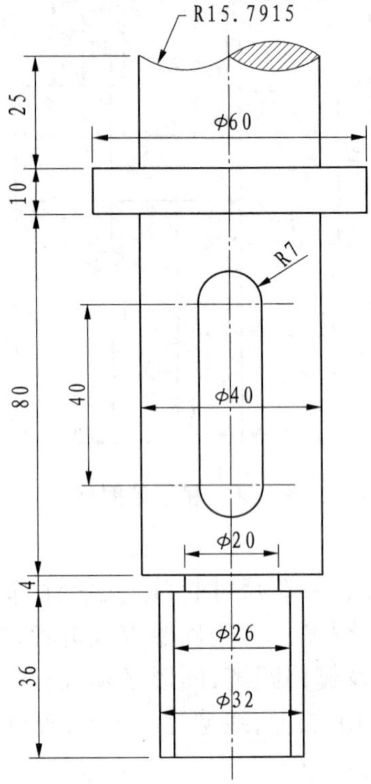

图 8-38　精确绘图(7)

第八题

按图形尺寸精确绘图(见图 8-39,尺寸标注、文字注释不画),绘图方法、图形编辑方

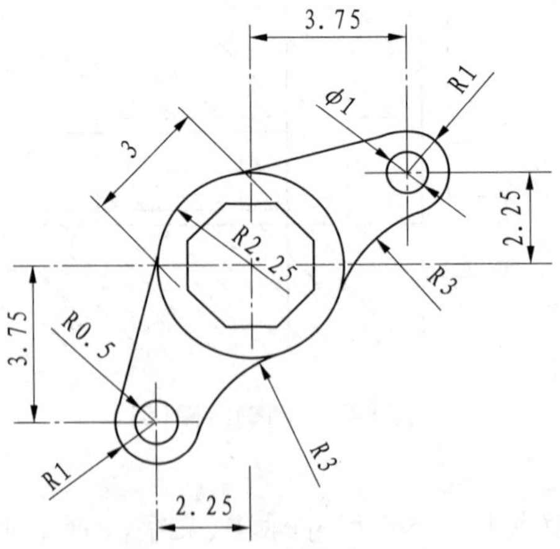

图 8-39　精确绘图(8)

法不限，注意使用辅助线（用后删除），未明确要求线宽者，线宽为 0。

（1）建立合适的模型空间及栅格距离，图形必须放置在模型空间范围内。

（2）图中的中心线应放在 L1 层上，线型为 Center，颜色为红色。

（3）图中的外轮廓线为封闭的多义线，图中除两个小圆形外所有线宽均为 0.05，要求轮廓线连接平滑。

（4）将完成的图形以 Tcad5－8.dwg 为文件名存入考生自己的子目录中。

第九题

按图形尺寸精确绘图（见图 8-40，尺寸标注、文字注释不画），绘图方法、图形编辑方法不限，注意使用辅助线（用后删除）。

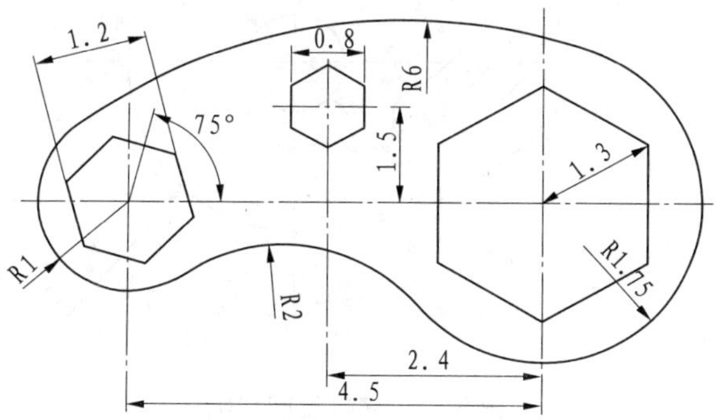

图 8-40　精确绘图(9)

（1）建立合适的模型空间及栅格距离，图形必须放置在模型空间范围内。

（2）图中的中心线应放在 L1 层上，线型为 Center，颜色为红色。

（3）图中的外轮廓线为封闭的多义线，所有线宽均为 0.02，要求轮廓线连接平滑。

（4）将完成的图形以 Tcad5－9.dwg 为文件名存入考生自己的子目录中。

第十题

按图形尺寸精确绘图（见图 8-41，尺寸标注、文字注释不画），绘图方法、图形编辑方法不限，注意使用辅助线（用后删除）。

（1）建立合适的模型空间及栅格距离，图形必须放置在模型空间范围内。

（2）图中的中心线应放在 L1 层上，线型为 Center，颜色为红色。

（3）图中的外轮廓线为封闭的多义线，所有线宽均为 0.03（中心线除外），要求轮廓线连接平滑。

（4）将完成的图形以 Tcad5－10.dwg 为文件名存入考生自己的子目录中。

第十一题

按图形尺寸精确绘图（见图 8-42，尺寸标注、文字注释不画），绘图方法、图形编辑方法不限，注意使用辅助线（用后删除）。

（1）建立合适的模型空间及栅格距离，图形必须放置在模型空间范围内。

（2）图中的中心线应放在 L1 层上，线型为 Center，颜色为红色。

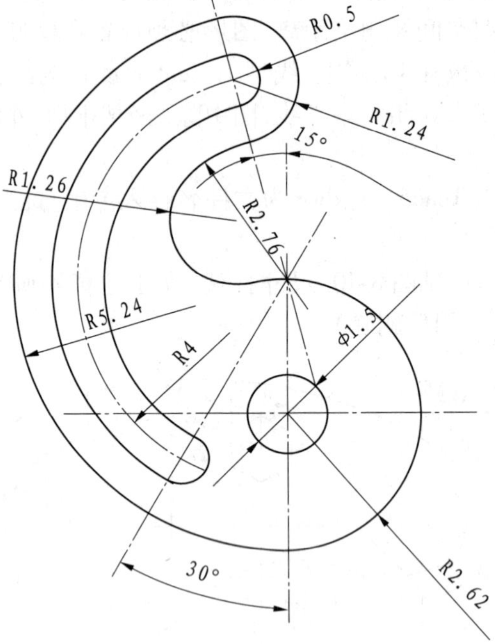

图 8-41 精确绘图(10)

(3)图中的外轮廓线为封闭的多义线,所有线宽均为 0.03(圆除外),要求轮廓线连接平滑。

(4)将完成的图形以 Tcad5 - 11.dwg 为文件名存入考生自己的子目录中。

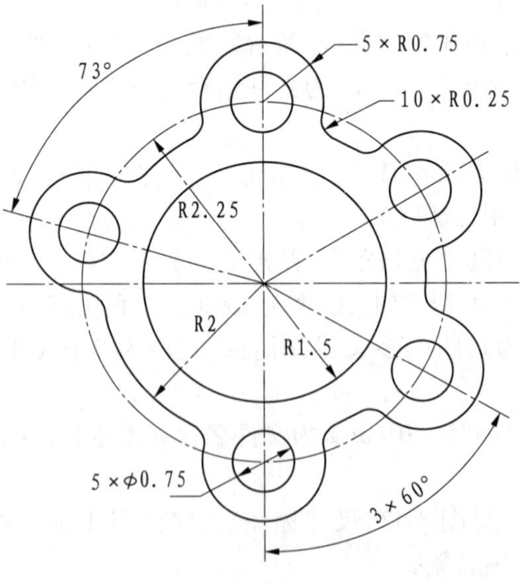

图 8-42 精确绘图(11)

第六部分　尺寸标注

第一题

打开 C:\CADTK 中的 Scad6 - 1. dwg 图形文件，按本题图示（见图 8-43）标注尺寸。

要求：

（1）建立标注层（DIM），本层颜色为红色，线型为细实线。

（2）尺寸文字的大小和箭头设置恰当。

（3）完成后将图形存入考生自己的子目录中，名称为 Tcad6 - 1. dwg。

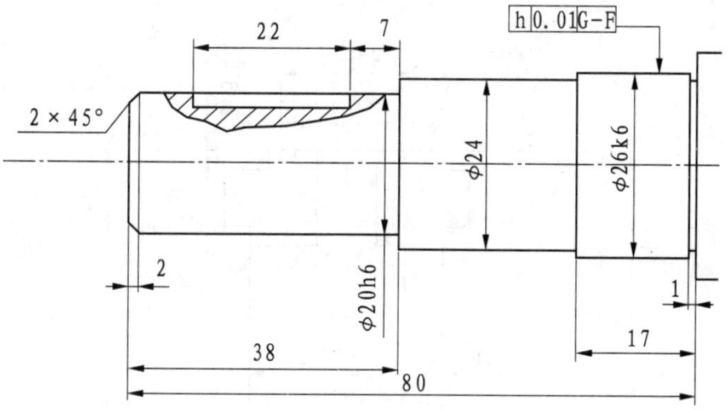

图 8-43　尺寸标注（1）

第二题

打开 C:\CADTK 中的 Scad6 - 2. dwg 图形文件，按本题图示（见图 8-44）标注尺寸。

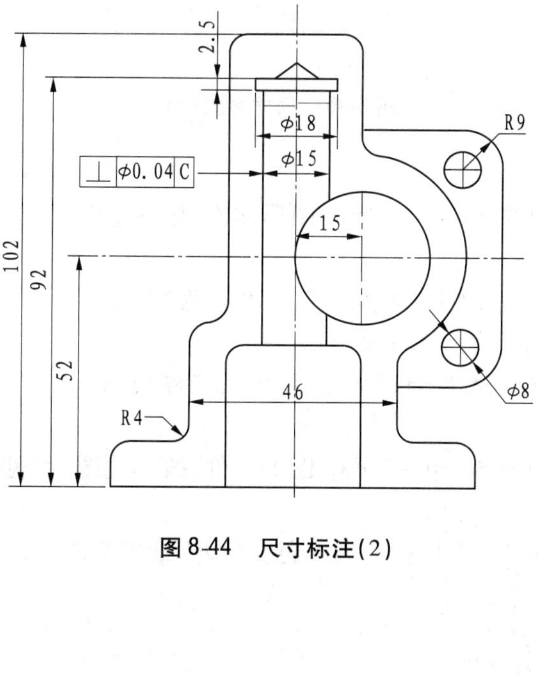

图 8-44　尺寸标注（2）

要求:
(1)建立标注层(DIM),本层颜色为红色,线型为细实线。
(2)尺寸文字的大小和箭头设置恰当。
(3)完成后将图形存入考生自己的子目录中,名称为 Tcad6 -2. dwg。
第三题
打开 C:\CADTK 中的 Scad6 -3. dwg 图形文件,按本题图示(见图 8-45)标注尺寸。
要求:
(1)建立标注层(DIM),本层颜色为红色,线型为细实线。
(2)尺寸文字的大小和箭头设置恰当。
(3)完成后将图形存入考生自己的子目录中,名称为 Tcad6 -3. dwg。

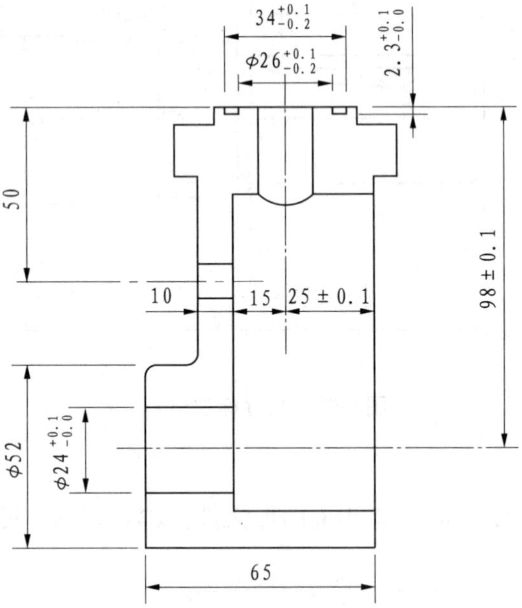

图 8-45 尺寸标注(3)

第四题
打开 C:\CADTK 中的 Scad6 -4. dwg 图形文件,按本题图示(见图 8-46)标注尺寸。
要求:
(1)建立标注层(DIM),本层颜色为红色,线型为细实线。
(2)尺寸文字的大小和箭头设置恰当。
(3)完成后将图形存入考生自己的子目录中,名称为 Tcad6 -4. dwg。
第五题
打开 C:\CADTK 中的 Scad6 -5. dwg 图形文件,按本题图示(见图 8-47)标注尺寸。
要求:
(1)建立标注层(DIM),本层颜色为红色,线型为细实线。

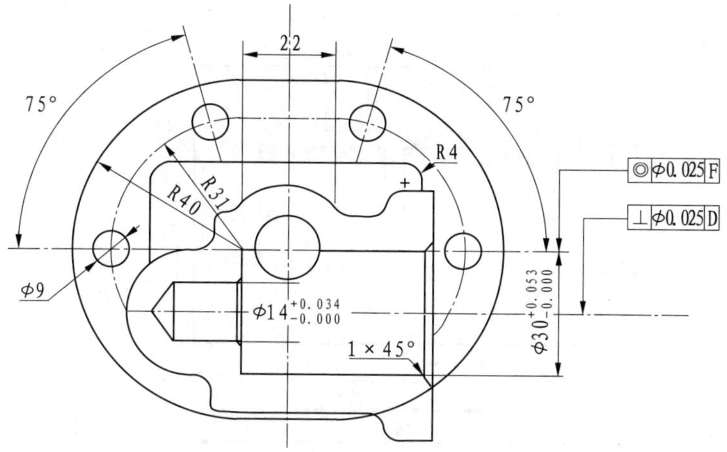

图 8-46　尺寸标注(4)

(2)尺寸文字的大小和箭头设置恰当。

(3)完成后将图形存入考生自己的子目录中,名称为 Tcad6 - 5. dwg。

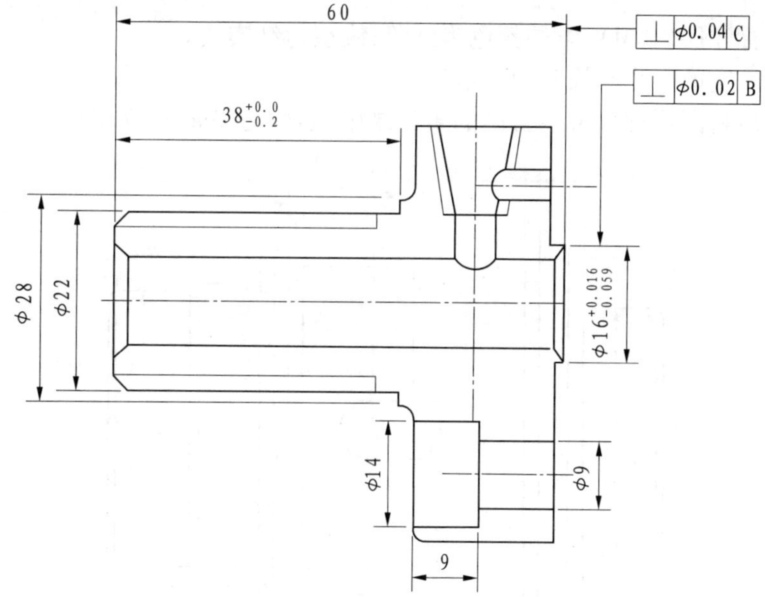

图 8-47　尺寸标注(5)

第六题

打开 C:\CADTK 中的 Scad6 - 6. dwg 图形文件,按本题图示(见图 8-48)标注尺寸。

要求:

(1)建立标注层(DIM),本层颜色为红色,线型为细实线。

(2)尺寸文字的大小和箭头设置恰当。

(3)完成后将图形存入考生自己的子目录中,名称为 Tcad6 - 6. dwg。

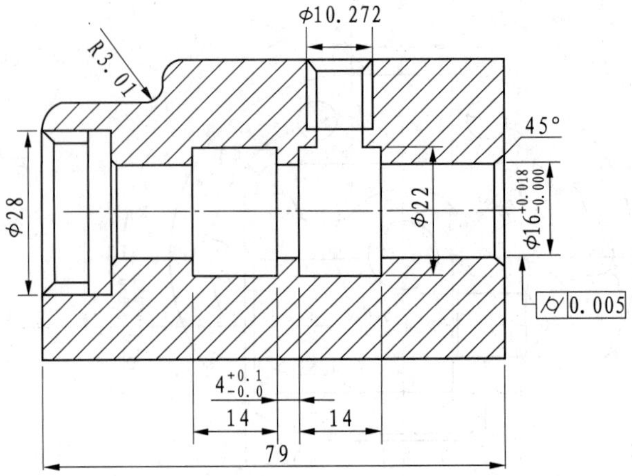

图 8-48　尺寸标注(6)

第七题

打开 C:\CADTK 中的 Scad6 -7. dwg 图形文件,按本题图示(见图 8-49)标注尺寸。

要求:

(1)建立标注层(DIM),本层颜色为红色,线型为细实线。

(2)尺寸文字的大小和箭头设置恰当。

(3)完成后将图形存入考生自己的子目录中,名称为 Tcad6 -7. dwg。

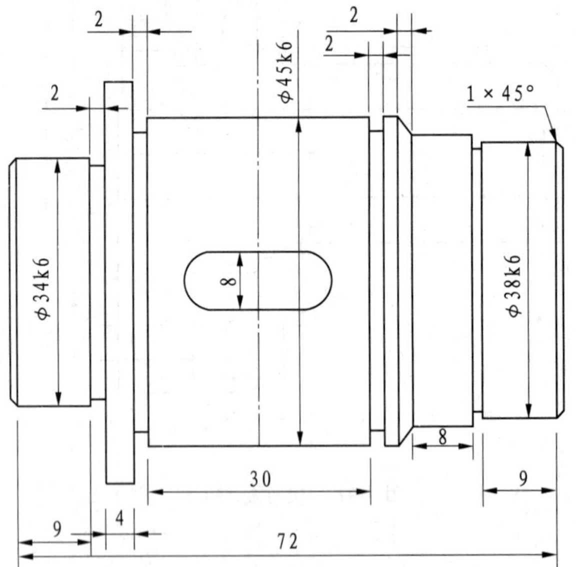

图 8-49　尺寸标注(7)

第八题

打开 C:\CADTK 中的 Scad6 -8. dwg 图形文件,按本题图示(见图 8-50)标注尺寸。

要求:

(1)建立标注层(DIM),本层颜色为红色,线型为细实线。

(2)尺寸文字的大小和箭头设置恰当。
(3)完成后将图形存入考生自己的子目录中,名称为 Tcad6 - 8. dwg。

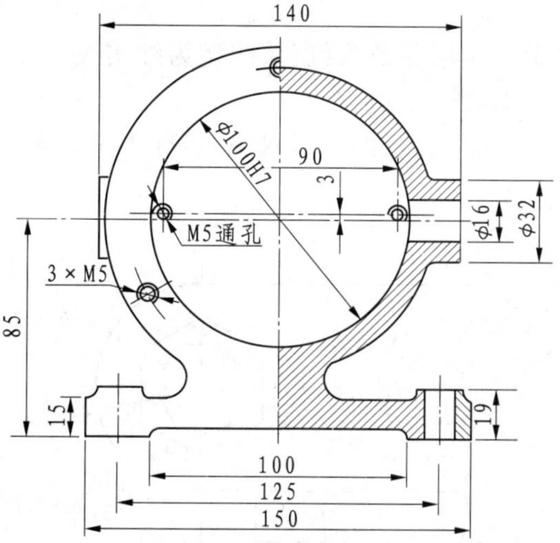

图 8-50　尺寸标注(8)

第九题

打开 C:\CADTK 中的 Scad6 - 9. dwg 图形文件,按本题图示(见图 8-51)标注尺寸。
要求:
(1)建立标注层(DIM),本层颜色为红色,线型为细实线。
(2)尺寸文字的大小和箭头设置恰当。
(3)完成后将图形存入考生自己的子目录中,名称为 Tcad6 - 9. dwg。

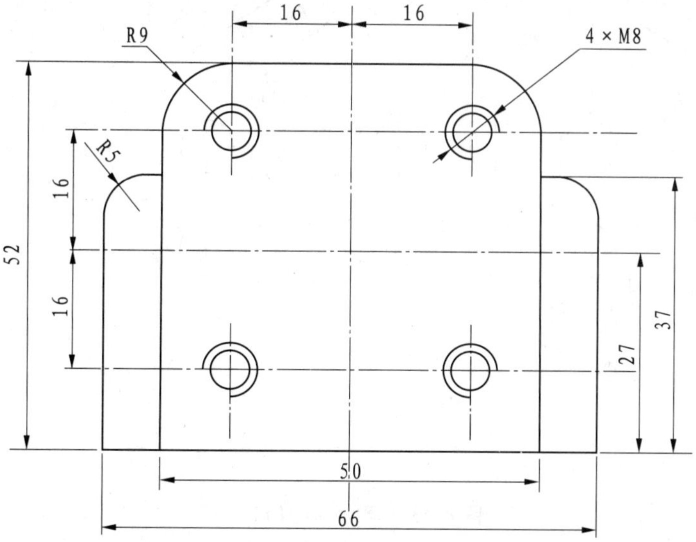

图 8-51　尺寸标注(9)

第十题

打开 C:\CADTK 中的 Scad6－10. dwg 图形文件，按本题图示（见图 8-52）标注尺寸。

要求：

（1）建立标注层（DIM），本层颜色为红色，线型为细实线。

（2）尺寸文字的大小和箭头设置恰当。

（3）完成后将图形存入考生自己的子目录中，名称为 Tcad6－10. dwg。

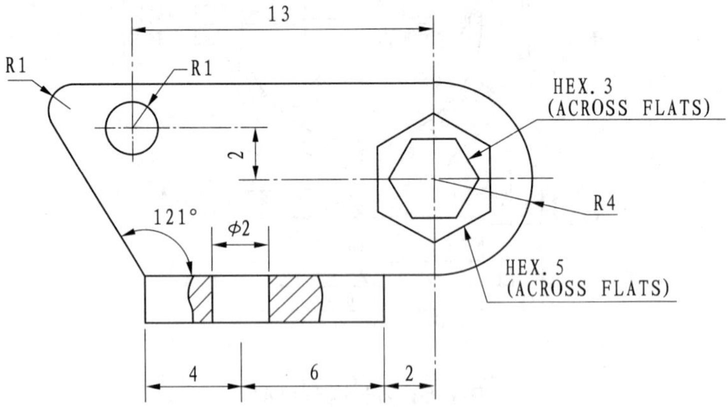

图 8-52　尺寸标注（10）

第十一题

打开 C:\CADTK 中的 Scad6－11. dwg 图形文件，按本题图示（见图 8-53）标注尺寸。

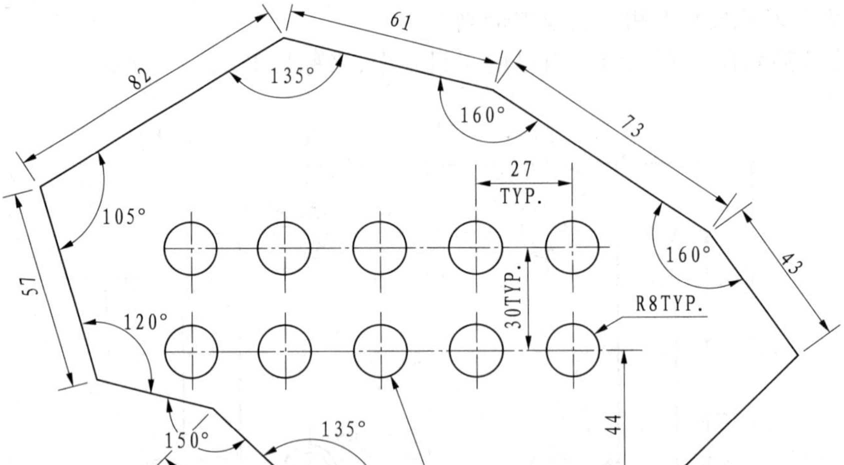

图 8-53　尺寸标注（11）

要求：

（1）建立标注层（DIM），本层颜色为红色，线型为细实线。

(2)尺寸文字的大小和箭头设置恰当。

(3)完成后将图形存入考生自己的子目录中,名称为 Tcad6 - 11. dwg。

第七部分　三维作图基础

第一题

打开 C:\CADTK 中的 Scad7 - 1. dwg 图形文件,图中点 A 和点 B 分别为 X 轴和 Y 轴上的两个端点(见图 8-54)。

要求:

(1)以点 A 为圆心,在世界坐标系的 XZ 平面上作一个半径为 3 个单位的圆。

(2)以点 B 为圆心,在世界坐标系的 YZ 平面上作一个半径为 3 个单位的圆。

(3)完成后将图形存入考生自己的子目录中,名称为 Tcad7 - 1. dwg。

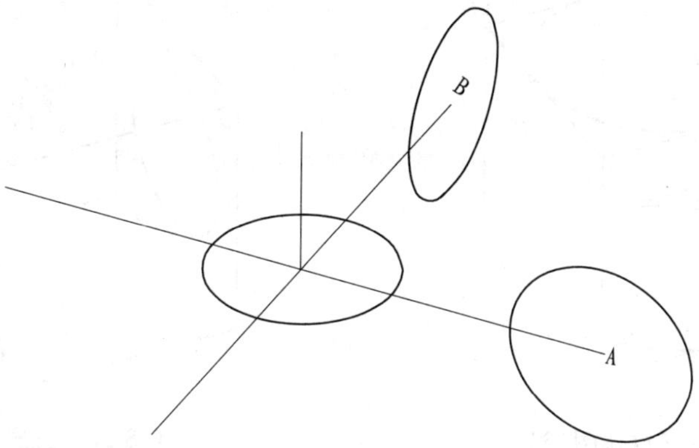

图 8-54　三维作图(1)

第二题

打开 C:\CADTK 中的 Scad7 - 2. dwg 图形文件,图中点 A、B、C 分别为 X、Y、Z 轴上的 3 个端点(见图 8-55)。

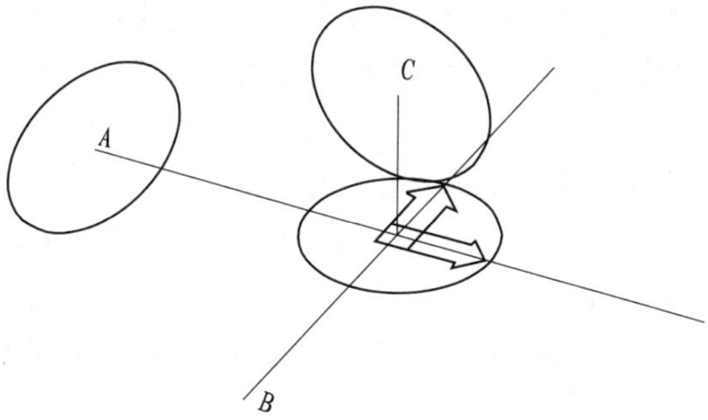

图 8-55　三维作图(2)

要求:

(1)以点 C 为圆心,在 XZ 平面上画一个半径为 3 个单位的圆。

(2)以点 A 为圆心，在 A、B、C 3 点确定的平面内画一个半径为 3 个单位的圆。

(3)完成后将图形存入考生自己的子目录中，名称为 Tcad7 －2. dwg。

第三题

打开 C：\CADTK 中的 Scad7 －3. dwg 图形文件。

要求在立方体的顶面和底面上画两个圆，圆心分别在顶面和底面的中心，圆弧分别相切于顶面和底面的四条边（见图 8-56）。

完成后将图形存入考生自己的子目录中，名称为 Tcad7 －3. dwg。

第四题

打开 C：\CADTK 中的 Scad7 －4. dwg 图形文件。

要求在立方体的左侧面和右侧面上画两个圆，圆心分别在两侧面的中心点位置，两圆的半径均为 2 个单位（见图 8-57）。

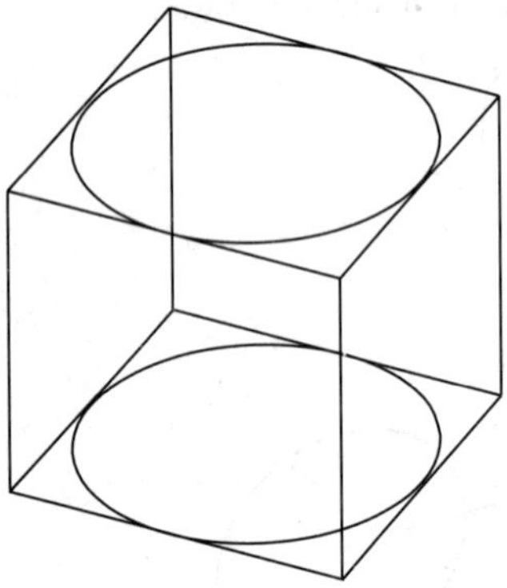

图 8-56　三维作图(3)

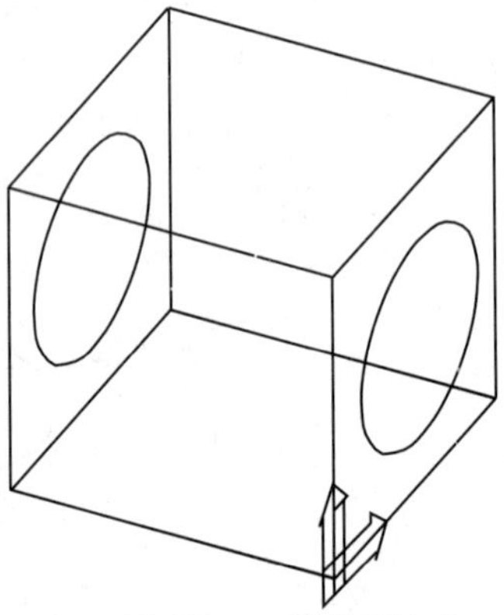

图 8-57　三维作图(4)

完成后将图形存入考生自己的子目录中，名称为 Tcad7 －4. dwg。

第五题

打开 C：\CADTK 中的 Scad7 －5. dwg 图形文件。

要求在立方体的前视图和后视图上画两个正方形，正方形的中心点分别在两个视图的中心点上，两个正方形的内切圆的半径均为 2 个单位，如图 8-58 所示。

完成后将图形存入考生自己的子目录中，名称为 Tcad7 －5. dwg。

第六题

打开 C：\CADTK 中的 Scad7 －6. dwg 图形文件。

要求通过使用 Vports、Vpoint、Zoom（图中各视窗内的比例 Scale ＝0. 5）、Pan 命令，形成如图 8-59 所示的四视窗画面。

完成后将图形存入考生自己的子目录中，名称为 Tcad7 －6. dwg。

第七题

打开 C：\CADTK 中的 Scad7 －7. dwg 图形文件。

要求通过使用 Vports、Vpoint、Zoom（图中各视窗内的比例 Scale ＝1）、Pan 命令，形成如图 8-60 所示的四视窗画面。

完成后将图形存入考生自己的子目录中，名称为 Tcad7 －7. dwg。

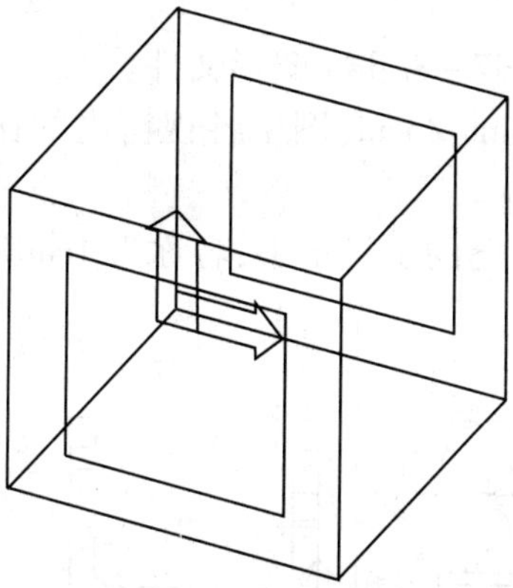

图 8-58　三维作图(5)

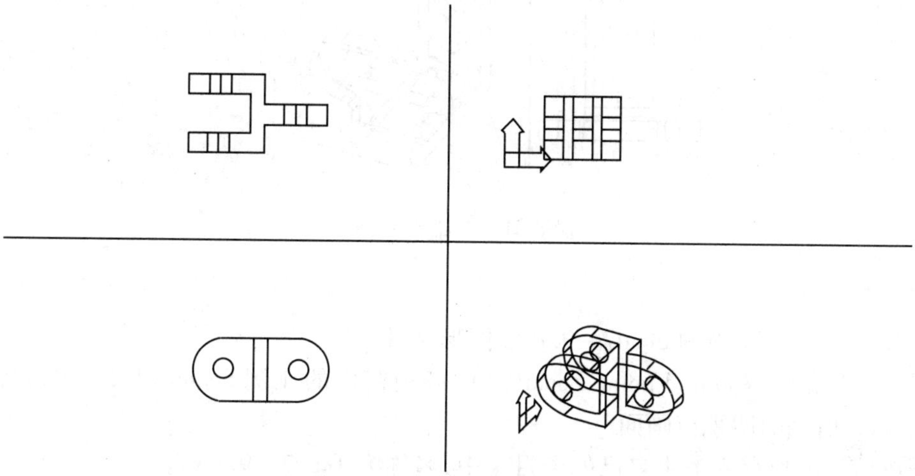

图 8-59　三维作图(6)

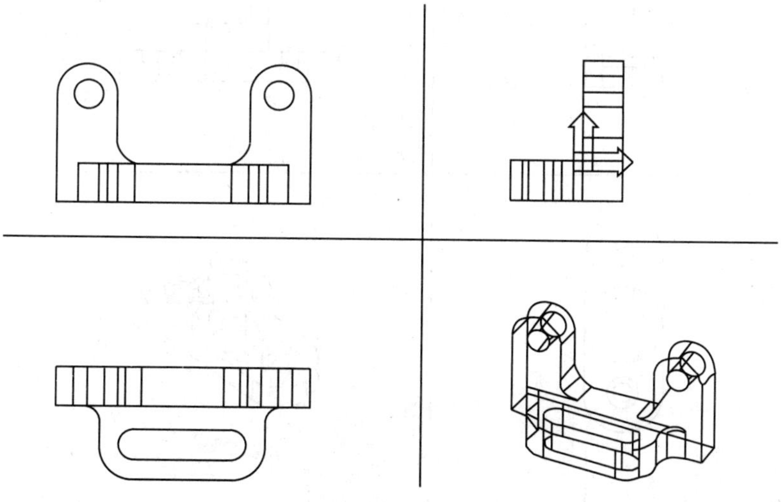

图 8-60　三维作图(7)

第八题

打开 C:\CADTK 中的 Scad7 -8. dwg 图形文件。

要求通过使用 Vports、Vpoint、Zoom(图中各视窗内的比例 Scale =2)、Pan 命令,形成如图 8-61 所示的四视窗画面。

完成后将图形存入考生自己的子目录中,名称为 Tcad7 -8. dwg。

图 8-61　三维作图(8)

第九题

打开 C:\CADTK 中的 Scad7 -9. dwg 图形文件。

要求通过使用 Vports、Vpoint、Zoom(图中各视窗内的比例 Scale =1.2)、Pan 命令,形成如图 8-62 所示的四视窗画面。

完成后将图形存入考生自己的子目录中,名称为 Tcad7 -9. dwg。

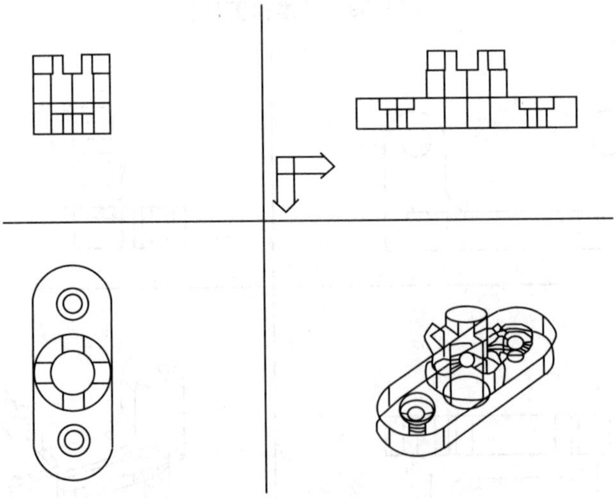

图 8-62　三维作图(9)

第十题

打开 C:\CADTK 中的 Scad7 - 10. dwg 图形文件。

要求通过使用 Vports、Vpoint、Zoom（图中各视窗内的比例 Scale = 0.8）、Pan 命令，形成如图 8-63 所示的四视窗画面。

完成后将图形存入考生自己的子目录中，名称为 Tcad7 - 10. dwg。

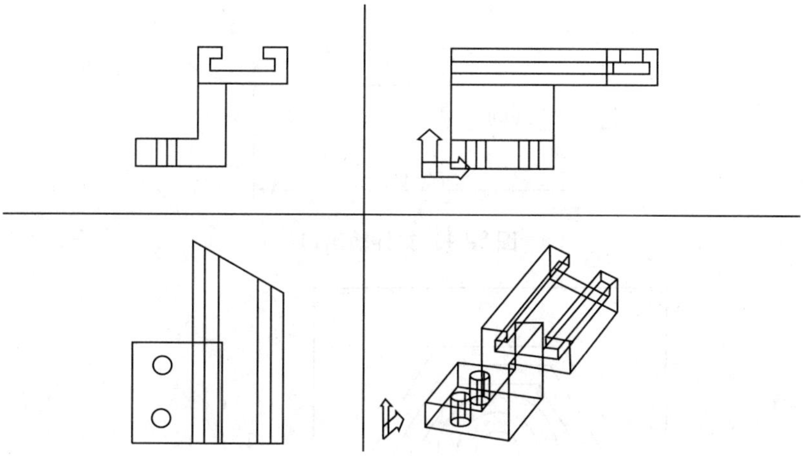

图 8-63　三维作图(10)

第八部分　文件输出

第一题

打开 C:\CADTK 中的 Scad8 - 1. dwg 图形文件（见图 8-64），将该文件转成如下格式文件：eps、dxf、3ds、wmf. bmp，并分别以如下名称存入考生自己的子目录中：

(1) Tcad8 - 1. eps;

(2) Tcad8 - 1. dxf;

(3) Tcad8 - 1. 3ds;

(4) Tcad8 - 1. wmf;

(5) Tcad8 - 1. bmp。

第二题

打开 C:\CADTK 中的 Scad8 - 2. dwg 图形文件（见图 8-65），要求选择正确答案填入图形右侧对应题号的括号内。完成后以 Tcad8 - 2. dwg 为文件名存入考生自己的子目录中。

在图形输出时，激活图形输出对话框进行出图设置，请回答下列问题：

(1) 选择输出设备应选择哪一个按钮？

A. Pen Assignments　　B. Device and Default Selection

(2) 调整绘图笔的参数应选择哪一个按钮？

A. Pen Parameters　　B. Optimization　　C. Pen Assignments

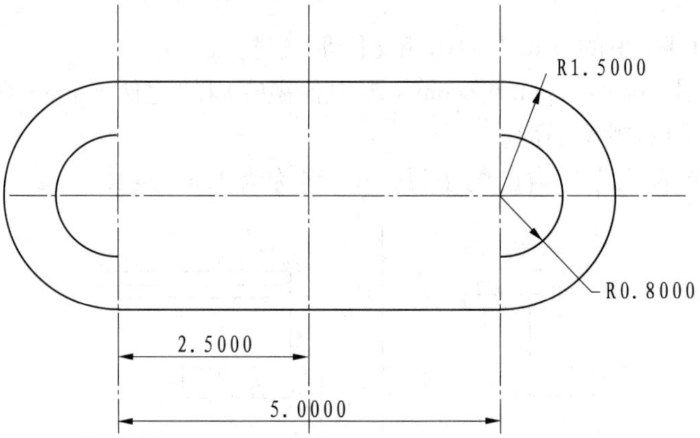

图 8-64　文件输出(1)

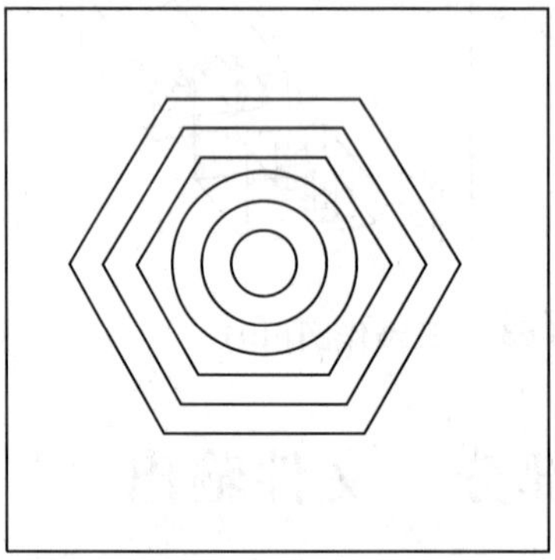

图 8-65　文件输出(2)

(3)在图形输出时要使图形中红色的实体不被输出,应进行下面哪一步工作?

A. 删除图形中红色的部分　　B. 将红色的图层冻结　　C. 将红色的图层加锁

(4)在当前屏幕显示的前提下,只输出矩形框内的正六边形和圆形的实体,应选择哪一个开关?

A. Extents　　B. View　　C. Windows　　D . Display

第三题

打开 C:\CADTK 中的 Scad8 - 3. dwg 图形文件(见图 8-66),要求选择正确答案填入图形右侧对应题号的括号内。完成后以 Tcad8 - 3. dwg 为文件名存入考生自己的子目录中。

在图形输出时,激活图形输出对话框进行出图设置,请回答下列问题:

(1)将输出的长度单位设置为毫米,应打开哪一个按钮?

A. Inches　　B. mm

(2)确定图纸幅面应选择哪一个按钮?

A. Size　　B. Windows

(3)出图时消除隐藏线应选择哪一个按钮?

A. Display　　　　　　　B. Hide – lines　　　　C. View　　　　　　　　D. Extents

(4)欲输出文件中被存为 V1 的视图,应选择哪一个按钮?

A. Display　　　　　　　B. View　　　　　　　　C. Windows　　　　　　　D. Limits

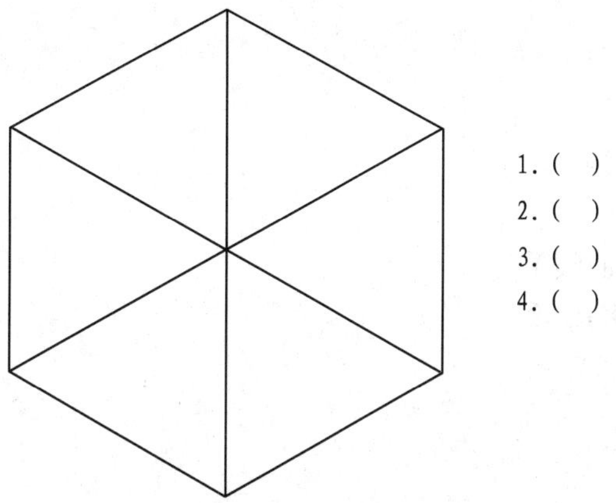

图 8-66　文件输出(3)

第四题

打开 C:\CADTK 中的 Scad8 – 4. dwg 图形文件。

要求利用图纸空间组织出图,图纸空间为 60 ×45,在图纸空间上开 4 个浮动视区,各视区内的图案及 xp 因子如图 8-67 所示。

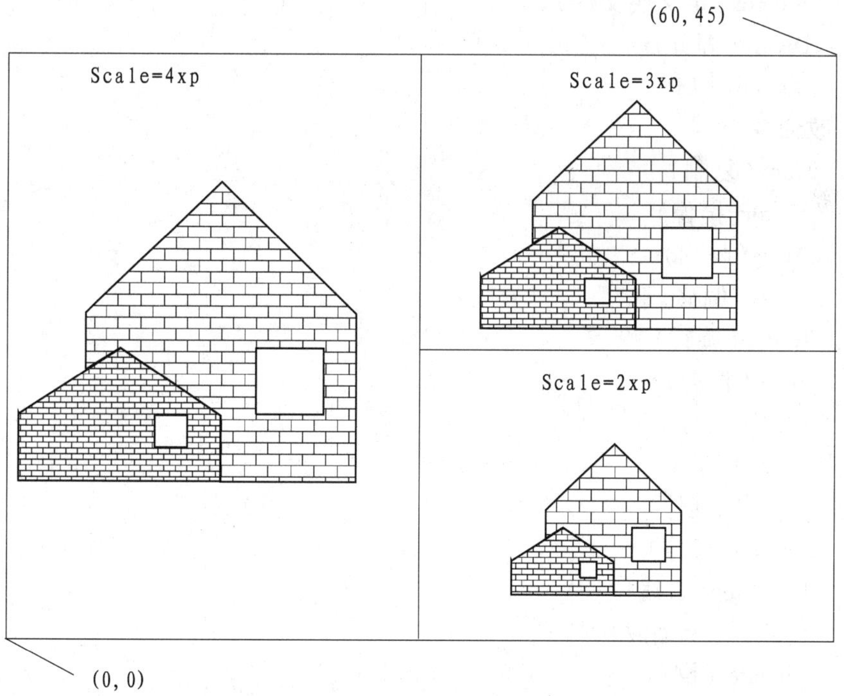

图 8-67　文件输出(4)

完成后将图形存入考生自己的子目录中,文件名为 Tcad8 – 4. dwg。

附录　AutoCAD 快捷命令汇总

1　绘图命令

PO　Point(点)
L　Line(直线)
XL　Xline(构造线)
PL　Pline(多段线)
ML　Mline(多线)
SPL　Spline(样条曲线)
POL　Polygon(正多边形)
REC　Rectang(矩形)
C　Circle(圆)
A　Arc(圆弧)
DO　Donut(圆环)
EL　Ellipse(椭圆)
T　Mtext(多行文本)
B　Block(块定义)
I　Insert(插入块)
W　Wblock(定义块文件)
DIV　Divide(等分)
H　Bhatch(填充)

2　修改命令

CO　Copy(复制)
MI　Mirror(镜像)
AR　Array(阵列)
O　Offset(偏移)
RO　Rotate(旋转)
M　Move(移动)
X　Explode(分解)
TR　Trim(修剪)
EX　Extend(延伸)
S　Stretch(拉伸)
LEN　Lengthen(直线拉长)
SC　Scale(比例缩放)
CHA　Chamfer(倒角)
F　Fillet(倒圆角)
PE　Pedit(多段线编辑)

参 考 文 献

[1] 卢德友,陈红中. AutoCAD 2006 中文版实用教程[M]. 郑州:黄河水利出版社,2007.

[2] 国家职业技能鉴定专家委员会计算机专业委员会. 计算机辅助设计试题汇编[M]. 北京:北京希望电子出版社,1999.

[3] 陈冠玲. 电气 CAD[M]. 北京:高等教育出版社,2005.

[4] 卢德友. 计算机绘图(中文版 AutoCAD 2010)[M]. 郑州:黄河水利出版社,2011.

[5] 志远. AutoCAD 制图快捷命令一览通[M]. 北京:化学工业出版社,2009.

[6] 王晋生. 新标准电气制图(电气信息结构文件编制)[M]. 北京:中国电力出版社,2003.

[7] 张多锋. 建筑工程制图[M]. 北京:中国水利水电出版社,2007.

[8] 赵雪. 中文 AutoCAD 2006 标准教程[M]. 西安:西北工业大学音像电子出版社,2005.